はじめての
知識グラフ構築ガイド

Building Knowledge Graphs
A Practitioner's Guide

Jesús Barrasa、Jim Webber ［著］
櫻井亮佑［訳］ 安井雄一郎［監訳］

Building Knowledge Graphs

by Jesús Barrasa, Jim Webber

©2024 Mynavi Publishing Corporation.
Authorized Japanese translation of the English edition of *Building Knowledge Graphs*, ISBN 9781098127107 ©2023 Neo4j Inc.
This translation is published and sold by permission of O'Reilly Media, Inc., which owns or controls all rights to publish and sell the same, through Japan UNI Agency, Inc., Tokyo.

●原著者サイト
https://neo4j.com/knowledge-graphs-practitioners-guide/
https://www.oreilly.com/library/view/building-knowledge-graphs/9781098127091/
※サイトの運営・管理はすべて原著出版社と著者が行っています。
●日本語版サポートサイト
https://github.com/sakusaku-rich/book-building-knowledge-graphs-ja
●本書の正誤に関するサポート情報を以下のサイトで提供していきます。
https://book.mynavi.jp/supportsite/detail/9784839984779.html

・本書の制作にあたっては正確な記述につとめましたが、著者や出版社のいずれも、本書の内容に関してなんらかの保証をするものではなく、内容に関するいかなる運用結果についてもいっさいの責任を負いません。あらかじめご了承ください。
・本書に記載されている会社名・製品名等は、一般に各社の登録商標または商標です。本文中では©、®、™ 等の表示は省略しています。

まえがき

グラフデータベースやグラフデータサイエンスは著しく普及してきました。ロジスティクス、推薦、不正検知など、様々なユースケースで広く使用されています。これらのユースケースに加え、データを意図に沿った方法で整え、機能のサイロを横断した洞察を試みる、より大きなトレンドが生まれつつあります。このトレンドを支える技術は、知識グラフとして知られています。

このトレンドの背景は明らかです。組織がデータ不足に悩むことはほとんどなくなりました。実際、現代ではビッグデータに関する問題（少なくともストレージに関する問題）が解決されたように見えますが、多くの組織はデータに溺れていると言って良いでしょう。1日あたり何千ものリレーショナルテーブルのデータがデータレイクにインジェスト（投入）されているという業界の逸話は数多くあります。しかし、豊富なデータをどのように活用するかという課題が生じます。このような場面で知識グラフが役に立ちます。

知識グラフは、コンテキストに沿って情報を整理し、洞察を得やすいようにデータを意図的に整備したものです。各レコードは、リッチなセマンティクスの繋がりとコンテキストを提供する、連想ネットワーク（associative network）中に配置されます。関係性を表現するこのネットワーク（グラフ）を使えば、非常に直感的な方法で有用な知識を汎用的に表現できます。たとえば、元々は不正検知のために存在していたかもしれないデータを知識グラフによってシームレスに再利用し、金融商品を推薦するためのデータとしても活用できます。もちろん、その逆も可能です。また、そこから他のデータを接続し、垂直方向に拡張させた他のユースケースや水平方向の分析をサポートすることも簡単に行えます。

重要な事実として、**知識グラフ**という言葉が産業界で注目されるようになったのは比較的最近ですが、知識グラフシステムは以前から存在していました。本書は、世界中の組織が実際のシステムに知識グラフを導入してきた経験を基に、知識グラフへの理解を深めることを試みます。本書は、企業の汎用的な基盤としての知識グラフだけでなく、知識グラフ上にシステムを構築するという近年のトレンドを取り上げます。また、知識グラフと人工知能（AI）の関わりについても取り上げています。知識グラフは機械学習のための高品質な特徴量を作り出し、それ自体をAIによって拡充できます。さらに、知識グラフは大規模言語モデル（LLM）のハルシネーション（幻覚と呼ばれる、学習データから正当化できない誤り）を防ぐ上でも役立ちます。

本書は、今まで執筆した書籍の中で最も詳細に知識グラフを扱った技術的な本ですが、知識グラフについて執筆するのは今回が初めてではありません。実際、『Knowledge Graphs:

Data in Context for Responsive Businesses』(O'Reilly) [†1] では、CIO や CDO を読者対象として、知識グラフを採用する事業上のメリットを強調しました。一方で本書では技術的な側面を深く掘り下げています。様々なツール、パターン、ユースケースの実装に関する詳細を十分に記載しているため、本書を読めば自信を持って独自の知識グラフを構築できるようになります。本書で学んだ内容を活かすことで、知識グラフのプロジェクトを成功させ、さらにその先へと自走できるようになることを願っています！

対象読者

　本書は、知識グラフの可能性と実装方法の両方を理解したい、ICT の専門家（特にソフトウェアエンジニア、システムアーキテクト、技術マネージャー）を対象とした技術書です。知識グラフ（または一般的な意味でのグラフ）の経験は不要ですが、クエリなどのデータベースの概念に多少馴染みがあり、プログラミング経験があれば、本書を最大限に活用できるでしょう。

謝辞

　本書の執筆に協力いただいたすべての関係者に感謝いたします。O'Reilly のスタッフ、特に Corbin Collins 氏は、私たちの拙い文章をアメリカ風に整える作業に尽力いただきました。Neo4j の同僚、特に Maya Natarajan 氏、Deb Cameron 氏には初期の原稿作成に協力していただきました。

　執筆した内容に深い専門知識とたゆまぬ指導を提供してくださった Nicola Vitucci 博士に感謝いたします。

　Python で記述したグラフデータサイエンスの構文に対する詳細な技術的フィードバックを提供してくださった Nigel Small 氏にも感謝します。

　最後に、熱心、かつ詳細なフィードバックをくださった O'Reilly の技術査読者である Max de Marzi 氏、Janit Anjaria 氏に感謝いたします。

[†1] https://www.oreilly.com/library/view/knowledge-graphs/9781098104863/

訳者まえがき

本書は、2023年6月にO'Reilly Media, Inc.から出版された『Building Knowledge Graphs』の日本語翻訳本です。

　知識をグラフで表現する体系的な取り組みは、セマンティック・ウェブの文脈で2006年頃から研究が進められてきました。中でもオントロジーを用いたデータの正規化は知識の利活用を促進する上で強力な表現方法でした。この枠組みは特にバイオ・インフォマティクスなどの専門領域での活用が進み、研究リソースの管理・共有に役立ちました。

　より一般に注目が集まったきっかけは、Googleが2012年に公開したブログ記事「Introducing the Knowledge Graph: things, not strings」です。この記事では単なる文字列によってではなく、コンテキストに沿って事象（人、場所、組織、物事など）を検索できる基盤として知識グラフが紹介されています。Googleは構築した知識グラフを使って検索キーワードに関連する事象を抽出し、検索結果ページに事象の情報を表示するナレッジパネルという機能を提供しています。バックエンドに存在する知識グラフを意識している人は多くないかもしれませんが、ナレッジパネルは知識グラフが活用されている身近な良い例でしょう。

　しかし、知識グラフに焦点を当てた日本語書籍は多くありません。そこで技術者が知識グラフを学び始めるハードルを下げたいという思いから、本書を翻訳出版しました。

　本書の対象読者は「知識グラフに少しでも興味を持っている技術者」です。特に知識グラフと親和性の高いスキルを持った技術者が本書を読めば、専門分野とのシナジーが見込める実践的な知見を得られるでしょう。

- **データサイエンティスト**：トポロジーを考慮した分析や機械学習モデルの構築・運用方法
- **検索エンジニア**：知識グラフを活用したセマンティック検索の実現方法
- **アプリケーションエンジニア**：NoSQLデータベースの一種であるグラフデータベースの強みが活かせる機能設計

　本書を読むにあたっては、Pythonを使ったプログラミングやシステム開発などの経験があることが好ましいですが、仮に経験がなくても本書の要点を理解する上で大きな支障はありません。また知識グラフの構築、利用の方法についてはゼロから解説するため、身構える必要は全くありません。

　理解のしづらい箇所があった場合は、GitHub上のサポートページ（https://github.com/sakusaku-rich/book-building-knowledge-graphs-ja）にて気軽にお問合せください。

　本書では取り扱っていないトピックですが、大規模言語モデルと知識グラフの関わ

り合いについて気になる読者もいるでしょう。出版時点では、検索拡張生成 (Retrieval Augmented Generation：RAG) を実現する際の知識ベースとして知識グラフの活用が注目されています。RAG は、与えられた質問に関連する情報を知識ベースから検索し、質問と取得した情報を言語モデルに入力して回答を生成する手法です。知識グラフを活用した RAG の利点は、類似するエンティティを区別しつつ特定のエンティティに関連する情報を検索し、回答を生成できる点です。本書が知識グラフの導入をサポートするだけでなく、このような先進的なユースケースでの活用の手助けになることを願っています。

　本書は、丁寧なアドバイスとフィードバックをくださったマイナビ出版の山口正樹様をはじめ、制作に携わっていただいたクイープ 遠藤様の尽力を経て、出版にたどり着けました。感謝申し上げます。

目次

まえがき iii
訳者まえがき v

1章　知識グラフについて 001
1.1　グラフとは 002
1.2　知識グラフのモチベーション 007
1.3　知識グラフの定義 008
1.4　まとめ 008

2章　知識グラフ構築のための構成原則 009
2.1　知識グラフの構成原則 009
2.1.1　シンプルな古典的グラフ 010
2.1.2　リッチなグラフモデル 011
2.1.3　階層表現にタクソノミーを用いた知識グラフ 014
2.1.4　マルチレベルのリレーションにオントロジーを用いた知識グラフ 018
2.2　最適な構成原則 020
2.3　構成原則：標準vsカスタム 022
2.3.1　独自の構成原則の作成 022
2.4　知識グラフの真髄 023
2.5　まとめ 024

3章　グラフデータベース 025
3.1　Cypherクエリ言語 026
3.1.1　知識グラフ上でのデータ作成 027
3.1.2　知識グラフの拡充と重複の回避 029
3.1.3　グラフローカルクエリ 035

	3.1.4 グラフグローバルクエリ	039
	3.1.5 関数とプロシージャの呼び出し	041
	3.1.6 クエリのパフォーマンス分析	042
3.2	Neo4j の内部仕様	044
	3.2.1 クエリ処理	044
	3.2.3 ACID トランザクション	046
3.3	まとめ	047

4 章 　知識グラフデータの読み込み 049

4.1	Neo4j Data Importer を用いたデータ読み込み	050
4.2	LOAD CSV によるオンライン一括データ読み込み	054
4.3	neo4j-admin による一括データ読み込み	058
4.4	まとめ	062

5 章 　知識グラフの組み込み 063

5.1	データファブリックに向けて	063
5.2	データベースドライバ	065
5.3	Composite データベースを用いたグラフフェデレーション	068
5.4	サーバーサイドプロシージャ	071
5.5	Neo4j APOC によるデータ仮想化	072
5.6	関数とプロシージャの作成	076
5.7	その他のツール・テクニック	078
	5.7.1 GraphQL	079
	5.7.2 Kafka Connect プラグイン	081
	5.7.3 Neo4j Spark Connector	083
	5.7.4 Apache Hop による ETL	086
5.8	まとめ	088

6 章 　データサイエンスによる知識グラフ拡充 089

6.1	なぜグラフアルゴリズムか	089
6.2	グラフアルゴリズムの分類	090
6.3	Graph Data Science の活用	092
6.4	グラフデータサイエンスと実験	097
6.5	本番運用で考慮すること	103

| | 6.6　知識グラフの拡充 .... 105 |
| | 6.7　まとめ .... 107 |

7章　グラフネイティブ機械学習 109

  7.1　機械学習 109
  7.2　トポロジカル機械学習 110
  7.3　グラフネイティブ機械学習パイプライン 112
  7.4　共演者の推薦 114
  7.5　まとめ 121

8章　メタデータ知識グラフ 123

  8.1　分散データマネジメント 124
  8.2　データプラットフォームとデータセットの接続 125
  8.3　タスクとデータパイプライン 126
  8.4　データシンク 126
  8.5　メタデータグラフの例 127
  8.6　メタデータグラフモデルへのクエリ 128
  8.7　リレーションによるデータとメタデータの接続 129
  8.8　まとめ 130

9章　知識グラフと識別 131

  9.1　顧客理解 132
  9.2　識別の問題が顕在化するシナリオ 133
  9.3　グラフを用いた段階的なエンティティ解決 134
    9.3.1　データ準備 134
    9.3.2　エンティティマッチング 137
    9.3.3　マスターエンティティの永続レコードの構築と更新 141
  9.4　非構造データへの対処 145
  9.5　まとめ 150

10章　パターン検知の知識グラフ 151

  10.1　不正検知 151
    10.1.1　当事者の不正 152
    10.1.2　データから不正を暴く 153

	10.1.3　不正組織	155
	10.1.4　無実の第三者	158
	10.1.5　不正検知の知識グラフの運用	160
10.2	スキルのマッチング	161
	10.2.1　組織の知識グラフ	161
	10.2.2　スキルの知識グラフ	163
	10.2.3　専門知識の知識グラフ	166
	10.2.4　個人のキャリア成長	169
	10.2.5　組織計画	171
	10.2.6　組織パフォーマンスの予測	175
10.3	まとめ	182

11章　依存関係の知識グラフ ... 183

11.1	グラフとしての依存関係	184
11.2	発展的な依存関係グラフのモデリング	186
	11.2.1　修飾された依存関係	186
	11.2.2　並列的依存関係のセマンティクス	189
11.3	Cypherによる影響伝播の分析	193
11.4	依存関係の知識グラフの検証	197
	11.4.1　検証1：閉路が存在しない	197
	11.4.2　検証2：並列的依存関係を集約した値が想定する合計値と一致する	198
	11.4.3　検証3：出が入を超過しない	198
	11.4.4　検証4：閾値の定義と冗長型の依存関係が整合する	199
11.5	複雑な依存関係の処理	200
	11.5.1　単一障害点分析	200
	11.5.2　根本原因分析	201
11.6	まとめ	205

12章　セマンティック検索と類似度 ... 207

12.1	非構造データに対する検索	207
12.2	文字列から事象へ：文書にエンティティを関連付ける	209
12.3	接続のナビゲーション：推薦のための文書類似度	214
	12.3.1　コールドスタート問題	217
12.4	構成原則によるエンティティへのセマンティクス付与	218
12.5	まとめ	228

13章　知識グラフとの会話 229
13.1　質問応答：自然言語を情報ソースとする知識グラフ 230
13.2　知識グラフを対象とした自然言語クエリ 234
13.3　知識グラフからの自然言語生成 242
13.3.1　構成原則へのメタデータ付与と自然言語生成 244
13.4　語彙データベースの活用 249
13.5　グラフベースのセマンティック類似度 253
13.5.1　パス類似度 253
13.5.2　Leacock-Chodorow 類似度 256
13.5.3　Wu-Palmer 類似度 257
13.6　まとめ 262

14章　知識グラフから知識レイクへ 263
14.1　従来的な知識グラフの活用方法 263
14.2　知識グラフから知識レイクへ 264
14.3　今後の展望 266

索引 267

1
知識グラフについて

　私たちは毎日大量のデータに囲まれています。データはどこにでもあり、驚異的な速度で収集され、膨大なコストをかけて保管されていますが、私たちは必ずしもデータから価値を見出せているわけではありません。仮にデータをうまく理解できれば、それは大きな価値の創出につながります。

　他に手立てがないわけではありません。この10年でグラフ理論をベースとする新たな技術領域が一躍脚光を浴びるようになりました。グラフは、カーナビゲーションやソーシャルネットワークのような消費者向けシステムから、サプライチェーンや送配電網のような重要なインフラまで、様々な仕組みを支えています。

　グラフを活用したこれらの重要なユースケースは共通の結論に達しています。コンテキスト通りに知識を適用することが最も強力であり、この事実がほとんどのビジネスで当てはまるという点です。**知識グラフ**と呼ばれる一連の形式・手法は、接続されたデータ項目をグラフとして表現し、データをコンテキストに沿って理解する際に役立ちます。知識グラフがあれば、データから事業価値を引き出しやすくなります。そこで本書では、知識グラフを活用して事業価値を創出する方法について解説します。

　知識グラフを使えば、データをコンテキストに沿って理解できます。コンテキストは、構造と解釈の法則を含むメタデータ（グラフのトポロジーやその他の特徴）層で形成されます。本書は、知識グラフから得られる接続されたコンテキストを活用して既存のデータからより大きな価値を抽出することから始めます。その後、自動化やプロセスの最適化を通

じて予測を改善しつつ、変化する事業環境に迅速に対応する方法について解説します。

本書は、事業における知識グラフの構築・運用に関心のある技術プロフェッショナルのために執筆しました。ある意味では、2021年に出版したO'Reillyの『Knowledge Graphs: Data in Context for Responsive Businesses』[†1]の続編（または拡張）になっていますが、2021年出版の書籍は最高情報責任者（Chief Information Officer：CIO）や最高データ責任者（Chief Data Officer：CDO）の読者向けに知識グラフの利点を伝えるためのものでした。一方で今回は、洗練された情報システムを構築しているデータやソフトウェアのプロフェッショナルを対象読者として想定しています。

本書は2部構成です。第1部では、グラフデータベース、クエリ言語、データラングリング、グラフデータサイエンスを含むグラフの基礎について取り扱い、第2部を理解するために必要な基礎的なツールの利用方法も紹介します。第2部では、重要な知識グラフのユースケースを取り上げ、コード例やシステム構成と共にそれらの実装方法を示します。

本書を読めば、チームメンバーやマネージャーと実装方法について具体的な議論をするために必要な共通言語を習得できます。データやソフトウェアのプロフェッショナルである読者にとって、本書が知識グラフの世界への入口となるでしょう。また、知識グラフを構築し、使用する方法についての具体例も用意しており、グラフの基礎からグラフ機械学習まで幅広い内容を網羅しています。もちろん、CIOやCDOの読者も本書で学べる内容はあります。本書には知識グラフの全体像や提供方法を記載しています。冒頭の章やコード例を飛ばしながら読むだけでも、技術者が取り組んでいる内容や取り組み自体のモチベーションが理解できるようになるでしょう。

本章では、知識グラフの背景とモチベーションについて説明します。初めにグラフやグラフデータの記法について紹介し、その後に知識グラフを活用したスマートなシステムの構築方法を示します。

1.1 グラフとは

知識グラフはグラフの一種です。したがって、グラフへの基礎的な理解を持っておくことが重要です。グラフはリレーション（エッジ）で接続されたノード（頂点）を使用したシンプルな構造であり、特定のドメインについて高度に忠実なモデルを作成できます。なお図1-1に示すように、本書におけるグラフはヒストグラムや関数のプロットなどのデータ可視化とは無関係です。それらは**チャート**と呼ばれています。両者を混同しないようにしましょう。

[†1] https://www.oreilly.com/library/view/knowledge-graphs/9781098104863/

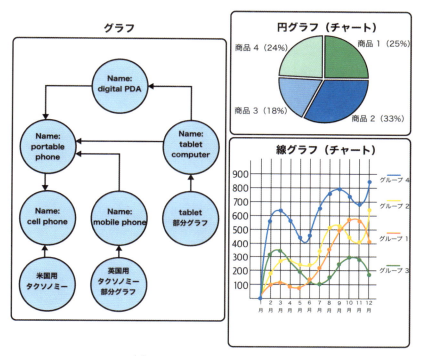

図 1-1：グラフとチャート[†2]

　本書では、**ネットワーク**のことをグラフと表現することもあります。いずれにしても、これらの概念はシンプルでありつつも、事象同士がどのように接続されているかを示す際には強力なアプローチになります。

　グラフは何も新しい概念ではありません。**グラフ理論**は18世紀にスイスの数学者 Leonhard Euler によって導入されました。プロイセンの皇帝がケーニヒスベルクの街（現在のカリーニングラード）を訪問した際、最短距離の算出にグラフ理論が役立ちました。図1-2で示すように、皇帝は7つの橋をそれぞれ1回ずつ渡る必要がありました。

---

†2　[訳注] 図中左のグラフは、「携帯電話」の表現がアメリカとイギリスで「cell phone」、「mobile phone」と異なりますが、それらの総称は共通して「portable phone」であるということを表しています。

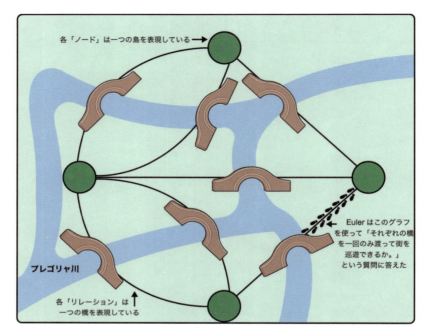

図 1-2：ケーニヒスベルクのグラフ表現とプレゴリャ川に架かる 7 つの橋

　Euler は、図 1-2 に示すような問題を論理的な形式に落とし込むことで実世界のノイズを取り除き、事象がどのように接続されているかのみに着目しました。彼は橋や島、皇帝は問題に直接関係しないことを示し、ケーニヒスベルクの物理的な地理も問題自体には全く無関係であることを証明しました。

 Euler のアプローチは現代のソフトウェア開発にも通じる点があります。実世界に由来するノイズを取り除くことで、本質的により価値のある論理的表現、つまりソフトウェアが生まれます。ソフトウェア開発のプロフェッショナルであれば、馴染みがあることでしょう。

　図 1-2 に描かれているグラフを使えば、実際に街を歩かずともケーニヒスベルクの街中を巡る最短ルートが分かります。実際、これによって Euler は、皇帝が巡遊を開始する島（ノード）には偶数本の橋が架かっている必要があるため、各橋をただ 1 回のみ渡ってすべての街を巡回することは不可能であることを証明しました。そのような島はケーニヒスベルクに存在しないため、各橋をそれぞれ 1 回のみ渡るようなルート（パス）も存在しなかったのです。

　Euler の研究に基づいて数学者は様々なグラフモデルを研究しましたが、そのいずれもが特定のリレーションによって接続されたノードを扱ったものでした。たとえば、明示的に始点と終点のノードを持つ**有向**なリレーションを仮定したモデルや**無向**なリレーションを仮定したモデルなどがあります。他にも、複数のノードを連結できるリレーションを仮定した**ハ**

イパーグラフ**という概念もあります。

　理論的には、(あるモデルから別のモデルへの変換はたいてい可能ですが) 常に選択すべき最良のグラフモデルというものは存在しません。ただし、特にシステムを構築する際に実用上より良い (悪い) モデルというものは存在します。たとえば、本書では**ラベル付きプロパティグラフモデル**を選択しています。このモデルはソフトウェアエンジニアやデータサイエンティストが解釈しやすいモデルです。また、(数学者が好むグラフとは異なり) 複雑なドメインを扱う上で十分な表現力と情報量を備えていることも特徴です。

プロパティグラフモデル

　プロパティグラフモデルは現代のグラフデータベースで最も利用されているモデルです。同時にこのモデルは知識グラフを構築する上での基礎にもなります。プロパティグラフモデルは以下の要素で構成されます。

ドメイン内のエンティティを表現するノード

- ノードは0個以上の**プロパティ**を保持できます。プロパティはkey-value ペアのデータ形式であり、価格や生年月日のようなエンティティの情報を表現できます。
- ノードには0個以上の**ラベル**を定義できます。ラベルはグラフ上のノードの役割を宣言するために使用されます。たとえば、:Customer や :Product が該当します。

エンティティ間の相互関係を表現するリレーション

- リレーションは、:BOUGHT、:FOLLOWS、:LIKES といった**型**を持ちます。
- リレーションはあるノードから別のノード (または同一のノード) への**向き**を持ちます。
- リレーションは0個以上のプロパティを持ちます。プロパティはkey-value ペアのデータ形式であり、タイムスタンプや距離といったエンティティ間の接続に関する特徴を表現するために使用されます。
- リレーションは必ずノードの間を接続しています。始点のノードと終点のノードが必ず存在します。ただし、始点のノードと終点のノードが同一のノードである場合もあります。

　これらの**原始的なデータ型** (ノード、ラベル、リレーション、プロパティ) を規則に倣って活用することで、ドメインに忠実な洗練されたグラフデータモデルを容易に組み立てられます。

　図 1-3 は小規模なソーシャルグラフです。小規模とは言え、図 1-2 と比べるとより多くの情報を含んでいます。

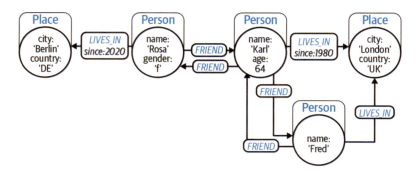

図1-3：人物とその友人関係、および所在地を表現したグラフ

　図1-3では、各ノードがグラフでの役割を示したラベルを有しています。人物を示す:Personラベルのノードや、所在地を示す:Placeラベルのノードが確認できます。そして、これらのノードの中に格納されているデータがプロパティです。たとえば、あるノードはname:'Rosa'でgender:'f'です。つまり、このノードはRosaという女性を表していると解釈できます。ちなみに、KarlとFredのノードには異なるプロパティが定義されています。これは全く問題のないアプローチであり、このような定義を許容することで複雑な実データを扱いやすくなっています。

> **ヒント** プロパティグラフモデルはラベルやリレーション型といったスキーマへの準拠を強制するわけではありません。これは、ドメインに忠実なモデル開発を柔軟に行いやすくすることを目的とした設計です。もし特定のラベルを持つノードが特定のプロパティを持つ必要がある場合には、ラベルに対して**制約**を適用することで、特定のプロパティの存在や値の一意性を担保できます。制約はスキーマかスキーマレスかという両極端ではなく、両者の中間に位置するスキーマ的なアプローチと言えます。つまり、積極的にデータモデル全体をルールで固めるのではなく、必要に応じてスキーマのような制約を使用するというアイデアです。このスキーマ的な制約は、グラフデータモデルにおけるその他すべてのものと同様、時間の経過に伴って変化します。実データは不均一で不完全であることが多いため、構築する知識グラフにもこの実態の反映が求められます。

　図1-3内のノードの間にはリレーションが確認できます。図1-2のリレーションと比べると、図1-3のリレーションには型、向き、およびプロパティが存在し、より多くの情報を含んでいることが分かります。繰り返しになりますが、リレーションは両端がノードに接続していなければならず、常に始点と終点のノードを持つ必要があります。なお、始点と終点のノードが同一である場合も存在します。
　この例では、name:'Rosa'であるプロパティを持つ:Personノードがあります。そのノードからsince:2020であるプロパティを持つ:LIVES_INリレーションが出ていて、:Placeノードへと繋がっています。:Placeノードは、city:'Berlin'のプロパティを持っています。

リレーションの向きを踏まえると、「Rosa は、2020 年から Berlin に住んでいた」と読めるでしょう。同様に、Fred は Karl の :FRIEND であり、Karl は Fred の :FRIEND であることも分かります。Rosa と Karl も友人同士ですが、Rosa と Fred は友人ではありません。

プロパティグラフモデルでは、ノード数やノード間を接続するリレーション型の種類に制限がありません。密に接続しているノードもあれば、疎に接続しているノードも存在します。結局、モデルが関心のあるドメインに適合しているかが重要です。同様に、大量のプロパティを持つノードもあれば、わずかなプロパティしか持たないノードも存在します。また、一部のリレーションは大量のプロパティを持ち、多くのリレーションは全くプロパティを持ちません。これらの性質は、知識グラフではよく見られます。

図 1-3 のグラフを見れば、友人関係や誰がどこに住んでいるかが一目瞭然です。モデルを拡張し、趣味や出版物、仕事といった他のデータを含めることも容易です。単にノードとリレーションを追加し、関心のあるドメインに適合させるだけです。現代のグラフデータベースやグラフ処理ソフトウェアにとって、何百万〜何十億個の接続を持つ複雑な大規模グラフを作成することは問題にならないため、大規模な知識グラフも構築できます。

グラフデータモデルは、人間にとって理解しやすく、かつ機械にとっても扱いやすいリレーションで複雑なネットワークを表現できます。一見するとグラフには技術的な理解が必要であるように思われますが、グラフは極めて単純な構成要素から成り立っており、利用も簡単です。実際、グラフが注目される理由は単純なデータモデルであることや、接続やパターン、特徴量を発見するためのアルゴリズム処理が容易であること、およびそれらの組み合わせです。

1.2 知識グラフのモチベーション

知識グラフへの関心は爆発的に高まっており、知識グラフに関する研究論文、ソリューション、アナリストレポート、コミュニティ、カンファレンスは無数に存在します。知識グラフが人気となっている要因には、近年のグラフ技術の加速だけでなく、データを理解したいという根強い需要があります。

外的要因によって知識グラフへの注目が加速したことは間違いないでしょう。新型コロナウイルス (COVID-19) や地政学的な緊張から生じるストレスにより、限界まで疲弊した組織もありました。意思決定はかつてないほど迅速さが求められています。同時に、適時的、かつ正確な洞察が欠如すれば、事業成長は阻害されてしまいます。

現在、多くの企業が業務プロセスを柔軟な形に急速に見直しています。これまでの知識がより速く形骸化し、市場ダイナミクスによって無効化されるにつれ、多くの組織がデータを取得、分析、学習するための新しい手法を求めています。事業は、顧客体験、患者の転帰からプロダクトイノベーション、不正検知、自動化に至るまで迅速な洞察や推薦を必要としています。これらの知見を生み出すには、コンテキスト化されたデータが必要です。

1.3 知識グラフの定義

前節までで、グラフの概要と知識グラフを活用するモチベーションについて紹介しました。しかし、当然すべてのグラフが知識グラフであるわけではありません。**知識グラフ**は、コンテキストの理解に重点を置いたグラフの一類型です。実世界のエンティティ、イベント、およびそれらの相互関係を人間と機械の双方が理解しやすいフォーマットで記述したものが知識グラフです。

重要なのは、知識グラフにはユーザー（またはシステム）が潜在的なデータについて推論できるような**構成原則**を備えておく必要があるという点です。構成原則は、知識発見を促進するために、データに対してコンテキストを付与する補助層の役割を担います。構成原則が存在することにより、データ自体がよりスマートになります。この考え方は、アプリケーション内に知見が存在し、データは単に掘り出されて磨き上げられるべきガラクタであるという考えとは真逆です。スマートなデータさえあれば、システム自体をシンプルに保ちつつ、データの再利用をより汎用的に行いやすくなります。

データの所在

知識グラフは、単一のグラフデータベース内で自己完結しているケースもあれば、複数のグラフストアと連携して統合された1つのグラフを形成しているケースもあります。もしくは、知識グラフがデータレイク上に構築され、未整備のデータ基盤に秩序や知見をもたらすケースもあります。また知識グラフは、複数の異なるデータソースにまたがる知見を利用者に提供し、データの概観を掴めるように支援する役割を担う論理層にもなり得ます。

原則として、知識グラフは基礎となるデータを保存している物理ストレージの都合に左右されず、異なる設計手法に対しても柔軟に応えることができます。具体的には、知識グラフが外部ストレージデータに対するインデックスとして仮想化されている場合と、データがすべてグラフプラットフォーム上に載っていて完全に実体化されている場合です。もちろん、両者の折衷的な設計手法が採用されている場合にも対応できます。

1.4 まとめ

初めのうちは、構造を整理、推論し、知見を得ることは難しく思えるでしょう。知識グラフは、研究者に書籍や学術誌を推薦する熟練の司書のように、キュレーション元のデータに対するリッチなインデックスと見なせます。

以降は少し技術的な内容になっていきます。2章では、知識グラフと知識グラフを使用するユーザー、およびシステムの間の規約となる構成原則の定義を拡張する方法を示します。他にも、構成原則を策定するための複数のアプローチについても紹介します。

2

知識グラフ構築のための構成原則

　モダンなシステムではグラフはごく一般的に使用されています。グラフは快適で柔軟なデータモデルであるため、対話的なクエリ実行やリアルタイムデータ分析、データサイエンスにも対応できます。しかし、通常のグラフから知識グラフに変換するには、**構成原則**を適用し、グラフ上のデータを人間やソフトウェアが理解しやすい状態に整える必要があります。歴史的には、この作業を仰々しく「セマンティクス」と呼んでいましたが、簡単に表現すれば「データをスマートにする」ということです。

　知識グラフはセマンティックコンピューティング分野の長年の研究の成果です。現代のグラフ技術があれば、それらの研究成果を現在の問題に対して手軽に適用できます。

　本章では、知識グラフについての一般的な構成原則を紹介します。本章を読み終わる頃には、解決したい課題に応じた最適な構成原則を選定できるようになるでしょう。

2.1　知識グラフの構成原則

　知識グラフがデータをスマートにするという考えは魅力的です。知識グラフでは、スマートな符号化をアプリケーションに対して繰り返し行うのではなく、データに対してただ一度行います。スマートなデータは、知識の再利用の促進や知識の重複、矛盾を削減する上で役立ちます。

　グラフ上のデータを構成する手法は複数存在し、それぞれに利点と欠点があります。取

り組みたい問題に応じていずれかの手法を選択したり、複数の手法を組み合わせることも可能です。

まずは基本的（でありつつも便利）なグラフから始め、その後に複数の構成層を追加していきます。知識グラフに異なる構成層を追加するにつれ、複雑なユースケースにも対応できるようになっていく過程を示します。

2.1.1　シンプルな古典的グラフ

（知識グラフと対比する場合の）**グラフ**という用語は、明確な構成原則が存在しないグラフを想定する際に使用されます。しかし、グラフ好きな読者の方は、通常のグラフでさえ十分に便利であることをご存知でしょう。知識グラフと比較した時の古典的グラフの特徴は、情報の解釈がデータの一部ではなく、グラフを使用するシステムの中に組み込まれている点です。つまり、クエリのロジック内やグラフ上のデータを使用するプログラム内に構成原則が「隠蔽」されています。

親しみやすい例として、オンラインショップの売上データを考えてみましょう。売上データは、大規模かつ変動的です。顧客の購入情報と製品説明、カテゴリ、製造者の情報を含む製品カタログを紐付けているケースが一般的でしょう。図 2-1 は、売上と製品カタログのグラフの一部を示したものです。

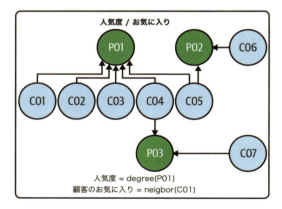

図 2-1：シンプルな古典的グラフで表現する顧客と購入情報

一見このグラフは直感的ではないと思われるかもしれません。しかし、P ノードが製品を表し、C ノードが顧客を表現し、ノード間の接続が購入を表すという知識をエンジニアが組み込めば、「この顧客はどの製品を購入したか？」といった質問に対して直接回答できます。逆に、「この製品はどの顧客によって購入されたか？」という質問にも回答できます。双方向の質問に対して回答できる仕組みは小売業者にとって価値があります。

また、流入しているリレーション数（ノードの入次数）を数えることで、製品の人気度も算出でき、とても人気のある製品や逆に人気のない製品を特定できます。

以上より、グラフの表現に価値があることは疑いようもないでしょう。しかし、もし前記のドメイン知識がないデータサイエンティストが、バスケット分析によって併売されやすい製品を見つけようとした場合、何が起こるでしょうか。リレーションで接続されたノードという以上の構成原則が存在しないため、誰かがグラフ上のデータの解釈方法について説明する必要があります。つまり、グラフ上のデータを解釈するための知識は、データ内ではなくシステムに組み込まれています。

グラフを作成したメンバーが組織を去る際にも現実的な問題が発生します。たとえば、ユーザーはアルゴリズムをリバースエンジニアリングしてグラフを解釈する必要が生じるかもしれません。このような例は成熟した事業ではしばしば発生します。

当然、グラフ上のデータの意味を理解すれば、グラフ外で知識を処理して新しいソフトウェアの開発を継続できます。しかし、構成原則を適用してグラフ上のデータをスマートにする方が良い選択でしょう。構成原則を適用すれば、グラフ上の潜在知・暗黙知を明らかにし、グラフを知識グラフへと進化させることができます。

ドキュメントは必要か不要か

データ自体を自己説明可能な状態にすることに無駄骨を折っているように思われるかもしれません。身の回りには自己説明力のないものがあふれています。たとえば、新しい調理器具を手に入れた際、その器具を使うには取扱説明書を読む必要があります。

しかし、取扱説明書が必要のないデバイスも持っているでしょう。たとえば、現代のスマートフォンやタブレットのタッチインターフェースは、取扱説明書を必要としないほどに使い勝手が良いです。実際、スマートフォンやタブレットは幼児でも使えます。

データも同様に考えられます。ドキュメントがあると便利かもしれませんが、分かりやすく利用しやすい形でデータが構成されている方が理想的です。仮にそのようなスキームを作成することに労力がかかったとしても、後の利便性を考慮すれば何倍もの見返りが得られるでしょう。

2.1.2　リッチなグラフモデル

数学者から愛される辺と点から成るグラフとは別に、より情報量を多く含んだグラフモデルも存在します。プロパティグラフモデルです。

プロパティグラフモデルはシンプルな古典的グラフよりも良く整理されています。プロパティグラフモデルには、ラベル付きノードやリレーションの型、向き、そしてノードとリレーションの双方でプロパティ (key-value) を保持できます。また、プロパティグラフモデルを扱うソフトウェアは、シンプルな構成原則に準拠してデータを扱えます。

図 2-2 は、ラベル、プロパティ、リレーションを含む購買情報と製品カタログの概念図を表しています。

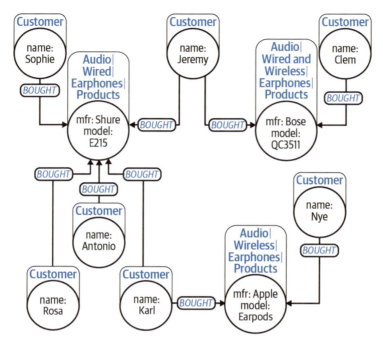

図 2-2：プロパティグラフで表した顧客と購買情報

　プロパティグラフは、モデルに含まれる情報を解釈するために必要な手がかりを人間とソフトウェアに対して提示します。具体的には、ノードのラベル、リレーションの型、向き、そしてそれらが持つプロパティのデータ型、名前です。もちろん、グラフを分析することで、グラフ（のスキーマ）の形状に関する形式的な説明も得られます。このプロパティグラフモデルに対して構成原則を適用すると、（ある程度まで）グラフを効率的に自己記述的な状態にできます。この作業がデータをスマートにするための第一歩です。構成原則を適用すれば、たとえばただノードのラベルを使うだけで、類似しているエンティティをグラフから抽出できます。図 2-2 を例に取ると、簡単にすべての顧客を抽出できます。データサイエンティストであれば、このリッチなグラフを扱うことで、分析を有意義（かつ効率的）に行いやすくなるでしょう。

　重要なのは、一部の作業はあらかじめドメイン知識を必要とせずとも、プロパティグラフモデルの特性を活用するだけでこなせるということです。典型例は可視化です。図 2-3 は、人気の可視化ツールである Linkurious [1] と Neo4j Bloom [2] で同様の可視化を行い、同一のラベルを持つノードがどのように表示されるかを示しています。構成原則の理解さえあれば、これらのツールはデータを視覚的に描画できます。さらに Bloom では、Google 検索のような UI を備え、メタデータを用いた直感的な探索機能が利用できます。

---

[1] https://linkurious.com/

[2] https://neo4j.com/product/bloom/

2.1 知識グラフの構成原則　013

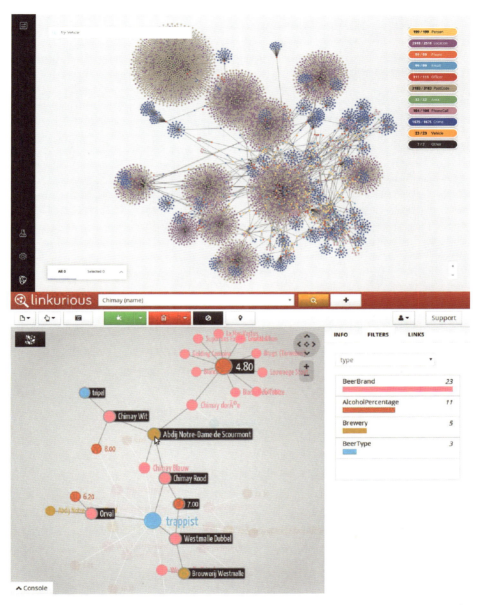

図 2-3：Bloom（上）と Linkurious（下）によるモデルの構成原則を使用したプロパティグラフデータの可視化

　可視化ツールといったユーザー向けアプリケーションにとって、構成原則は規約のようなものです。規約が存在することで、ラベル付きノードやそれらを接続している有向の型付きリレーション、さらに必要があればそれらのプロパティを探索できるようになっています。グラフとツールの双方がこの規約を遵守する限り、詳細なドメイン知識がなくとも、システ

ムを機能させることができます。

> **構成原則は規約**
>
> 　構成原則は、グラフとグラフを利用するユーザーの間の規約のような役割を果たします。また、この規約は人間だけでなく、ソフトウェアにも適用されます。
> 　プロパティグラフモデルであれば、ソフトウェアによってデータの中からラベル付きノードや有向の型付きリレーションを見つけ出せます。プロパティグラフモデルは、言わば**規約**のようなものであり、ソフトウェアはこの規約に準拠してデータの処理、可視化、変換、転送を行います。
> 　プロパティグラフモデルは強力ですが、比較的低次の構成原則です。プロパティグラフモデルは、タクソノミーやオントロジーといった本章で後ほど取り上げる、より高次の構成原則と組み合わせると、より使い勝手が良くなります。

　図 2-2 では、プロパティグラフモデルを使って様々な製品の特徴を示しました。熟練のユーザーであれば、データからすべてのオーディオ製品を抽出するのと同じくらい簡単に、すべてのワイヤレスヘッドホンを抽出できます。製品ごと、または製品カテゴリごとの売上も集計できます。しかし、単純なプロパティグラフモデルでは、データの構成方法を超える範囲について推論できません。たとえば、ラベルの情報から、ある製品が他の製品の代替になり得るかどうかは断定できません。このような場合に、より強固な構成原則が必要になります。

2.1.3　階層表現にタクソノミーを用いた知識グラフ

　図 2-2 では、顧客と顧客が購入した製品の間の関係性がリレーションという形でグラフ上に明示的に存在していました。ラベルによってノードの分類を作成するのも便利ですが、それではラベル間の関係性の表現力に欠けてしまいます。

　あるカテゴリが他のカテゴリよりも広い概念であるということや、属するカテゴリを踏まえて特定の製品が他の製品と補完的である、または代替的であるということはラベルからは判断できません。具体的には、ラベルのみをもとに「キリン」が「哺乳類」の特化であることや、フルーツの例であれば「リンゴ」が「バナナ」の代替になり得ることは判断できません。これらを推論する機構は、セマンティックウェブの技術スタックをはじめとする他のグラフモデルに存在しています。しかし、いずれも実装の複雑度が高い上、モデルを用いた推論はしばしば演算速度が遅く、対話性に欠けます。

　カテゴリや代替性に関するデータが存在しないというのは事業にとって機会損失になり得ます。良い製品カタログが、顧客にとっての良い購入体験や小売業者にとってのより大きな収益に繋がることは明らかです。したがって、製品をカテゴリ化するような表現力豊かな手法は価値のある投資と言えるでしょう。

> **ラベル付きプロパティグラフモデル**
>
> 　ラベル付きプロパティグラフモデルにおけるラベルは、グラフ上のノードの役割を説明するタグのような存在です。しかし、ラベルの間の関係性を定義する情報は存在しません。たとえば、リンゴがフルーツの特化であるという事実は推論できません。ラベル間に関係性が存在しないという事実は1つの特徴であり、バグではありません。型システムやポリモーフィズムはアプリケーションレベルでの関心の対象ですが、グラフデータベースではデータと構造のみを取り扱います。
>
> 　実際、ラベル付きプロパティグラフモデルの設計者は、データと型システムを分離しています。データベースがデータ（構造）を保有する一方で、アプリケーションには目的に応じたリッチな型システムを備える余地を残しています。
>
> 　ラベルは継承の性質が存在する型ではないことに留意してください。ラベルはグラフ上のノードの（1つまたは複数の）役割を示す指標です。ラベルはアプリケーション内の型にマッピングされることもありますが、この設計判断は知識グラフを使用するシステムの実装者に委ねられています。

　例を挙げます。オーディオに興味がある方であれば、ヘッドホンやイヤホンがパーソナルオーディオという、より一般的なカテゴリの一部であることをご存知でしょう。また、ヘッドホンとイヤホンには無線と有線という、より具体的な形式が存在し、その他のパーソナルオーディオも無線、有線の形式が存在し得ることもご存知でしょう。事業者が顧客の期待に応えるには、このような情報の活用が必要です。また、これらの情報は、顧客の購買嗜好や在庫情報、利益率などの情報と組み合わせることで、顧客の購入意思決定を導き、事業価値を最大化するためのよりリッチなデータとして役立ちます。

　前掲の製品カタログの例は、特定のヘッドホンの購入に限定されず、「ランニング中にクラシック音楽を聴くのに向いている商品はどれか？」といった高次の質問も含みます。アルゴリズムのみではこのような質問に回答できないため、よりスマートなデータが必要になります。手始めに、製品の代替性について推論しやすくするために、高次の構成原則で製品の分類方法を洗練させる取り組みを始めると良いでしょう。そうすれば、特定の商品が在庫切れになった場合でも、類似の商品を提供することで売り上げを確保できます。

　「x は y の一種である」という推論をするには、**タクソノミー**という構造を用いて、データの階層的な洞察を行う必要があります。タクソノミーは、カテゴリを広義・狭義、汎化・特化といった観点で階層に整理する分類スキームです。タクソノミーは類似する性質を持つ商品を同一のカテゴリに分類した後、カテゴリを別のカテゴリと相互に関連付けて概念を整理します。このような階層構造では、（数の多い）製品のような具体的なものは最下層に位置付けられ、（数の少ない）ブランドや製品ジャンルのような比較的一般的なものは階層の上位に位置付けられます。

　階層構造は、:SUB_CATEGORY_OF リレーションで接続された :CATEGORY ノードで構築できます。使用されるフレームワークや語彙によっては、:NARROWER_THAN や :SUBCLASS_OF といったリレーションが使用されることもあります。その後、製品をタクソノミー内の適切な箇所

に接続し、各製品の販売準備が整っているか分類できるようにしておきます。図 2-4 は、同一カテゴリ配下、かつ最も近いカテゴリに属する代替製品を提案できるようにし、より良い顧客サービスを提供するためのグラフです。

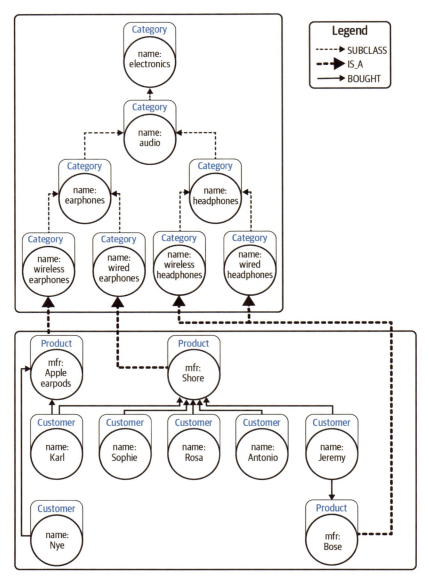

図 2-4：顧客データと販売データ上で整理した製品カタログの階層構造

知識グラフの利点は、複数の組織的な階層構造を同時に統合し、新たな洞察を提供できる点です。図 2-5 を見ると、異なるタクソノミーが単一の知識グラフに共存していることを確認できます。

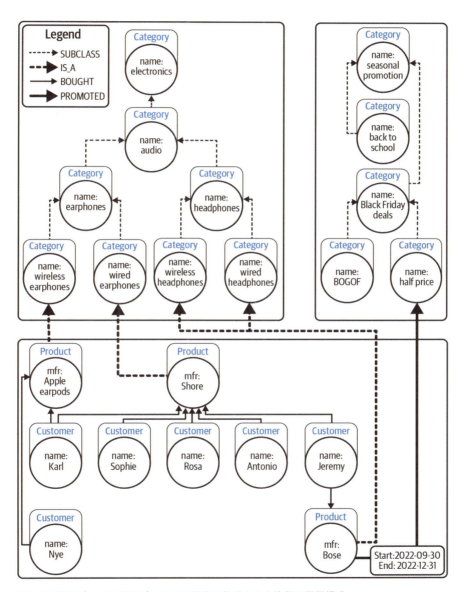

図 2-5：顧客データと販売データ上で動的に整理された複数の階層構造

　現在は、Bose のヘッドホンが :PROMOTED リレーション経由で half price（半額）の :Category ノードに繋がっていますが、このカテゴリ自体は Black Friday deals のサブカ

テゴリになっていて、さらにseasonal promotion（季節限定セール）のカテゴリへと続いています。また、Boseのノードは有線ヘッドホンカテゴリと無線ヘッドホンカテゴリのどちらにも繋がっており、これらのカテゴリを探しにきた顧客のどちらにも表示される想定です。時期によっては、同じヘッドホンでもハイエンドオーディオカテゴリなどの異なる分類がなされる場合もあり得ます。知識グラフでは分類が動的であるため、このようなケースは起こり得ます。新しいカテゴリや製品から別のカテゴリへの接続、相互関係を表現するには単にノードとリレーションを追加するだけです。グラフデータベース内でのデータ追加のみで完結するため、柔軟な分類体系を運用できます。

2.1.2項では、プロパティグラフモデルを用いたドメイン依存の知識グラフについて紹介しました。今度はタクソノミーを使ってより踏み込んだ表現をしてみましょう。タクソノミー（を用いて広義・狭義の概念）を理解するアプリケーションは、ドメインに関する具体的な知識を持たずとも、洗練された方法でグラフを活用できます。たとえば、**パス類似度**、**Leacock-Chadorow類似度**、**Wu-Palmer類似度**[†3]といったタクソノミーで用いられる標準的な指標を使用することで、製品間の類似度を算出してデータを抽出できます。これはドメインがオーディオ機器であってもフルーツであっても同様です。タクソノミー内に存在するスマートなデータは、これらの標準アルゴリズムで処理できます。

複数のカテゴリを使用するとデータの表現力がより豊かになるだけでなく、複雑化を回避しつつ洗練されたデータ活用が行えるようになります。このように適度にタクソノミー的な構成をしておくと、知識が抽出可能になるという即時的なメリットを享受できます。

タクソノミーはラベル付きプロパティグラフモデルに対して容易にマッピングできるため、快適で便利です。しかし、タクソノミーは知識を構成し、データをスマートにするための唯一の選択肢ではありません。より高次の構成原則も存在します。

2.1.4　マルチレベルのリレーションにオントロジーを用いた知識グラフ

タクソノミーは :SUBCATEGORY_OF リレーションでトピックのまとまりを表現していましたが、**オントロジー**はより洗練された表現を行います。タクソノミーと同様、オントロジーはドメイン内のカテゴリ、およびカテゴリ間の関係を記述するための分類スキームです。しかし、オントロジーは（広義・狭義のような）階層構造の表現に留まらず、多様な結合性を記述できます。

オントロジーを用いれば、:PART_OF、:COMPATIBLE_WITH、:DEPENDS_ON といった、より複雑なカテゴリ間の関係を定義できます。リレーションの階層関係を定義しつつ、より巧妙な方法（たとえば、他動的、対称的な表現）でリレーションを扱うようにもできます。これらの概念のラベル付きプロパティグラフモデルへのマッピングは容易に行えます。

オントロジー内のガイダンスに従えば、ドメイン内のカテゴリを垂直方向（階層的）だけでなく、水平方向に探索できるようになり、横断的に関心のある内容について取り扱えるようになります。たとえば、iPhone 12はiOSのデバイスであるため、スマートフォンを探している顧客に対する検索結果としてiPhone 12を表示するのは適切であることを推論できま

[†3] https://www.nltk.org/howto/wordnet.html

す。通常のタクソノミーを使用した場合でも、iOS がスマートフォンのサブカテゴリであることは表現できます。しかし、オントロジーに定義されている :UPSELL セマンティクスを使って、iPhone 12 を探している顧客に対して iPhone 12 Pro を推薦すべきであるという事実も追加で推測できます。図 2-6 は、製品カタログを利用するユーザーがより購入意思決定がしやすいように、:UPSELL リレーションを使用したオントロジーを示しています。

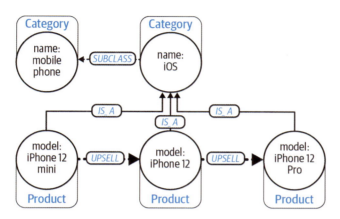

図 2-6：カタログ内の製品に対してアップセルの機会を示すオントロジー

　より発展的な活用方法として、複数のシステムを横断しているグラフに対してオントロジーを使用し、セマンティックブリッジとして活用するケースが挙げられます。（同一の概念を複数のシステム間で接続し）横断的な等価性を定義したオントロジーが存在すれば、標準的、かつ理解のしやすい用語にマッピングしながら、事業ドメイン全体を横断できます。

　システム間の規約のような役割で利用されるケースをはじめ、オントロジーのユースケースは洗練されていくにつれて複雑度も増していきます。しかし、モジュールのように組み込めば、オントロジーの構築が容易になり、すぐに価値を引き出しやすくなると同時に、複雑度の管理もしやすくなります。図 2-7 は、複数のタクソノミー、オントロジーを橋渡しするために層化した高度なユースケースを表しています。グラフ上の各層に対して独立してクエリできますが、層をまとめればドメインを横断した推論も実現できます。

　図 2-6 では、単一のオントロジーを通して、補完的な役割を担う電子機器についての推測しかできませんでした。しかし、ドメイン横断型で橋渡しの機構を備えたオントロジーを使用すれば、多種多様な製品、推薦、セール・プロモーション情報など、より広範なニーズについて推論できます。これは、事業のレベルで考えると「補完的な役割を持った機器を教えて」から、「（最安価格で）私が必要なものを探すのを手伝って」というニーズに対応できるように明確に変化したことを意味します。

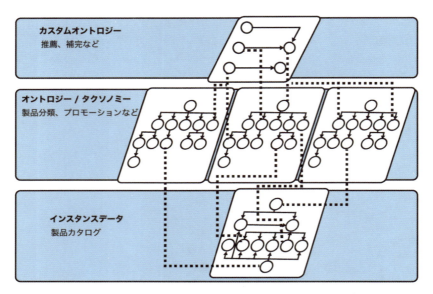

図 2-7：同一のデータ集合を対象にしたオントロジーとタクソノミーの洗練された層化

 オントロジーは、人間やソフトウェアが洗練されたタスクをこなせるように、知識を活用可能な状態へと変化させます。たとえば、通販事業者がオントロジーのある層を通して商品の階層関係を在庫管理に紐付けていたとします。ここで、商品が在庫切れになった場合、オントロジーを構成しておけばユーザーに対して適切な代替商品を提案できます。より高い利益率を確保して商品の推薦をすることも可能でしょう。事業がどのように動いているかについてさえ（機械可読な）オントロジー内で管理しておけば、これらのメリットを享受できます。

2.2 最適な構成原則

　知識グラフの構成原則は、想定するユースケースによって決定されるべきです。相互に関連する処理やそれらの関係を利用するエージェント（人間やソフトウェア）が存在しないのであれば、リッチな機能を構築するメリットはほぼありません。深く考えず、過度に野心的なメタモデルを目指すのはよくある過ちです。このようなケースでは、実現した時の効果が事前によく理解されないという点で、時間とリソースの両面でコストがかかります。そして、構成原則の細部まで完成する頃には構築したモデルが時代遅れになっている可能性さえ存在します。

2.2 最適な構成原則

> **骨折り損のくたびれ儲け**
>
> 　時折、事業に関わるすべての言葉を完全に理解し、把握しようとする人を目にします。このような作業は骨が折れ、多大な時間がかかることは疑う余地がありません。
>
> 　また、その作業によって得られる価値も不確かです。時には価値を生み出すために特定ドメインの言葉を完全に把握する必要がある場合もありますが、通常は不要です。
>
> 　包括的な構成原則を事前に作っておけば安心という人もいるかもしれませんが、そのようにして作られた構成原則は構想した時点に存在する体系しか捉えられません。通常、構成原則は順応的な（バージョン管理可能な）ものとして作成されるべきです。
>
> 　この逐次的なアプローチは価値を早く引き出せるようになるだけでなく、事業ドメインの進化に合わせて利用者が学習し、適応していくことを前提とした運用スタイルの確立にも寄与します。
>
> 　これは業務用ソフトウェア開発でよく知られている教訓です。今日のアジャイル手法では、運用初日にすべての機能を搭載したモノリシックなソフトウェアアプリケーションを構築するのではなく、後により多くの問題を解決する改善が行われることを理解した上で、直近の問題の解決に十分な機能のソフトウェアを即座に提供することが一般的です。

　一般的には、知識グラフのために構成原則を作成する際、必要最低限のセマンティクスを意識すべきです。現存するユースケースに関するセマンティックメタデータを導入し、他のユースケースが登場した時点でメタデータを追加していくのです。現在必要な機能要件に照らして単純なタクソノミーやプロパティグラフで十分である場合に、複雑なオントロジーを構築すべきではありません。複雑なシステムをすぐに構築しようとするのは、過度なエンジニアリングです。

　現在必要な部分のみを構築する方針は、反復的なシステム提供を行う方針と親和性があります。反復的な知識グラフの構築は、完璧なオントロジーを追及してしまう、という陥りがちな落とし穴を回避する上でも役立ちます。このアプローチによって長期的な目的に沿った知識グラフを確保すると同時に、早期に価値を提供し、全体的なリスクを低減します。

　しかし、既存のオントロジーを使うべきか、または時間をかけて独自のオントロジーを構築するべきかという迷いがあるでしょう。次節では、両アプローチのトレードオフについて解説します。

2.3 構成原則：標準 vs カスタム

特定ドメインについて広く使われているオントロジーがいくつか存在します。以下はその一例です。

- SNOMED CT [4]：臨床に関する文書と報告書
- Library of Congress Classification (LCC) [5]：学術分野で広く普及
- Financial Industry Business Ontology (FIBO) [6]：金融とビジネス
- Schema.org [7]：共同で作成されたウェブに関するオントロジー
- Dublin Core Metadata Initiative (DCMI) [8]：ウェブのリソースなどを記述している大量のスキーマを含む

もし標準的なオントロジーを使用しているドメインでタスクをこなすのであれば、独自のオントロジーを記述せずに既存のモデルを採用するのは良い考えです。既存のオントロジーを採用すれば、知識グラフの利用者も既存のモデルの標準に準拠できるため、相互運用性を確保しやすくなります。サプライチェーン内の参加者のように、コミュニケーションを取る集団が別々のエンティティである場合には、相互運用性が重要です。場合によっては、規制報告のように特定の標準への準拠が必須なケースも存在します。

標準的なオントロジーの使用は知識の再利用と言えます。他の人々が過去に歩んだ道を辿り、先人の努力から恩恵を受けるのです。しかし、もし向き合うドメインの標準的なオントロジーが存在しない場合、または既存のオントロジーがドメインの一部にしか適合しない場合、一から独自のオントロジーを記述するか、公開済みの標準的なオントロジーを始点として徐々に進化させていく必要があります。

2.3.1 独自の構成原則の作成

構成原則を作成する際に採り得る選択肢はいくつか存在します。1つは、英語などの自然言語を使用して構成原則のセマンティクスを記述することです。このアプローチは取っつきやすいですが、欠点が存在します。セマンティクスは機械にとって解読不能であるため、プログラマーが仕様をコードに落とし込む必要がありますが、これが食い違いを発生させます。

もう1つの方法は、利用可能な標準言語を用いて、あらかじめ構成原則を定義することです。最も広く使用されている標準言語には、RDF スキーマや、オントロジーであれば Web Ontology Language (OWL)、タクソノミーの分類スキームであれば Simple Knowledge Organization System (SKOS) が存在します。これらの各言語は、カテゴリとリレーション

---

[4] https://www.snomed.org/
[5] https://www.loc.gov/catdir/cpso/lcc.html
[6] https://spec.edmcouncil.org/fibo/ontology
[7] https://schema.org/
[8] https://www.dublincore.org/

の基本的な定義からタクソノミーや複雑なクラスのように洗練された構成要素に至るまで、異なる表現レベルを実現しています。

　標準的なオントロジーの言語を使用して構成原則を記述する利点は、ソフトウェアからのサポートを受けられる点です。手作業でのオントロジーの作成は難しく、エラーも発生しやすいですが、（視覚的な）オントロジーエディタがあれば一部のエラーについては避けやすくなります。ただ、オントロジー記述言語に習熟するにはコストがかかるため、得られるメリットと秤にかけて判断する必要があります。

　標準規格のソフトウェアからメリットを享受できるのは構成原則の作成中だけではありません。構成原則が知識グラフに適用されれば、標準に準拠したソフトウェアによってデータに対する自動的なタスクを実行できます。たとえば、知識グラフの構成原則のフレームワークとして OWL を使用したとします。この場合、OWL の推測を実行できるプログラムは、（演算量の制限はありますが）データのドメインに関して理解をしていなくとも、新たな事実をデータから引き出せます。

　自動化された推測は魅力的ですが、飛びつく前に客観的な視野を持つことが重要です。標準に準拠することでどのようなものを表現できるでしょうか。どのようなインターフェースで推測を実行できるでしょうか。そして最も重要な質問として、事業ニーズにどのように対応できるでしょうか。

　知識グラフを活用して成功している組織は、標準をある程度までうまく活用する一方で、事業環境の変化に素早く対応するために、必要に応じて意味の追加をしやすくしている傾向があります。標準と適応的なカスタマイズの合わせ技は、現代のビジネスの実態に最も合ったアプローチであるように思われます。

2.4 知識グラフの真髄

　セマンティックウェブや RDF の間には歴史的な繋がりがありますが、知識グラフに特定のグラフ技術が必要であるわけではありません。著者らとしてはプロパティグラフモデルが知識グラフに親和性があると考えています。プロパティグラフであれば実用的な方法で知識グラフの開発、維持が可能であり、素晴らしいツールのサポートや大規模、かつ活発なコミュニティも存在します。

良い知識グラフは柔軟性があり、保守も容易です。厄介な技術を使って保守がしづらくなる事態は避けましょう。そのような技術を最新の状態に維持する労力をかけている間に事業環境は変化してしまいます。

　良い知識グラフにはパフォーマンスも重要です。ソフトウェアチームとユーザーの双方にとってボトルネックとなるような動作の遅いシステムは苦痛の種です。速くて常に新しい知識グラフはユーザーの強力な味方になりますが、動作が緩慢で変更が困難な知識グラフは無用の長物になります。

　知識グラフは静的ではありません。知識グラフはシステムとそのユーザーによって拡充し

ていきます。利用を促進するためにできることをすべて行えば、相互作用によって知識グラフがより拡充し、拡充に伴って知識グラフ自体の利用も促進されていく好循環に至るでしょう。

> **データ交換と RDF**
>
> RDF (Resource Description Framework) はしばしば知識グラフの実装の文脈で比較すべき点として扱われ、知識グラフの概念と混同されてきました。RDF はデータ交換のためのモデルであり、データの保存やクエリに関するガイドではありません。RDF は、どのようにデータが主語 (subject)、述語 (predicate)、目的語 (object) のトリプル (始点のノード、リレーション、終点のノードとほぼ同義) としてシリアライズされるかを記述しています。
>
> 本章で扱ったテクニックは実装方式とは完全に独立した内容です。したがって、知識グラフを構築するために RDF のトリプルストアが必ず必要であるというわけではありません。むしろ、今日はラベル付きプロパティグラフを採用する傾向が強く存在します。
>
> 実務的にはデータを共有するための形式として RDF は合理的な選択ですが、独自の形式で RDF のデータモデルを記述することは避けた方が無難でしょう。

2.5 まとめ

　本章では、データを整理し、データから知識を抽出する方法について取り扱いました。知識グラフの定義、および知識グラフから意味のある情報を引き出すために必要な構成原則についても理解が深まったことでしょう。また、ラベル付きプロパティグラフから洗練されたオントロジーに至るまで様々な構成原則について学び、それぞれについてトレードオフの関係があることを認識したでしょう。

　後の章では、知識グラフを活用したアプリケーションを取り扱い、スマートなデータからどのように知識を引き出し、事業価値を生み出すのかについて解説します。しかしその前に、データをグラフデータベースに読み込む作業やグラフアルゴリズム、機械学習など、ある程度グラフ技術について学ぶ必要があります。3 章では、グラフデータベースとグラフクエリの基礎について学びます。

3

グラフデータベース

『Knowledge Graphs: Data in Context for Responsive Businesses』(O'Reilly)[1]では、知識グラフは現代のグラフデータ技術よりも前に登場した技術であると主張していました。実際、知識グラフという概念は**グラフデータベース**という用語が造られる前に、セマンティックウェブと共に登場しています。

今日、グラフデータベースやグラフ処理は業務システムにおいて重要なトレンドになっています。また、知識グラフに寄せられる新たな関心とグラフデータベースやグラフデータサイエンスツールの普及の間には相関が確認できています。ある意味で現代のグラフ技術は、知識グラフを研究用途に限定することなく、多くの組織で実用的に扱えるようにしました。

本章では、グラフデータベースの基礎実践レベルまでを解説します。グラフデータベースの使用方法、特にクエリ言語を使ってデータを格納する方法や知識グラフにクエリする方法を紹介します。また、グラフデータベースがどのように動作しているか、なぜ他のデータベース技術よりも知識グラフのワークロードにおけるパフォーマンスが遥かに良いのかについても解説します。

---

[1] https://www.oreilly.com/library/view/knowledge-graphs/9781098104863/

> ヒント　成熟度や普及率という観点で最も人気のあるグラフデータベースは Neo4j です。本章、および次章以降の技術的な例は Neo4j や Neo4j の周辺ツールの利用を想定しています[2]。Neo4j は https://neo4j.com から無料で利用できます。最も簡単にローカル上で Neo4j を実行するには、Neo4j Desktop[3] が最適です。ローカルへの Neo4j のインストールを避けたい場合は、Neo4j Sandbox や Neo4j Aura などのクラウドサービスの利用を検討しましょう。Neo4j Sandbox[4] は、グラフデータベースに入門するために利用可能な無料の学習ツールです。また Neo4j AuraDB[5] は、クラウドで提供される SaaS の Neo4j グラフデータベースです。AuraDB には、無料のティア（利用枠）が存在し、（最終的に）本番リリースが予定されているシステムのプロトタイピングなどでの利用が想定されています。

　本章は重要な内容ですが、網羅的な解説は目的としていません。代わりに、次章以降で扱うソリューションに取り組めるように十分な基礎を築きます。本章を読んで、グラフデータベースの詳細が気になった場合は、Ian Robinson、Jim Webber、Emil Eifrem 共著『Graph Databases』[6] などの書籍をご参照ください。

3.1　Cypher クエリ言語

　知識グラフの開発者（場合によってはユーザー）は Cypher クエリ言語でグラフデータベースを操作することが最も多いでしょう。Cypher はパターンマッチングを行う宣言的なクエリ言語です。元は Neo4j によって作られていましたが、今では他のシステムでも実装されており、GQL（Graph Query Language、または「SQL for Graphs」）として ISO（国際標準化機構）で標準化されています。

　Cypher は、人が馴染みやすく表現力に富んだクエリ言語を目標として設計されました。Cypher の作成者は、Microsoft Visio などの描画ツール上であればラベル付き矢印や箱でダイアグラムを描きやすいことに気付きました。また実際、ユーザーはそのようにして描かれたダイアグラムを読みやすく感じます。Cypher の作成者は、読むのが難しい SQL や SPARQL といったデータベースクエリ言語の経験から、良いグラフクエリ言語は描画ツールのように視覚的であるべきだと考えました。グラフを視覚的に表現する記法が Cypher の根幹になっています。

---

[2] 執筆時点で原著者は Neo4j で働いています。
[3] https://neo4j.com/download/
[4] https://neo4j.com/sandbox/
[5] https://neo4j.com/cloud/platform/aura-graph-database/
[6] https://graphdatabases.com/
　　『グラフデータベース』（オライリー・ジャパン、2015 年）

3.1.1 知識グラフ上でのデータ作成

　心配は無用です。視覚的であるからといって描くセンスが必要であるという意味ではありません。視覚的であるというのは、クエリの構造が知識グラフの構造を直感的に模しているという意味です。良い例があります。図 3-1 の小さなグラフは 1 章でも示したものです。このグラフは、どこに住んでいるかといったデータと共に、友人のグループや友人の友人に関する情報を含んでいます。

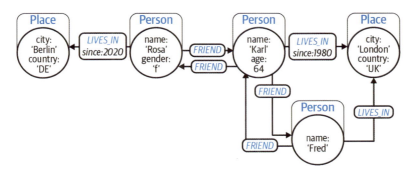

図 3-1：人物とその友人関係、および所在地を表現したグラフ

　図 3-1 の Rosa を表現しているノードを見てください。情報を損なわずに ASCII アートで彼女、および彼女の周辺関係を表現できています。たとえば、「Rosa はベルリンに住んでいる」というセマンティクスを (:Person {name: 'Rosa'})-[:LIVES_IN]->(:Place {city: 'Berlin', country: 'DE'}) というパターンで捉えることができます。なお、パターンで使用した記法の意味は以下の通りです。

- 丸括弧 () 内の内容はノードを表現しています。
- :Person や :Place という文字列は、ノードに付与されたラベルを表現しています。
- -[:LIVES_IN]-> という矢印の文法は、人物と場所を結ぶ :LIVES_IN という名前のリレーションです。
- {name: 'Rosa'} と {city: 'Berlin', country: 'DE'} は、ノード（およびリレーション）に格納可能な key-value のプロパティです。

　さて、前記のパターンの頭に CREATE を付ければ、有効な Cypher クエリが出来上がります。リスト 3-1 の通りです。

リスト 3-1 Cypher の CREATE キーワードを使った部分グラフの挿入

```
CREATE (:Person {name: 'Rosa'})-[:LIVES_IN {since: 2020}]->
       (:Place {city: 'Berlin', country: 'DE'})
```

リスト 3-1 はグラフ構造が明快です。ノードは ASCII アートにおける円のように、丸括弧 ( ) で表現されています。次に、ノードには :Place や :Person といったラベルが存在します。これはグラフ上のノード（今回の場合は場所や人物）の役割を示しています。ノードには 0 個以上のラベルを付与できます。

ラベルはノードを役割によってグループ化できます。ラベル付きでノードを作成すると、そのラベル用のインデックスにノードが追加されます。ほとんどの場合、このインデックスを意識することはないですが、データベースクエリプランナーはインデックスの情報を使ってクエリ実行速度の向上を図ります。つまり、ノードのラベルはモデルの忠実度を高めつつ、パフォーマンスも改善します。ドメインについて何か知っていることがあれば、ラベルとして知識グラフに含める姿勢が重要です。

データを保存する際、リレーションの向きの指定が必要です。これは、ベルリンが Rosa に住んでいるのではなく、Rosa がベルリンに住んでいるという事実を明示化し、正確、かつ高度に忠実なモデルを作成するためです。Neo4j にデータを保存するには、図 3-2 に示すように、コンソールに前記のクエリを打ち込むだけです。描いた内容がそのまま保存されます。

図 3-2：CREATE 句によって Neo4j にグラフデータを挿入する

何らかのデータをデータベースに読み込めば、Cypher の MATCH 句でクエリできます。MATCH 句は知識グラフに対してユーザー定義のパターンを照合します。図 3-3 を見てください。MATCH (n) RETURN n は、丸括弧で囲まれた (n) で表現される任意のノードを見つけ、そのノードを変数 n にバインドして呼び出し元に返却するようにデータベースに要求しています。

どの向きであっても一定のコストでリレーションを走査できることが重要です。これはラベル付きプロパティグラフモデルが備えている基本的な性質です。したがって、クエリのレイテンシは探索対象である知識グラフの規模に比例します。ただし、レイテンシは単にグラフサイズの関数では見積もれない点に留意してください。

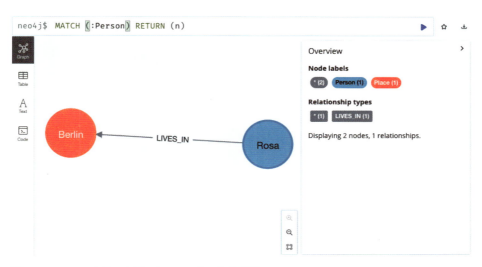

図 3-3：MATCH を用いたデータベース内の全項目探索

　図 3-3 に示すデフォルトの画面は、マッチしたノード間のリレーションも表示するため、このクエリは「グラフのすべてを見せてください」という時にも使えます。大規模グラフに対してはこの挙動は実用的でなく、望ましくない場合も多いでしょう。この場合は SQL と同様、LIMIT 句に正の整数を追記することで返却されるレコード数を制限できます。

3.1.2　知識グラフの拡充と重複の回避

　グラフを発展させていきたい場合、ノードやリレーションをさらに作成する必要があります。純粋に考えると、単に CREATE 句を使えば大規模なグラフを構築できると思うかもしれませんが、CREATE 句は常に新しいデータを作成します。図 3-2 に示すコードを再度実行してグラフ表示を更新すると、次ページの図 3-4 に示すように 2 個以上の Rosa ノードや Berlin ノードが確認できるでしょう。

　時には CREATE で新しいレコードを作成したいケースもあるかもしれませんが、データが重複する事態は避けたいでしょう。一歩戻ってデータベースを綺麗にして最初からやり直しましょう。データベースからレコードを削除するには、Cypher がサポートしている DELETE を使用します。DELETE は、条件にマッチしたレコードを削除、または削除対象のノードから他のノードに対してリレーションが存在した場合には削除処理を中断します。DETACH DELETE 句の場合は、マッチしたノード、および接続されているリレーションも削除します。リスト 3-2 の通りです。

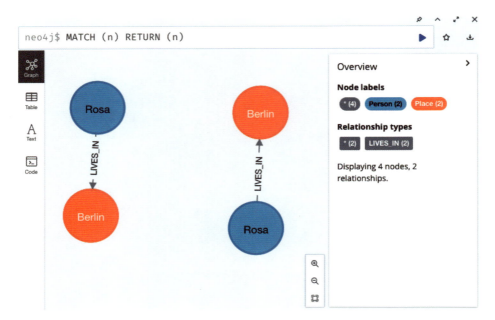

図3-4：CREATE 句は常にデータベース内に新しいレコードを挿入する

> **リスト3-2** Cypher の DELETE 句と DETACH DELETE 句

```
// ノードを削除。ただし、リレーションが半端に残ってしまう場合は削除を中断
MATCH (n) DELETE n

// 任意のノード間の :LIVES_IN リレーションを削除
MATCH ()-[r:LIVES_IN]->() DELETE r

// すべてのノードと接続しているリレーションを削除。グラフ全体を効率的に削除可能
MATCH (n) DETACH DELETE n
```

　`MATCH (n) DETACH DELETE n`コマンドを実行してデータベースをリセットします。`CREATE`句が常に新しいレコードを挿入することは学んだため、今回は Cypher の `MERGE` 句を使ってみます。`MERGE` 句は、指定したパターン全体がまだ存在していない場合のみ、レコードを挿入します。

　初めに Karl がロンドンに住んでいるという情報をグラフに登録します。

```
MERGE (:Person {name: 'Karl', age: 64})-[:LIVES_IN {since: 1980}]->
      (:Place {city: 'London', country: 'UK'})
```

　データベース内にレコードが存在しないため、この `MERGE` 句は `CREATE` 句と同じように振る舞います。つまり、期待通りに 2 つのノードと 1 つのリレーションが知識グラフ上に永続化されます。図 3-5 の通りです。

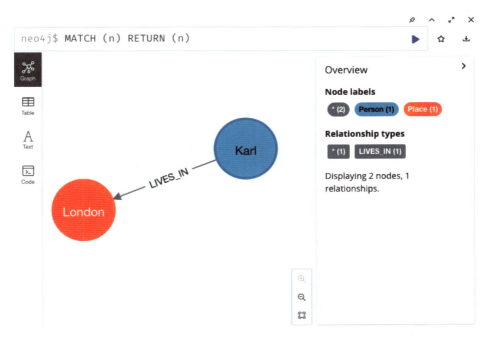

図3-5：データベース内にマッチするデータが存在しない場合、MERGE句はCREATE句のように振る舞う

さて、ロンドンに住み始めたFredをMERGEする場合も見てみましょう。

```
MERGE (:Person {name: 'Fred'})-[:LIVES_IN]->
      (:Place {city: 'London', country: 'UK'})
```

　もしかすると、Fredを表すノードが新規に作成され、ロンドンを表す既存のノードとの間に新しい :LIVES_IN リレーションが接続されることを期待されるかもしれません。しかし、実際はそうなりません。
　MERGE句の挙動には少し注意が必要です。MERGE句は、MATCH句とCREATE句を混ぜ合わせたような構文であり、パターン全体にマッチするか、パターンに完全にマッチするレコードを新規に作成するかの二者択一です。部分的なMATCHはしませんし、部分的なCREATEも行いません。図3-6では、MERGEが (:Person {name: 'Fred'})-[:LIVES_IN]->(:Place {city: 'London', country: 'UK'}) というパターンに完全にマッチするグラフが見つからなかったため、記述したパターンがそのまま作成され、結果として望んでいなかったLondonノードの重複が発生したのです。

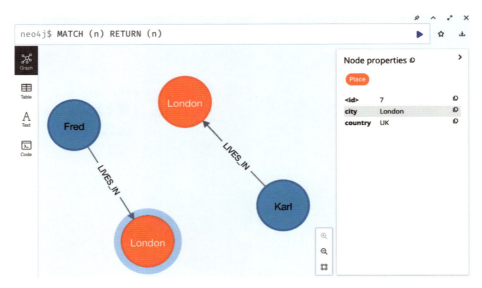

図3-6：MERGE句が既存のデータに完全にマッチしなかったため、CREATE句のように振る舞っている

　幸いデータモデルの作成はまだそこまで進んでいません。`MATCH (n) DETACH DELETE n`を入力し、グラフ全体を削除するのが手っ取り早いです。次はデータモデルによく気をつけましょう。当然、イギリスのロンドンは1つのみ存在し、複数人がそこに住めます。そしてロンドンと呼ばれる他の場所（たとえば、カナダのオンタリオ州のロンドン）が存在し、このような状況は許容されるべきです。イギリスに単一のロンドンしか存在しないようにデータモデルを制約し、同一のノードが作成されそうになった場合は作成が（適切、かつ安全に）拒否されるようにすると安心でしょう。

　`CREATE CONSTRAINT no_duplicare_cities FOR (p:Place) REQUIRE (p.country, p.city) IS NODE KEY`で制約を作成します。この構文は、:Placeノードがcityとcountryの組み合わせから構成される一意複合キーを持つように宣言しています。複合制約はNeo4j Enterprise Editionで利用でき、Neo4j Enterprise Editionは本番用途でなければNeo4j Desktopの一部として無料で利用できます。これにより、イギリスのロンドンとオンタリオ州のロンドンがデータベース内に共存できるようになり、同時に（都市名と国名の組み合わせが同一であるような）意図しない重複したノードの作成を防ぎます。

　さて、制約を設定できました。もう一度KarlとFredの両方をイギリスのロンドンを示すノードに接続させる方法を考えてみましょう。3つの手順に分けてみます。

1. Londonを表すノードを作成、または見つける。
2. Karlを表すノードを作成、または見つけ、Londonを表すノードに接続する。
3. Fredを表すノードを作成、または見つけ、Londonを表すノードに接続する。

　MERGE句はグラフ上でパターンの作成かマッチを排他的に行うことを思い出しましょう。

リスト 3-3 の MERGE 句は単一のトランザクションとして実行され、処理の結果が原子的（アトミック）に適用（または拒否）されます。さらに一意制約により :Place ノードの重複を受け付けないため、重複したノードを作成しようとした場合にはトランザクションを中断します。

リスト 3-3　複数行の MERGE クエリ

```
// イギリスのロンドンを表すノードを作成、またはマッチ
// ノードを london という変数にバインドする
MERGE (london:Place {city: 'London', country: 'UK'})

// Fred を表すノードを作成、またはマッチ
// ノードを fred という変数にバインドする
MERGE (fred:Person {name: 'Fred'})

// fred と london のノードの間に :LIVES_IN リレーションを作成、またはマッチ
MERGE (fred)-[:LIVES_IN]->(london)

// Karl を表すノードを作成、またはマッチ
// ノードを karl という変数にバインドする
MERGE (karl:Person {name: 'Karl'})

// karl と london のノードの間に :LIVES_IN リレーションを作成、またはマッチ
MERGE (karl)-[:LIVES_IN]->(london)
```

　リスト 3-3 のコードをまっさらなデータベース上で実行した後、MATCH (n) RETURN (n) を実行してデータベースの内容を確認してみましょう。図 3-7 のようなグラフが確認できるはずです。

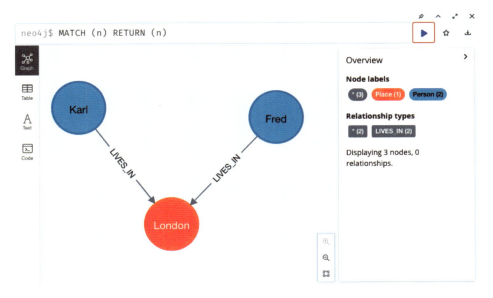

図 3-7：一意制約によって保護された正しい複数行 MERGE

補足 知識グラフの開発者であれば Cypher をある程度の水準まで理解しておく必要があります。アプリケーション経由での通常の利用用途以外に、プロトタイピングの際などにコマンドライン上でアド・ホックにクエリを書く場面が時折ありますが、ほとんどのクエリは知識グラフと直接やりとりをするアプリの内部に保持されています。リレーショナルデータベースや NoSQL データベースと同様、クエリはパラメータ化されてネットワークに送信され、データベース内で評価されます。グラフデータベースをデプロイする際のアーキテクチャは他のデータベースと同様です。グラフデータベースと他のデータベースの大きく異なっている点はデータモデルです。

前記のパターンを用いて繰り返し `MERGE` することで、特定ドメインに忠実な大規模な知識グラフを構築できます。図 3-8 に示す通りです。

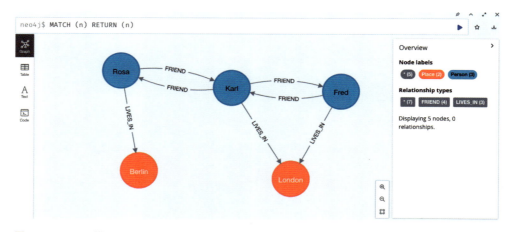

図 3-8：Neo4j で構築した小規模なソーシャルグラフ

もちろん知識グラフ上に作成されたデータの更新もできます。たとえば、Rosa の生年月日をプロパティに追加できます。

```
MATCH (p:Person)
WHERE p.name = 'Rosa'
SET p.dob = 19841203
```

同様に（関連するノードやリレーションを削除せずに）プロパティの削除もできます。

```
MATCH (p:Person)
WHERE p.name = 'Rosa'
REMOVE p.dob
```

`REMOVE` 句はノードからラベルを削除する時にも使用します。

```
MATCH (p:Person)
WHERE p.name = 'Rosa'
REMOVE p:Person
```

　本節では初歩的なクエリ方法と共に知識グラフにデータを格納する方法について紹介しました。次節以降では、グラフ上の既知のノードに対する発展的なクエリ方法について解説します。

3.1.3　グラフローカルクエリ

　図 3-8 のように知識グラフ上にデータを格納できるようになりました。今度は格納されているデータに対するクエリの方法に焦点を当てます。クエリはノードやリレーション、プロパティを格納する方法と似たパターンに従って、Cypher で記述します。

　MATCH (n) RETURN (n) で既に確認したように、Cypher クエリの基本は MATCH 句です。MATCH 句は、知識グラフ上の特定のパターンにマッチするレコードをデータベースに対して問い合わせる際に使用します。MATCH 句を使用すれば、グラフ上の既知の部分に対して指定したパターンをバインドする一方で、その他のバインドしない部分をデータベースから探索できます。シンプルな例としてリスト 3-4 のように「誰がベルリンに住んでいますか？」という質問を考えてみましょう。これはグラフ上の特定の部分（本例ではベルリンを表すノード）にバインドされるため、**グラフローカルクエリ**と呼ばれます[7]。

リスト 3-4　誰がベルリンに住んでいますか？

```
MATCH (p:Person)-[:LIVES_IN]->(:Place {city: 'Berlin', country: 'DE'})
RETURN (p)
```

　リスト 3-4 内のクエリは、Cypher に見慣れていなくてもとても読みやすいでしょう。クエリは MATCH 句から始まっていますが、これはデータベースに対してあるパターンを見つけたいということを伝えています。関心のあるパターンは知識グラフ上の既知の部分に関する情報を含んでいると同時に、クエリによって見つけるべき部分も含んでいます。具体的には、(:Place {city: 'Berlin', country: 'DE'}) というパターンはベルリンを表すノードにマッチし、-[:LIVES_IN]-> はベルリンを表すノードへ接続している :LIVES_IN リレーションにマッチします。リレーションにはプロパティが指定されておらず、緩いパターンになっていますが、記述通りに正しく知識グラフ上でのマッチングを行います。パターンの (p: Person) の部分はグラフ上の任意の :Person ノードにマッチし、実際にマッチしたノードを変数 p にバインドします。変数にバインドすることで、マッチしたノードをクエリ内で再利用できます。以上の内容を踏まえると、記述したパターンは、ベルリンを表す :Place ノードへの :LIVES_IN リレーションを持った :Person ノードにマッチする任意のパターンを見

---

[7]　グラフローカルクエリは多数のレコードを処理することもあれば、ごく少数のレコードを処理する場合もあります。ローカルという表現は、グラフ全体を反復して処理するのではなく、単にパターンの一部が既知のノードやリレーションに紐付き、グラフの局所的な部分内で処理を行うことを示しているだけです。

つけるようにデータベースに問い合わせています。最後に、クエリは RETURN (p) によって、パターンにマッチした任意の :Person ノードを返却します。図 3-9 に示すように、本例では Rosa を表すノードのみが返却されます。

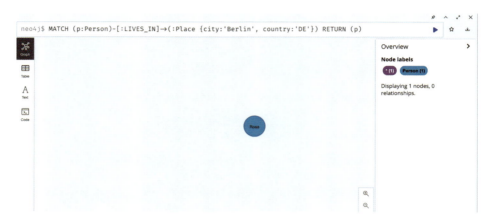

図 3-9：ベルリンに住んでいる Rosa のみを表示する結果

　しかし、このクエリはソーシャルグラフからさほど有用な情報を引き出せません。なぜなら、長さ 1 のパスのみを考慮しているため、ベルリンを表すノードの真隣のノードしかマッチできず、クエリの内容自体が極めて浅いためです。
　多くの場合、知見を得るために知識グラフを深く探索したいと考えるでしょう。幸い Cypher では深い探索を容易に実現でき、Neo4j ではわずかな計算コストで探索できます。ソーシャルネットワークを使い、Rosa が交流したいと思うような友人の友人を見つけてみましょう。
　リスト 3-5 では、Rosa を表すノードから始め、Rosa に対して 2 つの :FRIEND リレーションで接続している :Person ノードを探します。本例では、*2..2 という可変長パスの文法を使用することで、パスの長さを 2 から 2 の間 (つまり、ちょうど 2) に指定しています。冗長に書くのであれば、(:Person)-[:FRIEND]->(:Person)-[:FRIEND]->(:Person) に相当します。結果は同じですが可読性が上がるため、短く記述できる可変長パスの記法を使用する方が好ましいです。

リスト 3-5　友人の友人

```
MATCH (:Person {name: 'Rosa'})-[:FRIEND*2..2]->(fof:Person)
RETURN (fof)
```

　リスト 3-5 のクエリを実行すると、図 3-10 のようにやや不思議な結果が得られます。

図 3-10：Rosa は Rosa の友人の友人と見なされるべきではない

　図 3-10 では、Rosa が Rosa 自身の友人の友人として表示されています。これは正しくない結果のように思われます。しかし、図 3-8 のグラフを見れば、このような結果になった理由が分かります。Rosa は Karl の友人であり、Karl は Rosa の友人です。ここには、`-[:FRIEND*2..2]->` にマッチする深さ 2 のパスが存在し、Rosa から Karl、Karl から Rosa へと戻るパスが含まれます。Rosa が含まれないようにするには、リスト 3-6 に示すように、MATCH 句に WHERE 句を付け加えて探索するパターンを制限する必要があります。

リスト 3-6　友人の友人を適切に見つける

```
MATCH (rosa:Person{name: 'Rosa'})-[FRIEND*2..2]->(fof:Person)
WHERE rosa <> fof
RETURN (fof)
```

　WHERE rosa <> fof の部分がパターンを補正しています。これにより、マッチしたノードが Rosa を表すノードと異なる場合のみマッチするようになり、前述の Rosa-Karl-Rosa の問題を避けられます。

 WHERE 句を用いて適用できる構文は他にもあります。具体的には、真理値、文字列、パス、リスト、プロパティなどを対象にした条件式が利用できます。以下にその一例を示します。

- `WHERE n.name STARTS WITH 'Ka'`
- `WHERE n.name CONTAINS 'os'`
- `WHERE NOT n.name ENDS WITH 'y'`
- `WHERE NOT (p)-[:KNOWS]->(:Person {name: 'Karl'})`
- `WHERE n.name IN ['Rosa', 'Karl'] AND (p)-[:LIVES_IN]->(:Place {city:'Berlin'})`

以降の章で他の例も登場します。

前記の条件式をクエリに加えることで、Rosa の唯一の友人の友人として（彼女の友人である Karl を経由して）Fred が表示されます。図 3-11 に示す通りです。

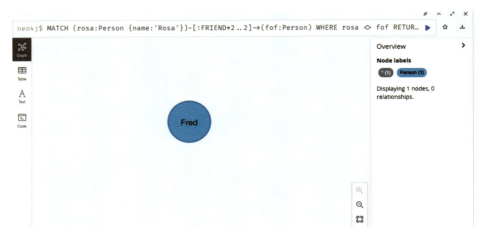

図 3-11：Fred は Rosa の唯一の友人の友人である

同一のクエリの構造に倣えば、「ベルリンに住んでいる人物の友人、または友人の友人は誰か？」といった質問も簡単です。複数のリレーション型を使い合わせ、クエリの内容を少し深くするだけです。このようなクエリは知識グラフを使用する場合には一般的であり、表現も楽に行えます。リスト 3-7 がクエリです。

リスト 3-7 ベルリンに住んでいる人物（p）の友人、または友人の友人（f）を見つけるクエリ

```
MATCH (:Place {city: 'Berlin'})<-[:LIVES_IN]-
      (p:Person)<-[:FRIEND*1..2]-(f:Person)
WHERE f <> p
RETURN f
```

補足　この例では、ある人物（p）から見た友人、または友人の友人（f）がベルリンに住んでいる必要はありません。しかし、WHERE 句を別途追加するだけで、その条件を満たす結果を得られます。以下がそのクエリです。

```
MATCH (:Place {city: 'Berlin'})<-[:LIVES_IN]-
      (p:Person)<-[:FRIEND*1..2]-(f:Person)
WHERE f <> p AND (f)-[:LIVES_IN]->(:Place {city: 'Berlin'})
RETURN f
```

リスト 3-7 では、:LIVES_IN リレーションがベルリンを表すノードから人物へとマッチする必要がありますが、これはベルリンに住んでいる人物を意味します。そして可変長パス

`<-[:FRIEND*1..2]-` が友人（深さ 1）、または友人の友人（深さ 2）にマッチします。最後に、リスト 3-6 で示したように、始点になる人物が自身の友人の友人として見なされないように担保するため、`WHERE f <> p` を追記しています。

> **補足** リレーショナルデータベースに精通したユーザーであれば、このように際限なく深いクエリの書き方によるパフォーマンスへの影響を懸念するでしょう。しかし心配には及びません。再帰的な結合を行うリレーショナルデータベースのクエリとは異なり、Neo4j におけるクエリのレイテンシはデータベースの大きさではなく探索時に訪問されるノードとリレーションの数に比例します。リレーションを 1 回走査するのにかかるコストもごくわずかであるため、テーブル結合で発生するようなパフォーマンスの劇的な悪化は生じず、大規模なグラフ探索でも速く処理できます。

さて、友人、または友人の友人がベルリンに住んでいる人が誰であるかの答えを得られるようになりました。図 3-12 に示すように。答えは Karl（Rosa の友人）と Fred（Karl 友人）です。

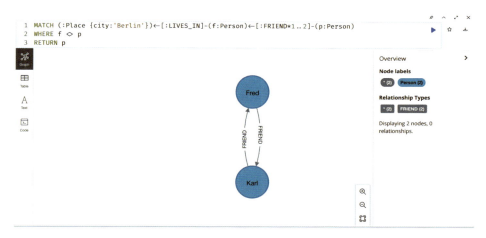

図 3-12：Karl と Fred にはベルリンに住んでいる友人、または友人の友人が存在する

3.1.4　グラフグローバルクエリ

今までは、Rosa やベルリンについて明示的な問い合わせを行っており、特定のノードを始点としてクエリしてきました。このクエリ方法はグラフローカルクエリと呼ばれ、頻繁に利用される形式です。

しかし、知識グラフを使用する際には頻繁に発生するケースですが、もしグラフ全体をクエリしたい場合にはどうすれば良いでしょうか。このようなクエリ方法は**グラフグローバルクエリ**と呼ばれます。たとえば、「住むのに最も人気な街はどこですか？」という単純な質問を考えます。このケースでは、クエリのパターンは特定のノードのみを対象とするのではな

く、すべての街と人口を考慮する必要があります。この場合のクエリは知識グラフの大部分（または全体）を対象に処理するため、始点となる特定のノードは何も指定しません。

とても小規模なソーシャルネットワークに対して実行する Cypher クエリの内容と得られる結果は図 3-13 に示す通りです。ロンドンはソーシャルネットワーク内で最も人気な街で 2 人が住んでおり、次いで 1 人が住んでいるベルリンが人気であると分かります。なお、今回は数値データの集計が目標であるため、グラフの可視化ではなく表形式の出力を作成しています。

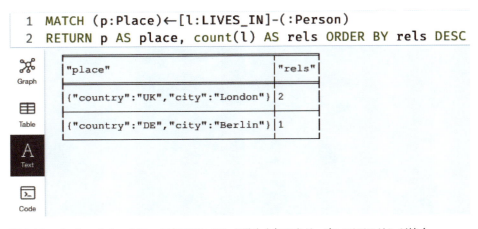

図 3-13：ソーシャルネットワーク内でロンドンが最も人気であり、次いでベルリンが続く

図 3-13 のグラフグローバルクエリは非常に読みやすく、実際前項で確認したグラフローカルクエリにとてもよく似ています。クエリの始まりは、MATCH (p:Person)<-[l:LIVES_IN]-(:Person) であり、これは既にお馴染みの記法です。任意の :Person から :LIVES_IN リレーションで繋がった :Place ノードを持つパターンをデータベースに問い合わせるクエリです。またパターンがマッチした場合には、マッチしたノードにバインドされた変数を利用できるのでした。つまり、:Place ノードが変数 p にバインドされ、:LIVES_IN リレーションが変数 l にバインドされ、クエリ内ではこれらの変数にいつでもアクセスできます。

:Place に対して :LIVES_IN リレーションが接続されているノードは :Person ノードのみであることを事前に知っているため、前記のクエリ内で :Person ラベルを厳密に指定する必要はありません。しかし、グラフについて何か知っている情報があるのであれば、クエリ内に明示的にその情報を含めることが好ましいです。たとえば、匿名のノード ( ) を使わずに :Person ラベルを付与すれば、クエリプランナがより良いクエリの実行計画を作れるようになり、結果としてパフォーマンスの向上とレイテンシの削減に繋がります。一方でリレーション型については絶対に指定し忘れないようにしましょう。リレーション型を指定し忘れた場合、クエリの探索空間が爆発的に増え、レイテンシが大幅に増加します。

図3-13のMATCH句の次は、RETURN p AS place, count(1), AS rels ORDER BY rels DESC が確認できます。SQLの経験がある読者であれば、すぐに慣れるでしょう。初めに、RETURN p AS place は p（:Place ノード）にバインドされたパターンを返却します。しかし、結果がpで表示されるのは分かりづらいため、place と表示されるようにしています。place と共に、クエリは :Place ノードに接点を持つ :LIVES_IN リレーションの数を count(1) AS rels で返却します。ここで、1はあるパターン（具体的には :LIVES_IN リレーション）にマッチしたものであり、rels という表示名を指定しています。人気の街がどこかを知りたいため、ORDER BY rels DESC を使って結果の順序を指定します。ここでは変数 rels の値に基づいて結果を降順で並べ替え、結果を返しています。

図3-13はとても小規模なソーシャルネットワークであるため、結果を絞り込む必要はないでしょう。返ってくる2行のレコードに対して分かりやすい列名を付け、結果を並び替える作業のみが必要です。しかし、本番のデータセットになると結果の全量が遥かに多く、時として量が多すぎて（ユーザーがデータ量に圧倒され）、扱いづらい場合もあり得ます。幸いCypherにはavg（平均）、max（最大）、min（最小）、sum（合計）などの集計関数が存在します。また、SKIP（結果をスキップする）、LIMIT（返却されるレコード数を制約する）といった構文も存在します。これらの文法を使用すれば大規模な知識グラフを処理しつつも、コンパクトで適切な集計値をユーザーに対して返却するようなグラフグローバルクエリを組み立てることができます。

3.1.5 関数とプロシージャの呼び出し

Neo4jでは、特定のタスクを解くために実装された関数やプロシージャを呼び出すことにより、知識グラフを処理できます。呼び出し方は簡単です。CypherのCALL句の後に（名前空間付きの）プロシージャ名、そして丸括弧付きで任意の引数を記述するだけです。

たとえばよく使用されるのは、グラフのスキーマを確認するプロシージャです。図3-14は図3-8のソーシャルネットワーク知識グラフのスキーマを可視化する方法を示しています。

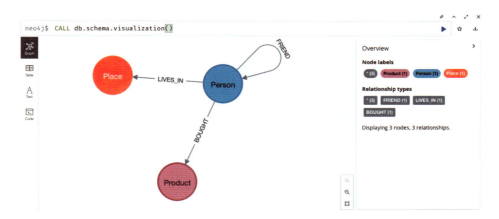

図3-14：CALL db.schema.visualization() で知識グラフのスキーマを表示

もう1種類よく使われるのはAPOCライブラリのプロシージャ群です。APOCはNeo4jと共に提供されている人気のあるライブラリであり[8]、知識グラフを扱う際に便利な機能を多く含んでいます。

APOCは便利なプロシージャと関数の宝庫です。自身で実装する量を最小限にするため、APOCにどのような実装が存在するか確認しておくと良いでしょう。

リスト3-8は、`apoc.atomic.concat` プロシージャでプロパティの文字列を結合する方法を示しています。

リスト3-8　APOCによるプロパティの文字列結合

```
MATCH (p: Person {name: 'Fred'})
CALL apoc.atomic.concat(p, 'name', 'dy')   // Fred が Freddy になる
YIELD oldValue, newValue
RETURN oldValue, newValue
```

関数の呼び出し方はプロシージャの呼び出し方と似ていますが、CALL句は必要ありません。リスト3-9に示すように、値を挿入するべき箇所に関数を挿入するだけです。

リスト3-9　日・時間の単位を変換するAPOC関数

```
RETURN apoc.date.convert(
  datetime().epochSeconds,
  'seconds',
  'days'
) as outputInDays
```

ライブラリのプロシージャや関数を使用することで知識グラフを扱う際の面倒な作業やエラーの発生確率を減らせます。Cypherで複雑な処理を行う際には、活用できるプロシージャや関数がないかどうか確認すると良いでしょう。

3.1.6　クエリのパフォーマンス分析

Cypherを使いこなすにはあと2つ知っておくべき機能があります。EXPLAINとPROFILEです。これらはクエリのパフォーマンス分析に役立ちます。知識グラフが大規模になるにつれてより重要になっていくでしょう。

EXPLAINはクエリの実行計画を可視化し、クエリで処理するデータ量（DBヒット件数）を減らす案内をします。EXPLAINが作成する可視化（図3-15）は、大規模なクエリを実行する前にクエリの挙動を把握する際に特に便利です。

---

[8] ［訳注］Neo4j 5.0において、APOCはAPOC CoreとAPOC Extendedに分割されており、Neo4jが公式にサポートしているのは前者のみです。後者はAPOCのコミュニティメンバーによって開発が進められています。

図 3-15：クエリを実行せずに、EXPLAIN によってクエリプランナがどのようにクエリを実行しようとしているかを表示

　一方 PROFILE は、実際にクエリを実行し、実行時の挙動を分析します。PROFILE を使用することで、クエリが知識グラフ上で実際にどう実行されているかが確認でき、クエリのチューニングが行いやすくなります。図 3-16 は、PROFILE の実行結果を示しています。

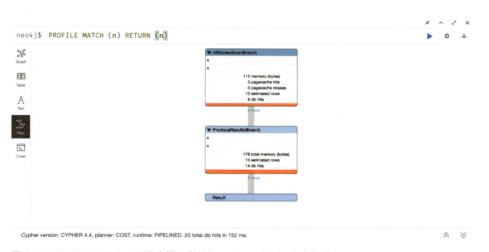

図 3-16：PROFILE はクエリを実際に実行し、フィードバックを行う

　EXPLAIN と PROFILE をうまく活用すればクエリの大幅なパフォーマンス向上が期待できます。たとえば、ある演算から別の演算に対して大量のデータ（または DB ヒット件数）が流れている場合、クエリをリファクタリングすべきと判断でき、早期にカーディナリティ（多重度）を減らせます。負荷の高いタスクの検出も可能です。スキャンなどの高コストなタスクが可視化に表示されている場合、使用すべきインデックスが欠落している可能性があります。この場合には、ブルートフォース的なスキャンからインデックスを用いた高速な検索に変えられるかもしれません。各オペレータの下部に表示される濃いオレンジ色の帯は実行時間コストを表しています。実行時間の大小は利便性に大きな影響を及ぼすため、DB hit の指標より

も優先的に改善するように努めましょう。

3.2 Neo4jの内部仕様

　重要なユースケースの解説を目的とした書籍でデータベースの内部仕様について取り扱うのは少し違和感があるかもしれません[†9]。もちろん知識グラフから価値を引き出すために、必ずしもデータベースエンジニアになる必要はありません。しかし知っておくことも重要です。

> 「レーシングドライバーになるためにエンジニアである必要はありません。しかし仕組みへの理解は必要です。」
> —Jackie Stewart、3度のF1レースチャンピオン

　仕組みへの理解が少しでもあると、ユーザーの役に立つ、堅牢で高性能な知識グラフを設計できます。データベースがどのように機能しているかについてある程度知っていれば、仕組みに整合した方法で作業を行えます。概略的には、グラフデータベースはユーザーに代わって次の2つの機能を実行します。

- 効率よくグラフデータをクエリする
- グラフデータを安全に保存する

　以降では、これらの機能がNeo4jにおいてどのように実装されているかを解説します。これにより、既存の仕組みを効果的に活用し、応答性のある知識グラフシステムを構築できます。

どんな本番運用システムにも、高可用性、モニタリング、セキュリティ、オンラインアップデートなどの機能が必要です。現在、クラウド上、およびオンプレミスで利用可能な多くのグラフでは、これらの機能が（成熟度に差はあるものの）提供されていると言えます。

3.2.1　クエリ処理

　知識グラフを効率的にクエリするには、グラフデータベースは走査（ノードからリレーションを経由して別のノードに移動する処理）を高速（低レイテンシ）、かつ低コスト（高並行スループット）で行う必要があります。そのため、Neo4jは（ディスク上およびRAM内における）データの保存方法をグラフ走査に最適化しています。Neo4jはグラフの構造（ノードとリレーション）とプロパティを別々に保存しています。グラフの構造は固定長のレコードとして保

[†9]　グラフデータベースの仕組みについて学ぶ必要がない読者は4章に進んでも問題ありません。

存しており、ノード用の格納領域とリレーション用の格納領域がそれぞれ存在します。そしてレコードのIDをバイトサイズで乗算することで、対応する格納領域ファイル内のオフセットが得られます。このパターンは**非索引型隣接**(index-free adjacency)として知られており、Marko A. RodriguezとPeter Neubauerによる『The Graph Traversal Pattern』[10]で詳しく説明されています。ポインタの追跡によって実現する非索引型隣接は、現代のコンピュータで非常に効率的に動作します。

> **補足** グラフを走査する際には通常、（クエリオプティマイザがインデックスを利用したショートカットを発見した場合を除いて）インデックスは関与しません。ノード上のリレーションは、次に進める場所を案内するローカルな「インデックス」として機能します。

非索引型隣接は非常に強力な特性であり、O(1)または「定数時間」の走査を可能にします。これは、クエリのレイテンシがグラフのサイズに比例するのではなく、グラフを走査する量に比例することを意味します。これにより複雑なクエリでも高速、かつ低い計算コストで実行しやすくなります。

一方でプロパティの保存方法は異なり、データの柔軟性を考慮して設計されています。知識グラフ上のプロパティは文字列、数値、リストなど様々な形式を取るため、保存形式は柔軟である必要があります。Neo4jではプロパティがレコードのリストとして保持されており、リストの先頭は関連するノードやリレーションから参照されます。ノードやリレーションの保存方法とは異なり、プロパティの保存方法は読み取りにおいてO(N)（線形時間）となります。つまり、プロパティへのアクセスは、そのノードやリレーションに保存されているプロパティの数に比例します。書き込みにおいては、新しいプロパティはリレーションチェーンの先頭に追加されされるため、処理時間はO(1)で済みます。

知識グラフの開発者が意識すべき重要な点の1つは、プロパティへのアクセスによって生じる累積コストです。各アクセス自体の処理時間は（特にデータがRAMにキャッシュされている場合は）気にならないかもしれませんが、走査中に多くのプロパティにアクセスする場合には、それらが積み上がって大きな負荷となります。大規模な走査の場合、プロパティへの頻繁なアクセスはレイテンシを大幅に増加させます。このレイテンシの増加量は有識者によれば最大で2倍にまで至るそうです。

可能な限りクエリはまずグラフ構造を走査し、その後に目的のノードとリレーションが見つかった後にプロパティを取得すべきです。これにより、ほとんどの作業がO(1)の操作で高速、かつ低コストに行われ、高コストなO(N)の操作を減らせます。

知識グラフに対してクエリする際、プロパティの値によってグラフの走査方法が変わり、高頻度なプロパティ参照が避けられない場合があります。データベースはプロパティへのアクセスに要する論理コストに対しては何もできませんが、処理対象のデータをメモリ階層の高速な部分に位置させることで実際に発生するコストを激減できます。現代のコンピュータにはよく利用されるメモリ階層があります。最も遅いのはディスク（SSDを含む）、次に

---

[10] https://arxiv.org/pdf/1004.1001.pdf

RAM、最も速いのは CPU キャッシュです。

> **モダンなハードウェアを利用する**
>
> 　回転ディスクを使用しないでください。高速回転ディスクのシーク時間は 5 ミリ秒であり、コンピュータにはとって非常に長い時間です。データベースはその間に I/O の待機ではなく、幾千の走査を行えます。まともに取り組むプロジェクトであれば、最高のパフォーマンスを実現するために良質なディスクと十分な RAM に投資すべきです。

　データベース管理システムの役割は、クエリが次に必要とするレコードを（可能な限り）メモリに保持されるようにし、ディスクにアクセスする必要を減らすことです。具体的には、局所性を意識したキャッシュ戦略を採り、頻繁にアクセスするデータがメモリ階層の高速な領域に存在するようにします。この状態を維持しておけば、プロパティを含む任意のレコードへの実質的なアクセスコストを大幅に削減できます。ただし、この仕組みを継続的、かつ最大限に活用できる状態にしておくには、データサイズに対して十分な容量の RAM を用意する必要があります。たとえば最も要求の厳しいユースケースでは、知識グラフ全体が RAM に収まるようにする必要があります。逆に言えば、単に RAM さえ追加すれば最も安価、かつ迅速に遅延しているワークロードを解消できることもあります。

3.2.3　ACID トランザクション

　他の多くのデータベースと同様、Neo4j には耐障害性を備えた**トランザクション用**の書き込みチャネルが存在し、データを安全に保存できます。このトランザクションの仕組みは、データベースへの意図した更新が知識グラフに適用される前に、ディスク上に順序付けられた形式で永続化するという古典的な**ログ先行書き込み**（WAL）を採用しています。これにより、データベースは電源再起動時にも耐える能力を持ちます。電源が復旧すると、ログ内に完全に永続化されたトランザクションを復元し、データが一部のみ保存されたトランザクションを安全に破棄できます。

> **補足**　Neo4j は単一サーバーの場合だけでなく、サーバー間でも ACID（原子性、一貫性、独立性、永続性）トランザクションを維持します。これを実現するため、Neo4j は Raft と呼ばれるアルゴリズムで個々のトランザクションログを「結び付け」ます。
>
> 　Raft には因果バリアの機能が存在するため、広域ネットワークに分散したサーバーであっても、ユーザーは少なくとも自身が行った書き込みを常に確認できます。この因果バリアの機能はオプトインで透過的ですが、利用すればデータベースクラスタでの作業がとても楽になります。

データベースの耐障害性の確保は容易ではなく、多くの例外的なケースが存在します。しかし知識グラフの利用者の視点から見れば、ソフトウェアやハードウェアの障害が発生してもデータが破損せず、高い可用性を保てます。信頼性と耐障害性のあるグラフデータベースは企業規模（またはそれ以上の規模）の知識グラフにとって適切な基盤です。運用トラブルの少ないグラフデータベースを使用することで、知識グラフから価値を引き出すことに集中しやすくなります。

3.3 まとめ

本章では Cypher クエリが ASCII アートに基づいたパターンマッチングの構文であることを見てきました。また基盤となるグラフデータベースは、知識グラフのデータの格納とクエリ処理の観点で高性能なプラットフォームであることを示しました。本章で学んだ内容を活用することで、知識グラフに対して効率的なクエリを発行し、安全にデータを更新できます。しかし、少なくとも知識グラフに使用するデータの一部は、既に他のシステムに存在している場合がよくあります。次章では知識グラフにデータをインポートする方法を説明し、データのさらなる拡充と価値ある洞察を得るための基盤として運用する知識グラフについて説明します。

4

知識グラフデータの読み込み

　3章ではグラフデータベースとクエリ言語を中心に解説し、データベースの内部仕様についても多少触れました。また、知識グラフへのクエリやデータの更新方法についても紹介しました。しかし他にも特殊なデータ更新方法があります。それは知識グラフのライフサイクルを通して役に立つ機会の多い、一括インポートです。

 本章で取り扱う各種テクニックは小規模に試していく方針が理にかなっています。データから代表的な部分を少量取り出し、データベースにインポートしてみましょう。モデルが意図通りに機能するかを確認してから、完全なインポートジョブを実行するようにしましょう。このように小規模なチェック作業を行うと、結果として数分〜数時間の苦労を省けることもあります。

　本章では、知識グラフにデータを一括読み込みする3つの方法について紹介します。具体的には、運用中の知識グラフにデータを段階的に読み込む方法や膨大な量のデータを知識グラフに投入する方法です。まずはGUIツールで知識グラフの構造を定義し、データをその構造にマッピングして一括インポートする方法について解説します。

4.1 Neo4j Data Importer を用いたデータ読み込み

Neo4jの3つの人気な一括データ読み込みツールのうち、最も簡単なツールから始めてみましょう。**Neo4j Data Importer**[1]は、ドメインモデルをグラフとして描き、そのグラフに対してデータを重ねることができるGUIツールです。データにはノードとリレーションの情報を含むCSVファイルを使用します。

Data Importerは知識グラフを構築し始める際の作業を大幅に簡略化します。特に最初の構築作業に不慣れな場合には、Data Importerを使用すると大きなメリットがあるでしょう。ただし、使用するデータをCSVファイル形式で準備する必要があります。

例をシンプルにするために、1章と3章で扱ったソーシャルネットワークのデータを使用します。ただし、実際のインポートでは遥かに大きなファイルが使用されることが一般的である点に留意してください。

まず、ソーシャルネットワークを描きます。図4-1に示されているダイアグラムは、`:Person`と`:Place`のノード、そして`:FRIEND`と`:LIVES_IN`のリレーションから成るドメインモデルです。

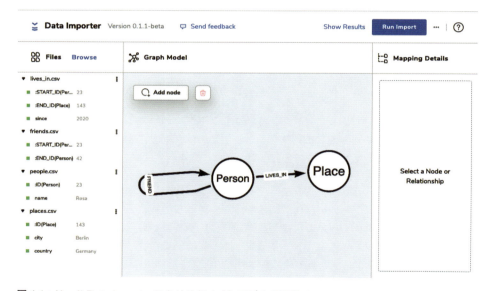

図4-1：Neo4j Data Importerにおけるドメインモデルの設定

まずツールの左パネルで、リスト4-1、4-2、4-3、および4-4に示されているようなCSVファイルを追加してください。次にシンプルな描画ツールでドメインモデルを構成するノードとリレーションを描画し、右側の[Mapping Details（マッピング詳細）]パネルでそれぞれに注釈を付けてください。

---

[1] https://data-importer.graphapp.io/connection/connect

> **リスト 4-1** Neo4j Data Importer で :Person ノードを作成するための people.csv

```
:ID(Person),name
23,Rosa
42,Karl
55,Fred
```

　リスト 4-1 ではノードの ID とそのラベルが :ID(Person) で指定されており、2 列目には name プロパティも指定されています。2 行目以降には 23,Rosa のように、1 行目で指定したパターンに一致するデータが列挙されています。ID 列は後でグラフをリンクするために使用しますが、それは（必ずしも）ドメインモデルの一部ではなく、後でモデルから削除することもできます。

> **リスト 4-2** Neo4j Data Importer で :Person ノード間の :FRIEND リレーションを作成するための friends.csv

```
:START_ID(Person),:END_ID(Person)
23,42
42,23
42,55
55,42
```

　リスト 4-2 では :Person ノードの開始 ID と終了 ID が :START_ID(Person),:END_ID(Person) で指定されています。ここでは、ID で表される 1 つの :Person ノードから別の :Person ノードへのリレーションの存在を示しています。各行には :FRIEND リレーションの開始ノードと終了ノードに対応する ID が記載されており、これはリスト 4-1 に含まれている ID に一致しています。

　リスト 4-3 はリスト 4-1 と同様ですが、:Person ノードではなく :Place ノードのデータを記述しています。ヘッダーには :Place ノードの ID が指定されており、続けてそれぞれのノードに書き込まれる city と country のプロパティが記載されています。

> **リスト 4-3** Neo4j Data Importer で :Place ノードを作成するための places.csv

```
:ID(Place),city,country
143,Berlin,Germany
244,London,UK
```

　最後にリスト 4-4 では、:Person ノードと :Place ノードの間の :LIVES_IN リレーションを宣言しています。ヘッダーではリレーションの始点として :Person ノードの ID、終点として :Place ノードの ID、そして任意の since プロパティを指定しています。その後には CSV データが続きます。

> **リスト 4-4** Neo4j Data Importer で :Person ノードと :Place ノードの間に :LIVES_IN リレーションを作成するための lives_in.csv

```
:START_ID(Person),:END_ID(Place),since
23,143,2020
55,244
42,244,1980
```

　これらの CSV ファイルを用意できれば、Neo4j Data Importer を実行できます。これは起動中のデータベースに対して実行されるため、インポートを行うにはエンドポイントと認証情報が必要です。Data Importer が正常に実行されると図 4-2 に示すようなインポートレポートが表示されます。

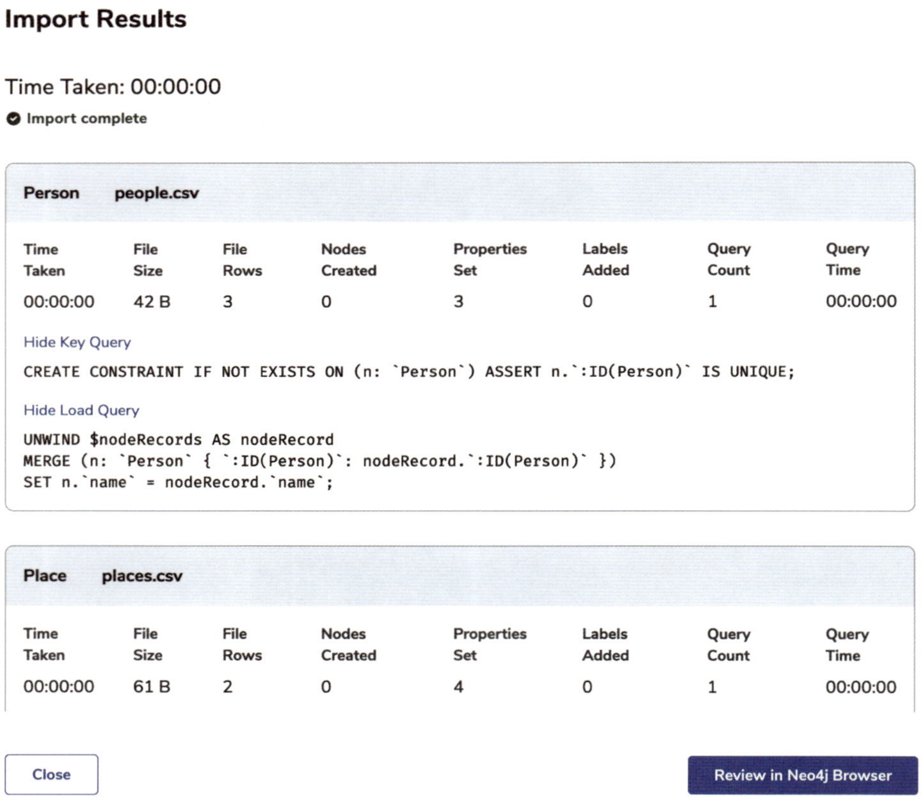

Import Results

Time Taken: 00:00:00
✓ Import complete

Person　people.csv

Time Taken	File Size	File Rows	Nodes Created	Properties Set	Labels Added	Query Count	Query Time
00:00:00	42 B	3	0	3	0	1	00:00:00

Hide Key Query
```
CREATE CONSTRAINT IF NOT EXISTS ON (n: `Person`) ASSERT n.`:ID(Person)` IS UNIQUE;
```

Hide Load Query
```
UNWIND $nodeRecords AS nodeRecord
MERGE (n: `Person` { `:ID(Person)`: nodeRecord.`:ID(Person)` })
SET n.`name` = nodeRecord.`name`;
```

Place　places.csv

Time Taken	File Size	File Rows	Nodes Created	Properties Set	Labels Added	Query Count	Query Time
00:00:00	61 B	2	0	4	0	1	00:00:00

[Close]　　　　　　　　　　　　　　　　　　　　　　　　[Review in Neo4j Browser]

図 4-2：Data Importer が完了すると、Neo4j にデータを読み込む際に使用された Cypher クエリを確認できる

　図 4-2 にはデータベースに対して実行された Cypher スクリプトとインポートの統計情報が表示されています。レポートを見ると一部の Cypher の構文が目立ちます。たとえば、`CREATE CONSTRAINT`、`UNWIND`、そして `MERGE` です。ここでは、`UNWIND` を使用して CSV デー

タの行を MERGE に渡し、ID プロパティを持つ :Person ノードを作成しています。次に、SET 句でそのノードに since プロパティを書き込んでいます。since プロパティが存在しない行があっても問題ありません。SET は :LIVES_IN リレーションにデータが存在しない状態を許容しているためです。

 UNWIND はリストを受け取り、受け取った値を後続の構文に行として引き渡す Cypher の構文です。これは入力データを処理するための非常に一般的な方法であり、本章では頻繁に使用します。通常の形式は、

```
UNWIND [1, 2, 3, null] AS x
RETURN x
```

で、値 1、2、3、および null が個々の行として呼び出し元に返されます。

リスト 4-4 からリレーションのデータをグラフに投入するため、再度 UNWIND を使用します。図 4-3 の通りです。

```
LIVES_IN    lives_in.csv

Time Taken   File Size   File Rows   Relationships Created   Properties Set   Query Count   Query Time
00:00:00     70 B        3           0                       2                1             00:00:00

Hide Load Query
UNWIND $relRecords AS relRecord
MATCH (source: `Person` { `:ID(Person)`: relRecord.`:START_ID(Person)` })
MATCH (target: `Place` { `:ID(Place)`: relRecord.`:END_ID(Place)` })
MERGE (source)-[r: `LIVES_IN`]→(target)
SET r.`since` = toInteger(relRecord.`since`);
```

図 4-3：UNWIND によって得られたデータに対して MATCH と MERGE を実行する

図 4-3 でも MERGE と MATCH がどのように使用されるかが分かります。3 章ではノードやリレーションが存在するかどうか定かでない場合に MERGE を使用しました。これは MERGE がレコードが存在する場合には MATCH のように振る舞い、存在しない場合には CREATE のように振る舞うためでした。ここでは :Person ノードと :Place ノードに対して MERGE を使用せず、MATCH を使用しています。なぜなら、これらのノードは入力する CSV ファイルに必ず存在するからです。一方で既存のノード間の :LIVES_IN リレーションに対しては MERGE が必要であり、MERGE によって重複するリレーションが生じないように担保します。

もちろん、（4.2 節に記載されているように）手作業で同様の Cypher を記述し、複数のスクリプトとして実行しても同じ効果が得られます。また、この Cypher を自動生成されたソースコードとして扱い、知識グラフに投入するデータをソースコード管理する運用も考えられます。この場合、知識グラフの段階的な拡充に合わせてソースコードの内容を更新していくことになります。

Neo4j Data Importer はデータ投入を行う Cypher コードだけでなく、インポート開始前

にモデルと投入するデータの可視化、および検証とデバッグの結果を提供します。グラフデータベースを初めて扱う開発者、経験豊富な Neo4j 開発者を問わず、Neo4j Data Importer は役に立つツールと言って良いでしょう。

4.2 LOAD CSV によるオンライン一括データ読み込み

3 章では CREATE や MERGE を使用してデータベース内のレコードを作成（および更新）する方法を確認しました。4.1 節では、GUI ツールで Cypher コードを生成し、CSV データを稼働中のデータベースに読み込む方法を学びました。

しかし CSV のインポートにはもう 1 つの方法があります。それは Cypher の LOAD CSV コマンドを使用する方法です。LOAD CSV を使用すると様々な場所から CSV データをオンライングラフにインポートでき、ウェブアドレス（Amazon S3 バケットや Google Sheets など）やファイルシステムを介して CSV データを読み込めます。LOAD CSV のインポートは稼働中のデータベースが他のクエリを処理している間に行われます。便利なことに CSV ファイルは圧縮できるため、大量のデータを転送する際には圧縮が役に立ちます。

LOAD CSV の利用方法を学ぶには例を見るのが最も近道です。まず、LOAD CSV を使用してソーシャルネットワークからすべての :Place ノードを読み込みます。使用する CSV ファイルはリスト 4-5 の通りです。

リスト 4-5 :Place ノードのための CSV データ

```
city,country
Berlin,Germany
London,UK
```

:Place のデータは整っているため、リスト 4-6 に示すように LOAD CSV をそのまま使って知識グラフにノードを挿入できます。

リスト 4-6 :Place ノードを挿入するための LOAD CSV

```
LOAD CSV WITH HEADERS FROM 'file:///places.csv' AS line
MERGE (:Place {country: line.country, city: line.city})
```

リスト 4-6 は（:Place のみを読み込むため）知識グラフ全体を読み込むための処理ではありません。しかし LOAD CSV を使用する基本的なパターンを示すには十分です。最初の行は以下のように分解されます。

- LOAD CSV は実行する Cypher コマンドです。
- WITH HEADERS は CSV ファイルの最初の行をヘッダーとして宣言します。ヘッダーの宣言は任意ですが、ヘッダーを宣言しておけばリスト 4-6 の MERGE 句のように（数値のインデックスではなく）分かりやすい名前で列を参照できるため、使用を推奨します。

- `FROM 'file:///places.csv'` は、CSV データの場所を宣言しています。なお、ファイルシステム内のデフォルトパス以外やリモートサーバーからインポートする場合には、Neo4j のセキュリティ設定を変更する必要が生じるかもしれません。
- `AS line` は、CSV 内の各行を Cypher の変数 `line` としてバインドし、クエリ内で再利用できるようにしています。

一方、人物に関するデータは規則的ではありません。リスト 4-7 に示すように、すべての人物について分かっているのは名前だけです。しかし一部の人物に関しては性別や年齢について分かっているようなデータです。

リスト 4-7 :Person ノードのための CSV データ

```
name,gender,age
Rosa,f,
Karl,,64
Fred,,
```

実世界と同様、不規則なデータを持つ場合には LOAD CSV のアプローチを少し洗練させる必要があります。スクリプトをリスト 4-8 のように変更します。ここではノードに null のプロパティを書き込もうとしてエラーが発生しないようにするため、SET を使用しています。リスト 4-6 のような記法を使用すると、クエリが null のプロパティ値に関してエラーになります。

リスト 4-8 欠損値を含む :Person ノードのために工夫した LOAD CSV

```
LOAD CSV WITH HEADERS FROM 'file:///people.csv' AS line
MERGE (p:Person {name: line.name})
SET p.age = line.age
SET p.gender = line.gender
```

最後に新しいノードを知識グラフに接続するために、:LIVES_IN と :FRIEND のリレーションを追加します。知識グラフが既に存在する場合は、既存のノードへの接続もできます。リスト 4-9 では :FRIEND リレーションが CSV 形式でエンコードされています。たとえば Rosa から Karl への :FRIEND リレーションと、Karl から Fred への :FRIEND リレーションが別々に記載されています。

リスト 4-9 CSV 内の :FRIEND リレーション

```
from,to
Rosa,Karl
Karl,Rosa
Karl,Fred
Fred,Karl
```

ここで取り扱っている例では小規模なデータを使用しており、人物名が十分に一意的で ID として機能しています。実際のインポートでは一意性が成り立たない可能性があり、ノードに対して一意の数値 ID を導入することが合理的です。今回の例であれば、:People と :Place の CSV ファイルの各行に対して、インクリメンタルな整数の ID を追加すると良いでしょう。

リスト 4-10 に示す通り、前掲のデータを使用して :FRIEND のリレーションを新規に作成できます。リスト 4-9 で :Person ノードが既に作成されていることが分かっているため、リスト 4-10 では :Person ノードを MATCH し、それらの間のリレーションを MERGE によって作成できます。

リスト 4-10 :FRIEND リレーションの読み込み

```
LOAD CSV WITH HEADERS FROM 'file:///friend_rels.csv' AS line
MATCH (p1:Person {name: line.from}), (p2:Person {name: line.to})
MERGE (p1)-[:FRIEND]->(p2)
```

:LIVES_IN リレーションは任意の since プロパティを持つため少し複雑です。リスト 4-11 を見ると、行 Fred,London,, の末尾でコンマが連続しているため、since フィールドに値がないことを示しています。このようなデータを処理する際には注意が必要です。

リスト 4-11 CSV の :LIVES_IN リレーション

```
from,to,since
Rosa,Berlin,2020
Fred,London,,
Karl,London,1980
```

リスト 4-11 からデータを読み込むためにリスト 4-12 の Cypher コードを使用します。ただし、MERGE (person)-[:LIVES_IN {since: line.since}]->(place) のような記法による since プロパティの設定は行いません。なぜなら、プロパティが省略されている行ではエラーが発生するためです。リレーションのレコードが作成された後にプロパティを追加するため、SET を使用する必要があります。なおリレーションとプロパティに対する構文が分割して記載されていてもトランザクションとして実行されるため、書き込みは原子的（アトミック）に行われます。

リスト 4-12 プロパティと同時に :FRIEND リレーションを読み込む

```
LOAD CSV WITH HEADERS FROM 'file:///friend_rels.csv' AS line
MATCH (person:Person {name: line.from}), (place:Place {city: line.to})
MERGE (person)-[r:LIVES_IN]->(place)
SET r.since = line.since
```

100 万レコード以上の場合など、非常に大きなデータのインポートでは操作を小さなバッチに分割する方が合理的なケースがあります。これにより大量の挿入処理でデータベースに負荷がかかる状況を防ぎ、知識グラフ上の他のクエリがスムーズに実行できるようになりま

す。Neo4j 4.4より前の時点では、この目的のためにAPOCライブラリの`apoc.periodic.iterate`関数を使用していました。Neo4j 4.4以降では、`CALL {...} IN TRANSACTIONS OF ... ROWS`を使用して、直接Cypherで同様の機能を利用できます。この機能を使用すると、リスト4-13のような記述で`:Person`ノードの読み込みを小さなバッチに分けられます。もちろん実際のシステムでは行数とバッチ数はこの例よりも遥かに多くなるでしょう。

リスト4-13 :Personノードのバッチ読み込み（Neo4j Browserからの実行では:autoの接頭辞が必要）

```
LOAD CSV WITH HEADERS FROM 'people.csv' AS line
CALL {
  WITH line
  MERGE (p:Person {name: line.name})
  SET p.age = line.age
  SET p.gender = line.gender
} IN TRANSACTIONS OF 1 ROWS
```

LOAD CSVを使用する利点の1つは、それが通常のCypherであるという点です。つまりCypherについて学んだ内容をすべて活用できます。これにはEXPLAINやPROFILEを使用して大量のデータを取り込むための分析、デバッグ、チューニングも含まれます。たとえば`:FRIEND`リレーションを読み込む単純なクエリの実行計画は次ページの図4-4のように表示されます。

図4-4は全体的に良さそうです。入力がフィルタによって2つの照合されたノードと対応するCSVの行に削減されているため、Neo4j Browserが警告するデカルト積（直積）演算でさえも問題になっていません。もちろん常に問題にならないとは限りません。少量の代表的な入力データに対してEXPLAINまたはPROFILEを使用すればパフォーマンスの問題を事前に解決しやすくなります。

クエリ実行計画やプロファイルでは、デカルト積（直積）演算以外にイーガー演算にも注意してください。イーガー演算はすぐにすべてのデータを取り込み、しばしばボトルネックを作り出します。Mark Needham氏が、イーガー演算を取り除くための戦略についての素晴らしいブログ記事を執筆しているため、気になる読者は是非読んでみてください。

https://www.markhneedham.com/blog/2014/10/23/neo4j-cypher-avoiding-the-eager/

LOAD CSVは高速であり、知識グラフのライフサイクルのどの時点でも使用できます。LOAD CSVの処理中もデータベースはオンラインのままであり、他のクエリを処理できます。ただし通常のデータベース操作を妨げることなく良好なスループットを維持するにはチューニングが必要です。しかしLOAD CSVは大量のデータを一括挿入する唯一の選択肢ではありません。他にも利用できるツールがあります。

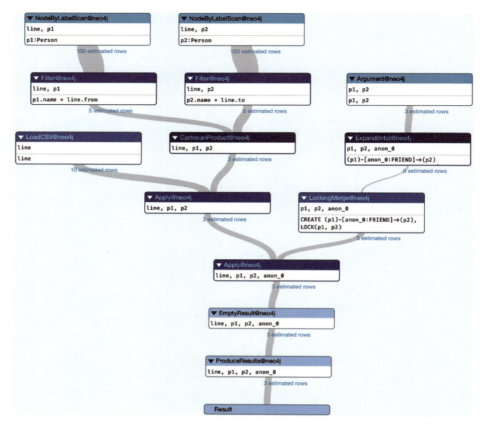

図 4-4：LOAD CSV のクエリ実行計画の可視化

4.3　neo4j-admin による一括データ読み込み

　知識グラフの構築時には膨大な量のデータをインポートすることがよくあります。Neo4j Data Importer や LOAD CSV を使用することも可能ですが、より低次で高速な方法があります。

　Neo4j のコマンドラインツールである neo4j-admin にはオフラインインポーターが組み込まれています。neo4j-admin import コマンドは一連の CSV ファイルからデータを読み込みます（詳細は neo4j-admin import のチュートリアル[2]で確認できます）。

　neo4j-admin は非常に高速にデータを取り込みます。平均的なパフォーマンスは秒間約 100 万レコードであり、SSD やストレージエリアネットワーク（SAN）などの高スループットデバイスに最適化されています。neo4j-admin は大量のデータを知識グラフにインポートするための高パフォーマンスな方法ですが、実行する際にはデータベースがオフラインであ

---

[2] https://neo4j.com/docs/operations-manual/current/tutorial/neo4j-admin-import/

る必要があります[3]。

neo4j-admin import の注意点は、オフラインインポーターであるという点です。これが速さの理由です。インポートが完了すればデータベースに対して知識グラフのクエリを発行する準備が整いますが、構築中は利用できません。

neo4j-admin import を使用するには、まずデータを CSV ファイルに組み立て、インポーターがアクセスできるファイルシステムに配置する必要があります。ファイルシステムは必ずしもローカルに存在する必要はなく、ネットワーク上に存在するマウントしたファイルでも問題ありません。しかし、neo4j-admin import は S3 バケットなどのファイルシステムではないデータストアからデータを読み取ることはできません。なお、このツールはデータのボリュームが大きい場合に備え、圧縮 (gzip) 済みの CSV ファイルもサポートしています。

インポーターを使用するには最低限ノードとリレーションのために別々の CSV ファイルを用意する必要があります。ベストプラクティスとしては、異なる種類のノードとリレーションに対して別々の CSV ファイルを用意します。たとえば :Person ノード用、:Place ノード用、:FRIEND リレーション用、:LIVES_IN リレーション用に 4 つのファイルを用意します。

非常に大きなファイルの場合には CSV ヘッダー自体を別のファイルに準備し、複数の小さな CSV ファイルに分割する方法も有効です。これによりインポート対象ファイルのテキスト編集が楽に行えるようになります。

CSV ファイルは完璧である必要はなく、必要最低限のフォーマットになっていれば問題ありません。たとえばインポーターは異なる区切り文字の認識、余計な列や重複、不正を伴うリレーション作成の省略、そして空白文字の除去を行えます。ただしインポーターに影響を与え得る特殊文字、引用符の欠落、見えないバイト順マーク (BOM) などが存在しないように注意する必要があります。

まず CSV ファイルを準備してください。リスト 4-14 はインポート対象データを含む単一の典型的な CSV ファイルです。ヘッダー行には列の名前が定義され、その後にデータの行が続いています。ヘッダーの :ID(Person) は、ノードの ID とそのノードに :Person のラベルが付いていることを示しています。Neo4j Data Importer と同様、ID はドメインモデルの一部ではなく、ツールがノード間のリレーションを作成する際に使用されます。name ヘッダーは、2 番目の列を name プロパティとして現在のノードに書き込むことを宣言しています。

---

[3] Neo4j 4 以前では、知識グラフを初期構築する場合でのみ neo4j-admin import を使用できました。Neo4j 5 では、システムのライフサイクルを通じてオフラインインポートを複数回行えるようにするため、この制約が緩和されました。

> **リスト 4-14**　people.csv は :Person ノードに対する一意の ID と name プロパティを含む

```
:ID(Person),name
23,Rosa
42,Karl
55,Fred
```

　リスト 4-14 は単一のファイルに収まっていますが、より大きなインポートを行う際はデータを分割する方が便利です。たとえば :Person ノード間の :FRIEND リレーションの場合、データの説明を含むヘッダーファイルと複数の（通常は大きな）データファイルに分割できます。ヘッダーを変更する際にテキストエディタで非常に大きなファイルを開く必要がないため、データラングリングが容易になります。ヘッダーを分割する例は、リスト 4-15、4-16、および 4-17 に示す通りです。

> **リスト 4-15**　friends_header.csv は (:Person)-[:FRIEND]->(:Person) のリレーションに関するシグネチャを含む

```
:START_ID(Person),:END_ID(Person)
```

> **リスト 4-16**　friends1.csv は (:Person)-[:FRIEND]->(:Person) のリレーションのデータセットの 1 つ目を含む

```
23,42
42,23
```

> **リスト 4-17**　friends2.csv は (:Person)-[:FRIEND]->(:Person) のリレーションのデータセットの 2 つ目を含む

```
42,55
55,42
```

　いくつのファイルが存在するかにかかわらず、インポーターはリスト 4-15、4-16、および 4-17 に分割された内容を論理的に単一のユニットとして扱います。ノードだけでなくリレーションも同じように分割できます。リスト 4-18 では :Place ノードのための CSV ヘッダーを宣言しており、:Place ラベルと ID、都市、および国のプロパティを含んでいます。リスト 4-19 と 4-20 には、ヘッダーに従うフォーマットのデータが含まれています。

> **リスト 4-18**　places_header.csv は :Place ノードに関するシグネチャを含む

```
:ID(Place), city, country
```

> **リスト 4-19**　places1.csv は :Place ノードのデータを含む

```
143,Berlin,Germany
```

リスト 4-20 places2.csv は :Place ノードのデータを含む

```
244,London,UK
```

　人物と場所を接続するには、リスト 4-21 のように :Person ノードから始まり :Place ノードで終わるリレーションを含むファイルが必要です。リスト 4-21 のリレーションの一部には、その人物がその場所で生活を始めた日付を表す since プロパティが存在しますが、すべてのリレーションには存在しません。since プロパティは CSV ファイルの 3 列目から取得されます。

リスト 4-21 people_places.csv は :LIVES_IN リレーション、および任意で since プロパティを含む

```
:START_ID(Person),:END_ID(Place),since
23,143,2020
55,244
42,244,1980
```

　CSV データが必要最低限正しい形式で余分な文字や不正なリレーションがなければ、インポーターを使用した知識グラフの構築が行えます。リスト 4-22 は、CSV ファイルから知識グラフにデータを挿入するコマンドラインの例を示しています。複数行のコマンドであるため各行の末尾に \ を含めるように注意してください。

リスト 4-22 neo4j-admin import の実行

```
bin/neo4j-admin import \
  --nodes=Person=import/people.csv \
  --relationships=FRIEND=import/friends_header.csv,\
    import/friends1.csv,\
    import/friends2.csv \
  --nodes=Place=import/places_header.csv,\
    import/places1.csv,\
    import/places2.csv \
  --relationships=LIVES_IN=import/people_places.csv
```

　neo4j-admin は非常に高速であり、非常に大きなデータセット（数十億のレコードを含む）のインポートに適しています。平均的なスループットは秒間約 100 万レコードです。ただし大規模なインポートには大量の RAM が必要であり、実行には数時間かかることもあります。また、このツールは途中から再開できないため、実行中にターミナルウィンドウで Ctrl + C キーを入力しないように注意してください。もし中断された場合には最初からインポートをやり直す必要があり、長時間実行されるタスクであることを考慮すると大きな痛手となります。

4.4 まとめ

　本章ではオンライン、およびオフラインの一括インポートについて扱いました。一括インポートの実行方法について解説し、そのメリットとデメリットについても示しました。これで知識グラフのライフサイクル全体で複数のツールを使用する可能性を含め、知識グラフを構築する際に適切なインポート方法を選択できるでしょう。

　次章はさらに発展的な内容として、ストリーム形式でデータを受け取って知識グラフを更新し、さらに別の処理をトリガーして実行する方法について紹介します。

5

知識グラフの組み込み

　知識グラフは単体でも十分便利な仕組みです。しかし、知識グラフの真価は他のシステムと統合された時にこそ発揮されます。知識グラフが他のシステムと統合されることで他のシステムが持つ情報を拡充し、その結果として知識グラフが持つ情報も拡充される好循環を生み出せます。

　知識グラフをデータファブリックに統合する方法は複数存在しますが、本章では一般的な選択肢をいくつか紹介します。具体的にはクライアントサイドのデータベースドライバ、（カスタム）関数やプロシージャ、API、ストリーミングミドルウェア、そしてETL（抽出、変換、読み込み）ツールです。各実装に取り組みやすくするため、各技術のアーキテクチャと要点についても解説します。

5.1 データファブリックに向けて

　データファブリックとは組織横断型の汎用的なデータアクセス層であり、基礎となるシステム内のデータにビューでアクセスできるようにしたものです。データファブリックはサードパーティシステム内のデータへのアクセス方法を抽象化し、各データへの透過的なアクセスを実現します。知識グラフを活用する場合、データファブリックはシステム全体にわたる企業規模のインデックスとしての役割を果たし、顧客、製品、イベントといった重要なエンティティの信頼できる**マスターデータ**層として関連データを提供します。

データファブリックの通信処理は従来の統合方法で実現されますが、情報モデルはデータファブリックの中心に存在する知識グラフに統合されます。知識グラフの役割は、リレーショナルデータベースのテーブル、NoSQL の key-value といったデータの物理的な格納方法に依存せずに、サイロを横断したインデックスを提供することです。図 5-1 に示す通りです。

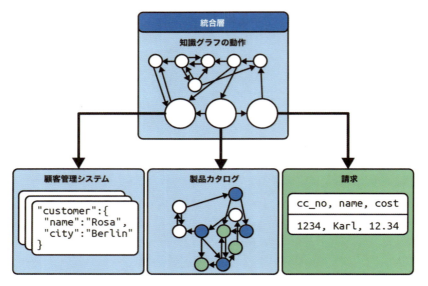

図 5-1：知識グラフを用いたデータ統合

図 5-1 の知識グラフは複数の（通常はデータファブリックとの接続を意識していない）基礎データを持つシステムを横断し、インデックスとして機能しています。たとえばユーザーが「シアトルの顧客 John Smith の情報を教えてください」と要求すると、グラフ上のリレーションを辿って葉ノードに到達し、他システムのレコードにリダイレクトします。

図 5-1 では顧客のレコードはドキュメントデータベース、製品カタログは別のグラフデータベース、請求情報はリレーショナルデータベースにそれぞれ格納されています。これらのデータはすべて統合層を介してデータファブリックの一部として透過的にアクセスされます。知識グラフは複数の基幹システムからデータを取得し、総合的なデータセットを構成します。この際、ユーザーは複数のバックエンドシステムが使用されていることを意識する必要はありません。

グラフはデータソースである各システムで記述された同一のエンティティの異種表現に柔軟に対応できるため、データアーキテクトはグラフを活用する場面が多くあります。グラフを活用すれば新たなデータが発見される度に既存のレコードへの関連付けを行えます。したがって、前もって事業の機動力を妨げるような大規模な設計が不要になります。データファブリックの文脈において、これは大きなメリットです。なぜならデータファブリックの統合は一度限りの取り組みではなく、対象ドメインのライフサイクルを通してグラフデータモデルの柔軟性を維持し続ける必要があるためです。

企業全体でデータの品質と正確性を向上させ相互運用性を高めるには、オントロジーやタクソノミー、社内標準モデルなどの構成原則を統合データに重ね、そのデータを知識グラフとして利用者に提供します。構成原則を適用すればシステム間でのデータ検証やセマンティクスの矛盾、違反を確認できます。

　知識グラフを活用したデータファブリックによってデータをキュレーションすると重要なメリットが生まれます。具体的にはノードの次数、近傍、中心性などの指標を使用し、効果的、かつ洗練された方法でデータを統合できる点です。たとえば、ある 2 つのノードの名前が文字列の観点で強い類似性（たとえば 95% 以上）を持ち、クラスタリング係数が同じである場合には 2 つのノードは同じ製品を表しているため重複排除する、といったマッチングルールを定義できます（詳細は 6 章を参照）。このような工夫と共に知識グラフを使用して複数のデータソースを整合させると、大幅に改善されたマッチング率を実現できます。

　しかし、これらの目標を達成するためには、データファブリックをデプロイし、知識グラフを基幹システムと統合する必要があります。これを実現するための実装方針をいくつか検討してみましょう。

5.2　データベースドライバ

　知識グラフとの統合を図る際には、ドライバが最も一般的に使用されます。ドライバはアプリケーションコードの下に配置されるクライアントサイドのミドルウェアであり、ネットワーク経由で知識グラフとの統合を行います。

　実際、既に本書でドライバを使用した例を扱いました。3 章と 4 章では、Neo4j Browser を介して Cypher クエリ言語を使用し、データベースとやりとりをする複数の例を示しました。Neo4j Browser は、入力した Cypher クエリをデータベースで実行するための REPL（read-evaluate-print loop）コンソールを提供しています。

　Neo4j Browser はデータベースに直接接続しているように見えるかもしれませんが、実際は異なります。Neo4j Browser は接続文字列を使用して、（ローカルネットワークインターフェースであっても）知識グラフをホストする Neo4j サーバーと通信するための Neo4j ドライバインスタンスを確立します。次ページの図 5-2 に示すように、Neo4j ドライバは知識グラフと知識グラフを利用するシステム（または、ユーザー）の間でクライアントサーバーアーキテクチャを実現しています。

　Neo4j ドライバはクライアントサイドのミドルウェアであり、一般的にはアプリケーションやマイクロサービスから知識グラフをホストする Neo4j サーバーに接続する際に使用されます。Neo4j Browser の場合、ドライバは JavaScript で記述されていますが、他の様々な言語、プラットフォームに対応したドライバも存在します。

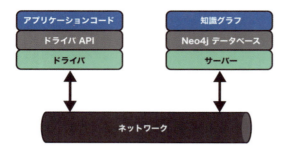

図 5-2：ネットワーク経由で知識グラフと他システムを接続するクライアントサーバーアーキテクチャの概略図

> ### Neo4j ドライバ
>
> Neo4j は、一般的に利用される言語、フレームワークに対応したドライバを多数提供しています。
>
> - Java
> - Spring Framework
>   （および Object-Graph マッパー [Java]）
> - .NET
> - JavaScript
> - Python
> - Go
>
> そして Neo4j のコミュニティによって開発・保守されているドライバも存在します。
>
> - Ruby
> - PHP
> - Erlang/Elixir
> - Perl
> - C/C++
> - Clojure
> - Haskell
> - R
> - Py2Neo Object-Graph マッパー（Python）
>
> 以上の中から、好みの言語、または好みの言語に最も近いドライバを利用できます。たとえば、Java 以外の JVM（Java Virtual Machine）言語を使うため、Java ドライバを選択するといった選択が考えられるでしょう。各ドライバは、Bolt プロトコルまたは HTTP 経由でアプリケーションを（Neo4j サーバーのクラスタやクラウドサービスである AuraDB を含む）Neo4j に接続する、同一の機能を提供しています。

Neo4j ドライバを用いた知識グラフとの通信方法を理解するには、実例を通じて学ぶのが一番です。リスト 5-1 では、Java の Neo4j ドライバを用いた例を示しています。なお、他の言語でも同様の記述でドライバを使用できます。

リスト 5-1　Java の Neo4j ドライバの利用

```java
import static org.neo4j.driver.Values.parameters;

import org.neo4j.driver.AuthTokens;
import org.neo4j.driver.Driver;
import org.neo4j.driver.GraphDatabase;
import org.neo4j.driver.Result;
import org.neo4j.driver.Session;

public class JavaDriverExample implements AutoCloseable {
  // ドライバインスタンスの生成は高コスト
  // 通常、アプリケーションのライフタイムを通してただ1つのドライバを生成すれば十分
  private final Driver driver;
  public JavaDriverExample(String uri, String user, String password) {
    // 1. ドライバオブジェクトは高コスト
    driver = GraphDatabase.driver(uri, AuthTokens.basic(user, password));
  }
  @Override
  public void close() {
    driver.close();
  }
  public Result findFriends(final String name) {
    // 2. セッションの生成は低コスト。必要なタイミングで使用する
    try (Session session = driver.session()) {
      // 3. クエリがグラフを更新するかどうかをドライバに示し、
      //    クラスタ内で適切なルーティングが行えるようにする
      // Session#writeTransaction も利用可能
      return session.readTransaction(tx -> {
        Result result = tx.run("MATCH (a:Person)-[:FRIEND]->(b:Person) "
            + "WHERE a.name = $name " +  // 4. パラメータ化
            "RETURN b.name",
            parameters("name", name));
        return result;
      });
    }
  }
  public static void main(String... args) throws Exception {
    try (JavaDriverExample example = new JavaDriverExample(
           "bolt://localhost:7687", "neo4j", "password")) {
      example.findFriends("Rosa");
    }
  }
}
```

　リスト 5-1 には 4 つの重要なポイントがあります。どの言語の Neo4j ドライバを使用する場合でも意識するようにしましょう。

1. **ドライバオブジェクトの生成は高コストです。**アプリケーションが知識グラフに接続する間、ドライバオブジェクトは 1 つのみ用意すべきです。ドライバオブジェクトはネットワーク接続の設定（および解除）や認証などを扱います。クエリを実行する度にそれらの設定・認証を行う必要はありません。

2. **セッションオブジェクトの生成は低コストです。** 加えて、様々な非同期 API を備えており、クライアントの処理をスムーズに行いやすくなります。また、因果境界（またはブックマーク）をサポートしているため、グローバルに分散したクラスタ上であっても、クライアントは常に自身が行った書き込みを確認できます。

3. **クエリが読み取りのみか読み書きを両方行うかを受信サーバーに伝えましょう。** これにより、クラスタが適切なルーティングの決定を行いやすくなり、クエリを高いスループットで処理しやすくなります。

4. **すべてのクエリをパラメータ化しましょう。** クエリをパラメータ化すれば、データベースがクエリの再解析や新しいクエリプランの生成を行わずに済みます。ネットワーク上で文字列を連結する代わりに、MATCH (n:Person {name: $name}) のような記述方法でパラメータを別途送信することで、クエリはより高速になります。クエリのパラメータ化はインジェクション攻撃を防ぐ観点でも有効です。

Neo4j 5 以降、Cypher はクエリがパラメータ化されていなくても自動的にクエリのパラメータ化を試みます。パースできない場合に備え、クエリのすべてのパラメータを明示しておくと良いでしょう。

リスト 5-1 を見れば、ネットワークを介して知識グラフと対話するアプリケーションやマイクロサービスの構築が簡単であることが分かるでしょう。しかし、データベースサーバー自体にデプロイされたロジックも使用できます。

5.3 Composite データベースを用いたグラフフェデレーション

Neo4j Composite データベースは、複数のグラフデータソースを統合し、それらすべてに対して単一の統一されたアクセスポイントを提供します。この技術は**フェデレーション**と呼ばれ、物理的にデータベースを結合するのではなく、仮想的な複合データベースを作成します。この際、アプリケーション側は複数のソースからデータが取得されていることを意識することはありません。

図 5-3 は、製品カタログに関して 1 つ、販売情報に関して 2 つ、計 3 つの独立したグラフデータベースを示しています。2 つの販売データベースは同じグラフデータモデルを使用していますが、1 つはヨーロッパ、中東、アフリカ（EMEA）の顧客からの注文、もう 1 つはアジア太平洋（APAC）の顧客からの注文を含んでいます。

Neo4j Composite データベースは、単一の Cypher クエリですべてのフェデレーションデータベースからデータを取得できます。リスト 5-3 のクエリは、$100,000 以上の注文を行ったすべての顧客リストを返します。

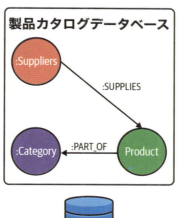

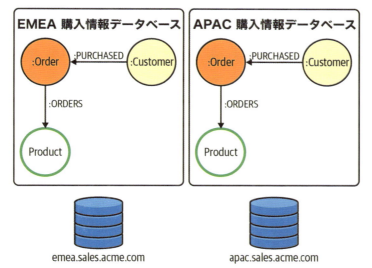

図 5-3：Neo4j Composite データベースによるグラフフェデレーション

　Neo4j Composite データベースを使用してフェデレーションデータベースを作成するには、`neo4j.conf` ファイルにリスト 5-2 のようなコードを追加します。この例では、`globalsales` というフェデレーションデータベースが作成されます。

> **リスト5-2** 複数の物理データベースを統合する globalsales という名称の論理データベース

```
// Cypher シェルか Neo4j Browser で1行ずつ実行する
CREATE DATABASE db1
CREATE DATABASE db2
CREATE COMPOSITE DATABASE globalsales
CREATE ALIAS emeasales FOR DATABASE db1
CREATE ALIAS apacsales FOR DATABASE db2
```

リスト5-3のクエリは、別々のグラフから EMEA と APAC の売上を統合して集計を行ったビューを返します。もちろん製品カタログを含めるような拡張も容易に行えます。

> **リスト5-3** $100,000 以上の注文を行ったすべての顧客を取得する単一の Cypher クエリ

```
UNWIND ['globalsales.apac', 'globalsales.emea'] AS g
CALL {
  USE graph.byName(g)
  MATCH (c:Customer)-[:PURCHASED]->()-[o:ORDERS]->(:Product)
  WITH c, sum(o.quantity * o.unitPrice) AS totalOrdered
  WHERE totalOrdered > 100000
  RETURN c.customerID AS name, c.country AS country, totalOrdered
}
RETURN name, country, totalOrdered
```

リスト5-4のクエリでは、特定のカテゴリ（例：飲料）の製品を購入したグローバルな顧客リストを返します。

> **リスト5-4** 飲料を購入したグローバルな顧客リストを複数のグラフから取得し、返却するクエリ

```
CALL {
  USE globalsales.catalog
  MATCH (p:Product {discontinued: false})-[:PART_OF]->
        (:Category {categoryName: '飲料'})
  RETURN COLLECT(p.productID) AS pids
}
WITH pids, [g IN fabricnw.graphIds()] AS gids
UNWIND gids AS gid
CALL {
    USE globalsales.graph(gid)
    MATCH (c:Customer)-[:PURCHASED]->()-[o:ORDERS]->(p:Product)
    WHERE p.productID
    RETURN DISTINCT c.customerID AS name, c.country country,
                    p.productName AS product
}
RETURN name, country, product
```

リスト5-4の最も魅力的な点は、グラフそのものに加え、実装の複雑さがユーザーから抽象化されている点です。（少なくとも）2つの基礎となるグラフデータベースを1つの仮想データベースに組み合わせる処理は Neo4j Fabric が担っており、クエリを実行するユーザーは関心のあるドメインのみに集中できます。

5.4 サーバーサイドプロシージャ

Cypher と Neo4j ドライバを使用したクライアントサーバー間のやりとりは一般的です。しかし、時にはその仕組みだけでは完全に要件を満たすことができず、サーバー上の知識グラフに近い場所で特定のロジック（SQL データベースのストアドプロシージャのようなもの）を実行したい場面があります。

Neo4j には、便利な関数とプロシージャのライブラリがデータベースに付属しています。たとえば、ユーザーとロールの管理、知識グラフスキーマの可視化、または 6 章で詳しく扱うデータサイエンス関連の処理などです。4 章で見たように、APOC には一般的なケースからあまり一般的でないケースまで様々なケースに対応できる関数、プロシージャが数多く存在します。

知識グラフは他のシステムと統合された時により真価を発揮する、と本章の冒頭に記載しました。では、クエリ実行時に知識グラフデータを拡充するための呼び出しを SQL データベースに対して行ってみるのはどうでしょうか。リスト 5-5 のような記述をすると、Cypher クエリ経由で SQL データベースからデータを抽出し、知識グラフデータと併せて扱えます。データのコピーは不要です。

リスト 5-5 プロシージャから SQL データベースを呼び出す

```
CALL apoc.load.driver('com.mysql.jdbc.Driver');
WITH 'select firstname, lastname from employees where firstname like ? and
lastname like ?' AS sql
CALL apoc.load.jdbcParams('northwind', sql, ['F%', '%w']) YIELD row
MATCH (:Person {firstname: row.firstname, lastname: row.lastname})-
    [:WORKS_FOR*1..3]->(boss:Person)
RETURN (boss)
```

リスト 5-5 の Cypher クエリは、SQL データベースドライバを Neo4j にロードし、`northwind` という SQL データベースにアクセスします。このクエリは、`northwind` に対して SQL クエリを実行し、データベース内の従業員の氏名を取得し、それらを Cypher のノードとして返します。取得したノードはグラフ上の通常の Cypher クエリに組み合わせられます。この例では、SQL データベースから取得した人物が知識グラフ上で誰の下で働いているかを、最大 3 ホップまで検索します。

プロシージャを使用すると、クエリの実行時にデータの移動、コピーをせずに他のデータベースから知識グラフにデータを追加できます。リモート呼び出しによるクエリの遅延（および信頼性）が懸念される場合には、既存の処理をプロシージャに置換することを検討しましょう。

リスト 5-6 では、他のデータベースと相互運用を行う APOC のプロシージャを使用し、MongoDB（知識グラフの機能がないストア）からデータを抽出する方法を示しています。ここでの目的は、他のシステムのデータによる知識グラフの拡充です。`CALL` の部分はリモート

データベースに接続し、MongoDB のクエリから返されたデータを Cypher の処理に適した形式で返します。具体的には、MongoDB からドキュメント ID を取得し、その ID を知識グラフのノードに一致させます。そのデータを使用して、知識グラフ上の :Experiment ノードから深さ 1 または 2 で contaminants（汚染物質）を検索し、条件に合致した contaminants を呼び出し元に返します。

リスト 5-6 APOC を用いて異なるデータベース内のデータにアクセスする

```
CALL apoc.mongodb.find(
  'mongodb://mongo:neo4j@mongo:27017',
  'results',
  '2022-02-22-wetlab',
  {`status`: 'failed'},
  null,
  null
)
YIELD failed_experiments
MATCH (:Experiment {id: failed_experiments.id})-[*1..2]->
      (environmental_factors)
RETURN environmental_factors.contaminants AS contaminants
```

ここまで来れば、データベース以外のデータソースからデータを取り込む方法が存在することも想像に難くないでしょう。APOC にはファイルやウェブページ（たとえば、Amazon S3 に保存されたファイル）から JSON データを読み込むためのプロシージャが存在します。リスト 5-7 に示す通りです。

リスト 5-7 プロシージャから JSON Web API を呼び出す

```
WITH 'https://example.org/karl.json' AS url
CALL apoc.load.json(url) YIELD value
UNWIND value.products AS product
WITH product
MATCH (k:Person {name: 'Karl'})
MERGE (k)-[:BOUGHT]->
      (:Product {name: product.name, price: product.price,
                 description: product.description})
```

リスト 5-5 の SQL と同様、リスト 5-7 は知識グラフ上で実行されるクエリの中で JSON 形式のデータを使用する方法を示しています。この具体例では、JSON データに記述されている製品を購入した人物を MERGE 句でグラフに追加しています。

5.5 Neo4j APOC によるデータ仮想化

時には基礎となるグラフデータベースを 1 つの仮想知識グラフに組み合わせづらい場合も存在します。たとえば、基礎となるデータが時系列データ、クリックストリームデータ、ログデータなどのグラフ構造ではない別のデータソースとして存在する場合、異なるアプローチを使用する必要があります。

幸い、APOC は仮想リソースのカタログ定義機能をサポートしています。仮想リソースは、データ取得を行う際に必要に応じて Neo4j がクエリを実行できる外部データソースです。図 5-4 に示すように、仮想リソースはグラフに格納されたデータを拡充する仮想ノードとして表示されます。

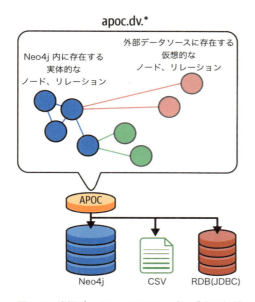

図 5-4：外部データソースにマッピングする仮想ノードと仮想リレーション

　図 5-4 はシステムのアーキテクチャを示しています。ライブラリの呼び出しは、エンドユーザーと使用したいデータベース（Neo4j グラフ、CSV ファイル、リレーショナルデータベース）の中間に配置されています。グラフデータベース上でクエリが実行されると、APOC が CSV ファイルとリレーショナルデータベースからデータを取得し、取得したデータを仮想ノード、仮想リレーションとしてクエリエンジンに引き渡し、Neo4j 内のネイティブなグラフデータと組み合わされます。

 CSV ファイルや他のデータベースからデータを取得する場合、ローカルの知識グラフからデータを取得する場合よりも遅延が生じる点に留意してください。図 5-4 やその他の類似ケースでは、グラフデータと非グラフデータの違いを隠蔽し、他のデータをコピーすることなく知識グラフをシームレスに拡張できる点で便利です。しかし、遅延の発生は防げない点に注意してください。

　たとえば、図 5-4 の手法を使用すれば、図 5-5 に示すような通信ネットワークのデジタルツインを構築できます。グラフには物理デバイス、論理デバイス、仮想デバイス、およびそれらの間の接続を含むネットワークが表現されています。リスト 5-8 の Cypher クエリを見れば、デジタルツインのグラフがどのように構築されるかが分かります。

リスト 5-8 通信ネットワークのデジタルツインを構築する

```
// ネットワークのトポロジーを作成
// NetworkDevice の追加
MERGE (nsm:NetworkDevice {
  name: 'Nogent sur Marne',
  nd_id: 'N08',
  pos: point({latitude: 2.46995, longitude: 48.834374}),
  gtype: 1,
  code: 'nog-1'
})
MERGE (ms:NetworkDevice {
  name: 'Montrouge Sud',
  nd_id: "N11",
  pos: point({latitude: 2.316613, longitude: 48.805473}),
  gtype: 1,
  code: 'mon-3'
})
// ...
// NetworkDevice 間に Link を追加
MATCH (nsm:NetworkDevice {code: 'nog-1'})
MATCH (ms:NetworkDevice {code: 'mon-3'})
MERGE (nsm)-[l:LINK]->(ms)
SET l = {
  linkId: 's1_385/ol',
  bundleId: 's1_128/ob',
  linkType: 'OTN Line',
  capacity: 1920
}
```

リスト 5-8 のコードを実行するとデジタルツインのグラフ構造が作成されます。図 5-5 は、その初期状態の可視化です。

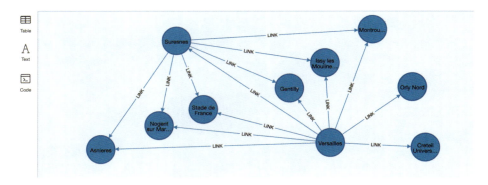

図 5-5：通信ネットワークのデジタルツイン

図 5-5 の知識グラフは機能的には不完全ですが、ある程度の利用価値は備えています。たとえば、リスト 5-9 の Cypher クエリを実行すれば、故障しているネットワーク接続の 2 つのエンドポイントを取得できます。

> **リスト 5-9** 故障している接続のエンドポイントを取得する

```
MATCH (aend:NetworkDevice)-[l:LINK]->(zend:NetworkDevice)
WHERE l.linkId = 's1_385/ol'
RETURN aend.code, zend.code
```

　単純な根本原因の分析であれば、接続障害の原因を 2 つのエンドポイントの直近のパフォーマンス指標と関連付けるでしょう。しかし、これはシステム内のある時点に着目したデータです。機能的に完全なシステムを作るには、モデルに各ネットワークデバイスのリアルタイムのパフォーマンス指標を組み込む必要があります。しかし、これらのパフォーマンス指標はグラフに含まれていません。おそらく含めるべきでもありません。なぜなら、それらは通信ネットワーク内に物理的に配置されたハードウェア上で急速に変化する指標であるためです。

　この場合、APOC のプロシージャを使用して、外部システム (SQL でクエリ可能なデータベース) のデータを知識グラフのトポロジーと組み合わせます。リスト 5-10 の SQL クエリは、過去 24 時間のパフォーマンス指標を返します。このクエリは、metrics_collector データベース内の device_id と timestamp にインデックスが作成されている device_perf テーブルを参照します。

> **リスト 5-10** 直近 24 時間のパフォーマンス指標を返却する SQL クエリ

```
SELECT latency, packetloss, packetdupl, jitter, throughput
FROM device_perf
WHERE device_id = $device_id
AND timestamp > now() - interval '1 day';
```

　知識グラフと他のデータベースを統合するには、仮想化リソースを活用できます。これを作成するには、apoc.dv.catalog.add ストアドプロシージャを呼び出し、実行する SQL クエリを指定します。リスト 5-11 に示す通りです。

> **リスト 5-11** APOC による仮想化リソースの作成

```
CALL apoc.dv.catalog.add('metrics-by-device-id', {
  type: 'JDBC',
  url: 'jdbc:postgresql://localhost/metrics_collector?user=bob&password=bobby',
  labels: ['Town', 'PopulatedPlace'],
  query: "SELECT latency, packetloss, packetdupl, jitter, throughput FROM device_perf where device_id = $device_id and timestamp > now() - interval '1 day'",
  desc: 'french towns by department number'
})
```

　仮想化リソースが作成できたので、Cypher クエリ内でパフォーマンス指標のデータを使用できます。リスト 5-12 では、リスト 5-11 で作成した仮想化リソースを使用し、必要に応じて指標のデータベースからデータを取得する方法を示しています。

リスト 5-12　APOC による仮想化リソースへのクエリ

```
MATCH (aend:NetworkDevice)-[l:LINK]->(zend:NetworkDevice)
WHERE l.linkId = 's1_385/o1'
WITH aend, zend
CALL apoc.dv.query('metrics-by-device-id', {device_id: aend.nd_id}) YIELD node
RETURN aend.code, properties(node), zend.code
```

　クエリの結果は、グラフ（トポロジー）からのデータにパフォーマンス指標データベースからのデータを組み合わせたものになっています。知識グラフは、論理統合層（データファブリック）としてネットワークとリアルタイム指標が統一されたビューを、デジタルツインの形でユーザーや消費者アプリに提供します。読者の皆さんは技術的な実装内容を意識するかもしれませんが、ユーザーには最新のデータが反映され、1 つに統合された知識グラフのみが透過的に提供されます。

5.6　関数とプロシージャの作成

　既存の Cypher プロシージャのライブラリは、組み込みの Neo4j プロシージャと APOC ライブラリが存在し、広範囲の処理を網羅しています。しかし、時には Cypher や他のプロシージャのライブラリではカバーされていない、高度にドメインに特化した方法で知識グラフを操作する必要があります。

　幸い、Cypher は拡張が容易です。ユーザー定義の関数やプロシージャがサポートされているため、自身のニーズに合致する関数やプロシージャを作成できます。

Neo4j におけるユーザー定義の関数、プロシージャには、SQL におけるストアドプロシージャのような欠点はありません。JVM（Java、Scala など）のコードを記述し、データベースとは独立してテストできます。ソリューション全体で使用しているものと同じバージョン管理、ビルド方法を採用することで、カスタムコードを堅牢に保てます。

　図 5-6 は、ユーザー定義の関数やプロシージャ（組み込みのものも含む）が（簡略化されたバージョンの）Neo4j アーキテクチャにどのように組み込まれるかを示しています。これらの関数、プロシージャは Java や他の JVM 言語で記述されており、Cypher から呼び出されます。

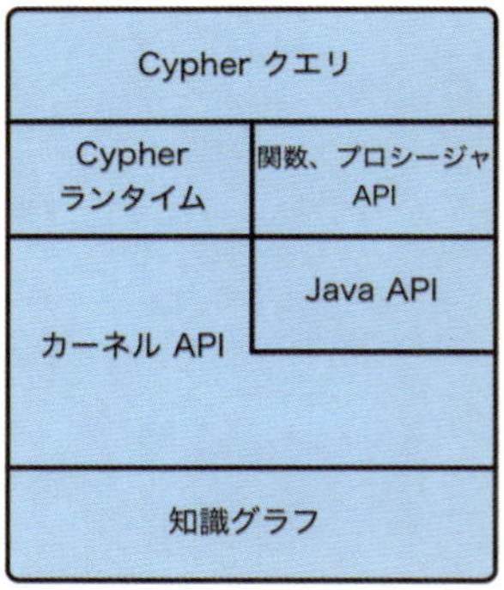

　Cypher ランタイム経由で（低水準な）カーネル API に対して Cypher クエリを実行する通常の Cypher とは異なり、ユーザー定義の関数、プロシージャは（より親しみやすい抽象レベルである）Neo4j の Java API で定義されています。適切なアノテーションとインターフェースを備えた関数、プロシージャを実装し、デコレータを付与することで、任意の機能を

図 5-6：Neo4j におけるユーザー定義関数とプロシージャ

持つ関数、プロシージャを作成できます。

たとえば、Neo4jに格納された知識グラフを分析したり、計算したり、更新したりするプロシージャが必要になったとします。リスト5-13を見れば、このようなプロシージャの構築をいかに簡単に行えるかが分かります。ここでは、知識グラフ上のすべてのノードの次数（接続しているリレーションの数）を数え上げる単純なアルゴリズムを扱っています。

リスト5-13 次数のヒストグラムを作成するカスタムプロシージャ

```java
public class GetNodeDegrees {
  @Context public GraphDatabaseService graphDatabaseService;

  @Procedure(value = "getNodeDegrees")
  @Description("Get degrees of all nodes in the knowledge graph")
  public Stream<NodeDegree> getNodeDegrees() {
    Map<Long, Long> nodeDegrees = new TreeMap<>(Long::compare);

    graphDatabaseService.getAllNodes().forEach(n -> {
      final long nodeDegree = n.getDegree();
      long numberOfNodeWithCurrentDegree =
          nodeDegrees.getOrDefault(nodeDegree, 0L);
      nodeDegrees.put(nodeDegree, numberOfNodeWithCurrentDegree + 1);
    });

    final Stream.Builder<NodeDegree> streamBuilder = Stream.builder();
    for (Map.Entry<Long, Long> entry : nodeDegrees.entrySet()) {
      streamBuilder.add(new NodeDegree(entry.getKey(), entry.getValue()));
    }

    return streamBuilder.build();
  }

  public class NodeDegree {
    public Long degree;
    public Long numberOfNodes;

    public NodeDegree(Long key, Long value) {
      degree = key;
      numberOfNodes = value;
    }
  }
}
```

リスト5-13のコードの大部分は、ノードに付属するリレーションを数え上げるロジックです。興味深い部分は、プロシージャが知識グラフにバインドされる箇所です。ここでは、`@Context`アノテーションと`public GraphDatabaseService graphDatabaseService`フィールドを使用し、コードが実行される前にプロシージャに対してデータベース管理システムAPIへの参照を与えています。これにより、知識グラフをホストするデータベースへのアクセスが可能になります。プロシージャのエントリーポイントの宣言には、`@Procedure`アノテーションと共に、分かりやすい名前（getNodeDegrees）と説明（`@Description`）を記述します。最後に、`Stream`のレコードとして返す必要があることを忘れないでください。今回の例では`NodeDegree`の`Stream`です。

> **補足** リスト 5-13 の手順はグローバルであり、知識グラフのすべてのノード（およびリレーション）を参照します。特定のノードから開始するプロシージャを作成したい場合、`GraphDatabaseService` の参照をプロシージャに与える必要はありません。代わりに、プロシージャメソッドに特定のノードやリレーションのパラメータを与えることができます。たとえば、`public Stream<RelationshipTypes> getRelationshipTypes(@Name("currentNode") Node node) {...}` のように記述できます。

リスト 5-7 では、ウェブ、またはファイルシステムにホストされた JSON ファイルからデータを読み込み、知識グラフを拡充しました。このアプローチは単純な JSON 取得 API に対してはうまく機能しますが、ほとんどの API はより複雑です。しかし、リスト 5-13 のパターンを使用すれば、任意の API にアクセスするカスタムプロシージャを作成できます。Neo4j のプロシージャインターフェースに準拠している限り、自由にコードを記述してカスタムプロシージャを実装できる点を覚えておきましょう。

> **補足 専門的なデータ仮想化プラットフォームとデータファブリック**
> Dremio、Denodo、Data Virtuality などの専門のプラットフォームは、仮想化したデータから成り立つ広範なデータファブリックをデプロイする機能を備えています。これらのソリューションは、複数のデータソースに対応するコネクタ、高度なクエリ委任、キャッシュ、論理ビュー設計のための GUI をサポートしています。このような専門のデータファブリック技術と共に知識グラフをデプロイする場合、知識グラフは信頼できるデータやデータの重複排除などを目的としたファブリックを統合する際のマスターソースとして機能します。

5.7 その他のツール・テクニック

Neo4j のドライバ、関数やプロシージャは、知識グラフにアクセスする際によく使用されている手段ですが、周囲のシステムによっては他の統合ツールを使用する場合があります。たとえば、アプリケーション開発に携わる多種多様なエンジニアが知識グラフを利用しやすくするためには、API を用意する必要があるかもしれません。また、上流システムからデータを取得し、知識グラフを拡充するためには、ETL を実行する必要があるかもしれません。知識グラフと分析システムの間でデータを移動したり、リアルタイムのデータを知識グラフにストリームすることもあり得ます。幸い、これらの要件に対応できる豊富なツールが存在します。以降の項では、それらのツールの概要を解説します。本節を通じて、システムに合った適切なツールの選択、実装が行えるようになるでしょう。

5.7.1 GraphQL

GraphQLは、Facebook発のAPIツールキットです。元々の目的は、TAO（Facebookのソーシャルグラフサービス）に格納されているソーシャルグラフに対するAPIを提供することでした。現在、GraphQLは（型、スキーマ、メッセージなどの定義を含む）API構築のためのフレームワークおよびAPI呼び出しを実行するための実行環境（GraphQLサーバー）になっています。名前に「グラフ」が含まれており、知識グラフをユーザーに公開する際には確かに役立ちますが、非グラフシステムにとっても嬉しい汎用ツールキットです。図5-7に示すように、基本的なシステムアーキテクチャはシンプルなクライアントサーバーの構成です。

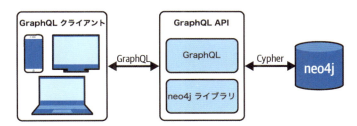

図5-7：GraphQLを用いた知識グラフシステムの構成

ネイティブグラフデータベースに格納された知識グラフにアクセスする際にGraphQLを使用すると、いくつかの利点があります。一貫したグラフデータモデルと開発者の生産性向上です。これらはGraphQLが企業全体で広く使用されている場合には特に大きな効果をもたらします。

GraphQLはその名前に反して、知識グラフのトポロジーを使用するための組み込み機能はありません。しかし、Neo4jのGraphQL実装では、@relationship宣言を使用してノード間のリレーションを記述できます。たとえば、4章の人物と場所の例に基づいて、誰がどこに住んでいるかをクエリできるようなAPIのためのGraphQL型システムを作成できます。これは、リスト5-14で確認できます。

リスト5-14 @relationshipを用いてレコード間の接続を考慮したGraphQLの型システムを作成する

```
type Place {
  city: String!
  country: String
  people: [Person!]! @relationship(type: "LIVES_IN", direction: IN)
}
type Person {
  name: String!
  home: Place! @relationship(type: "LIVES_IN", direction: OUT)
}
```

リスト5-14の@relationshipにより、単純なドキュメントのスキーマに知識グラフとしてデータを格納する機能が追加されました。都市や国などの他のデータと同様に、:Placeは

:LIVES_IN のリレーションレコードを介して非 null の :Person レコードを要素に持つ非 null の配列を保持できます。逆に、:Person は name と非 null の :LIVES_IN リレーションを持つ :Place に関連付けられます。

リスト 5-14 が基礎となる知識グラフに対してきれいにマッピングされていることが直感的に分かるでしょう。しかし、ここでより重要なのは、API の呼び出し元に対して、取得可能なデータの性質に関する厳格なガイダンスを提供している点です。

基礎となる知識グラフに対してクエリを実行するには、GraphQL クライアントからサーバーに GraphQL ペイロード（クエリ）を送信します。リスト 5-15 は、クライアントからサーバーに送信する GraphQL ペイロード（クエリ）です。

リスト 5-15 GraphQL 経由で知識グラフを更新する

```
mutation {
  createPlaces(
    input: {
      city: "Sydney"
      country: "Australia"
      people: {
        create: [
          { node: { name: "Skippy" } }
          { node: { name: "Cate Blanchet" } }
        ]
      }
    }
  ) {
    places {
      city
      country
      people {
        name
      }
    }
  }
}
```

これに対して、GraphQL はリスト 5-16 のようなレスポンスを返します。

リスト 5-16 GraphQL 経由で知識グラフを更新した際のレスポンス

```
{
  "data": {
    "createPlaces": {
      "places": [
        {
          "city": "Sydney",
          "country": "Australia",
          "people": [
            {
              "name": "Skippy"
            },
            {
```

```
                    "name": "Cate Blanchet"
                }
            ]
        }
    ]
}
```

　API 記述・構築フレームワークである GraphQL は、知識グラフとの相性が非常に良いです。特に、システム構成上、知識グラフがユーザーの近くに配置されている場合には連携がよりうまく行えます。知識グラフを GraphQL と統合するための詳細な書籍としては、William Lyon 著『Full Stack GraphQL Applications With React, Node.js, and Neo4j』(Manning) をご覧ください。

5.7.2　Kafka Connect プラグイン

　Apache Kafka は人気のあるエンタープライズミドルウェアプラットフォームであり、システム間の接着剤のような役割を果たします。最も単純なケースでは、システム間で大量のメッセージをやりとりするためのパブリッシュ・サブスクライブシステムとして使用され、最も洗練されたケースであれば、それ自体をデータベース、およびクエリエンジンとして扱い、ビジネスを通じて発生する各種レコードを処理するシステムとして使用されます。

　Kafka と知識グラフの統合は簡単です。Kafka Connect Neo4j Connector [1] を使用すれば、知識グラフをデータのソース (データ変更、またはデータ変更のキャプチャ) として機能させたり、Kafka イベントからのデータを取り込むためのシンクとして機能させることができます。

　システムレベルでの構成は単純です。図 5-8 は、知識グラフ上でクエリを定期実行し、下流システムで利用するデータを知識グラフから Kafka にパブリッシュする様子を示しています。

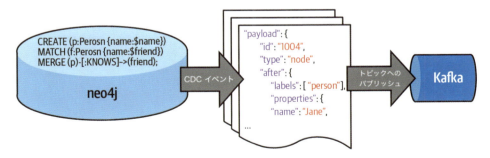

図 5-8：知識グラフに対して Cypher クエリを定期実行し、Kafka にデータをパブリッシュする

† 1　https://neo4j.com/docs/kafka/

知識グラフからの更新をパブリッシュすることも簡単です。リスト 5-17 では、ベルリンに住み始めた人物に関する情報が 5 秒（5,000 ミリ秒）ごとにパブリッシュされるように知識グラフを設定しています。この際、モデルとパブリッシュの機構が整合するように、3 章の :LIVES_IN リレーションの since プロパティを、より細かい時間表現を扱えるタイムスタンプに変更しています。設定した Cypher クエリは定期実行され、(Person)-[:LIVES_IN {since: '2015-06-24T12:50:35.556+0100'}]->(:Place {city: 'Berlin'}) のようなパターンを検出し、そこから人物名と移転時のタイムスタンプを簡単に取得できます。他の必須の設定を含めたクエリの全文はリスト 5-17 に示す通りです。

リスト 5-17　知識グラフに対してクエリを定期実行し、結果を Kafka にパブリッシュする設定

```
{
    "name": "Neo4jSourceConnectorAVRO",
    "config": {
        "topic": "new-arrivals-in-Berlin",
        // ...
        "neo4j.streaming.poll.interval.msecs": 5000,
        "neo4j.streaming.property": "timestamp",
        "neo4j.streaming.from": "NOW",
        "neo4j.enforce.schema": true,
        "neo4j.source.query": "MATCH (p:Person)-[li:LIVES_IN]->(:Place {city: 'Berlin', country: 'DE'}) WHERE li.timestamp > $lastCheck RETURN p.name AS name, li.timestamp AS since"
    }
}
```

Kafka から知識グラフにデータを取り込む方法は、アーキテクチャ的にも実用的にも非常にシンプルです。図 5-9 は Kafka から知識グラフにデータを取り込む際の一般的なアプローチを示しています。

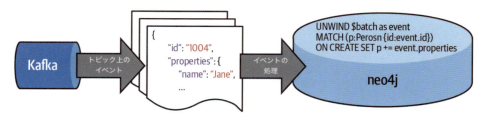

図 5-9：Kafka からメッセージを受信し、Cypher の MERGE 句によって知識グラフにデータ挿入する

具体的には、Cypher を使用して Kafka メッセージの内容を知識グラフに組み込みます。リスト 5-18 は、Kafka メッセージのデータをどのようなパターンに利用できるか、その例を示しています。ここでは、特定のトピック（たとえば、new-arrivals-in-Berlin）をサブスクライブすることで、そこにパブリッシュされたメッセージ内のデータにアクセスできるようにしています。event 変数を介してメッセージのデータにアクセスし、MERGE 句などの Cypher の構文を使用して知識グラフを拡充できます。

リスト 5-18 Kafka のトピックから知識グラフにデータを取り込むための設定

```
{
    "name": "Neo4jSinkConnector",
    "config": {
        "topics": "new-arrivals-in-Berlin",
        // ...
        "neo4j.topic.cypher.new-arrivals-in-Berlin": "MERGE (person:Person
{name: event.name}) MERGE (place:Place {city: event.city, country: event.
country}) MERGE (person)-[LIVES_IN {since: '2021-06-12T10:31:11.553+0100'}]-
>(place)"
    }
}
```

もちろん、この技術を使用するには、Kafka Connect や Kafka の細かい設定が必要になります。これらの情報については、Kafka Connect のドキュメント[†2] が役立つでしょう。

5.7.3　Neo4j Spark Connector

　Apache Spark は、大規模なデータセットを扱うための（分散）データ処理フレームワークです。Apache Spark は一般的な企業向けツールであり、データソースやシンクとしてのデータベースやファイルシステムとうまく統合され、（並列）処理を行います。Apache Spark の API は、複雑なデータ処理操作を一連のステージとして簡潔に表現でき、分散処理の専門スキルを持ち合わせていなくても計算クラスタ上での処理が行いやすい作りになっています。

　Spark には知識グラフをデータのソースおよびシンクとして扱うための**コネクタ**[†3] も存在します。これらのコネクタを使用することで、Spark の開発者は知識グラフからデータを読み込んでデータ処理パイプラインに渡したり、パイプラインの処理結果を知識グラフに書き戻すような運用が実現できます。

　Apache Spark の Neo4j Connector を**インストール**[†4] するには、適当な .jar ファイルを Spark 環境にコピーします。コネクタがインストールされれば、基礎となるグラフ上で処理を実行できます。最も単純な操作は、リスト 5-19 に示すようなラベルとプロパティを指定したグラフへの読み書きです。where 句は省略できますが、省略しない場合には Spark と Neo4j の間でより多くのデータがやりとりされます。

リスト 5-19　ラベルとプロパティを指定した Neo4j から Spark へのデータ読み込み

```
import org.apache.spark.sql.{SaveMode, SparkSession}

val spark = SparkSession.builder().getOrCreate()
val df = spark.read
  .format("org.neo4j.spark.DataSource")
  .option("url", "bolt://localhost:7687")
  .option("authentication.basic.username", "neo4j")
```

---

†2　https://neo4j.com/docs/kafka/
†3　https://neo4j.com/docs/spark/current/
†4　https://neo4j.com/docs/spark/current/quickstart/

```
    .option("authentication.basic.password", "neo4j")
    .option("labels", ":Person")
    .load()
df.where("name = 'John Doe'").where("age = 32").show()
```

Spark は、知識グラフ上で Cypher クエリを実行できます。リスト 5-20 では、option に query を指定して、実行する Cypher クエリを与えています。データ転送に関わる処理を最小限にするため、ノードやリレーションそのものではなく、それらが持つ値のみを返すようにクエリを記述するのがベストプラクティスです。

リスト 5-20 Cypher クエリによって Neo4j から Spark にデータを読み込む

```
import org.apache.spark.sql.{SaveMode, SparkSession}

val spark = SparkSession.builder().getOrCreate()
spark.read
  .format("org.neo4j.spark.DataSource")
  .option("url", "bolt://localhost:7687")
  .option(
    "query",
    "MATCH (n:Person)-[FOLLOWS]->(:Person name: 'emileifrem') "
      + "WITH n "
      + "LIMIT 20 "
      + "RETURN id(n) AS id, n.name AS name"
  )
  .load()
  .show()
```

書き込みに関しても同様の記述が可能です。リスト 5-21 に示すように、ラベルを指定してノードを知識グラフに挿入できます。

リスト 5-21 ラベルを指定して Spark から Neo4j にデータを書き込む

```
import org.apache.spark.sql.{SaveMode, SparkSession}
import scala.util.Random

val spark = SparkSession.builder().getOrCreate()

import spark.implicits._

case class Person(name: String, surname: String, age: Int)
val ds = (
  // データソースを指定
).toDS()
ds.write
  .format("org.neo4j.spark.DataSource")
  .mode(SaveMode.ErrorIfExists)
  .option("url", "bolt://localhost:7687")
  .option("labels", ":Person")
  .save()
```

もちろん、Cypher のパターンを使用して Neo4j に挿入することもできます。リスト 5-22 に示す通りです。

リスト 5-22 Cypher クエリによって Spark から Neo4j にデータを書き込む

```
import org.apache.spark.sql.{SaveMode, SparkSession}

val spark = SparkSession.builder().getOrCreate()
// Sprak のデータフレームを指定
val df = ...
// 知識グラフに内容を保存
df.write
  .format("org.neo4j.spark.DataSource")
  .option("url", "bolt://second.host.com:7687")
  .option("relationship", "FOLLOWS")
  .option("relationship.source.labels", ":Person")
  .option("relationship.source.save.mode", "Overwrite")
  .option("relationship.source.node.keys", "source.name:name")
  .option("relationship.target.labels", ":Person")
  .option("relationship.target.save.mode", "Overwrite")
  .option("relationship.target.node.keys", "target.name:name")
  .save()
```

リスト 5-22 は、リスト 5-23 に示す Cypher クエリにマッピングされます。

リスト 5-23 Spark による書き込み結果として Neo4j 上で Cypher コードが生成・実行される

```
UNWIND $events AS event
MERGE (source:Person {name: event.source.name})
SET source = event.source
MERGE (target:Product {name: event.target.name})
SET target = event.target
CREATE (source)-[rel:FOLLOWS]->(target)
SET rel += event.rel
```

Spark から知識グラフに書き込む際には、重複するパターンを許容して Cypher の `CREATE` 句を使用するか、重複を許容せずに `MERGE` を使用するかについて情報を与える必要があります。具体的には、`SaveMode.ErrorIfExists` を設定すると `CREATE` クエリが作成され、`SaveMode.Overwrite` を設定すると `MERGE` クエリが作成されます。

Spark は強力ですが、そのデータモデルは知識グラフとはかなり異なります。知識グラフを検査したり拡充する目的で Spark を使用する場合、表形式のモデルと知識グラフの間のマッピングを管理する必要があります。Spark コネクタは、これら 2 つの世界の間でデータの変換方法を指定するためのパイプのようなものです。これは伝統的な ETL ツールと同様ですが、より低水準、かつテキストベースの抽象化レベルで変換方法の指定が行われます。

5.7.4　Apache Hop による ETL

　5.7.3 項の Spark Connector を特殊な ETL ツールと考えることができるならば、知識グラフの文脈における汎用的な ETL ツールについても知っておくと良いでしょう。現代の ETL ツールは、コンピュータにインストールするユーティリティからクラウドにホストされたサービスまで、様々な構成で提供されています。いずれの場合でも、知識グラフやデータベースに限らない様々なシステムとの接続を可能にし、システム間でデータを便利にマッピングできる点が ETL ツールの魅力です。

　多くの ETL ツールは、知識グラフ（および他のシステム）に流出入するデータフローをオーケストレーションするためのローコード／ノーコード環境を提供しています。たとえば、図 5-10 では、以下に列挙する ETL ツールの設定が確認できます。

- システムの可用性を確認する
- 知識グラフのインデックスと制約を設定する
- Wikipedia からインポートしたデータをクレンジングする
- 知識グラフへのインポートジョブを実行する

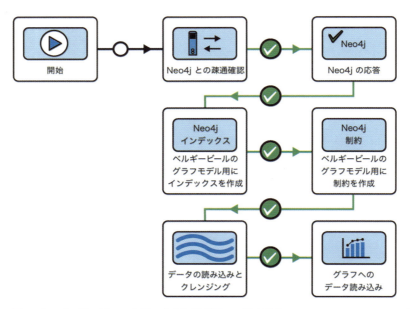

図 5-10：ベルギービールのデータを知識グラフに読み込む Apache Hop ETL のワークフロー（画像は Apche Hop のドキュメントを基にしています）

　ワークフロー内では、データソースのシステムから知識グラフへのマッピング（またはその逆）を設定します。繰り返しになりますが、図 5-11 に示すように、この設定は通常ローコード／ノーコードで行われます。

| 補足 | 読者がどの ETL ツールを選択するかは分かりませんが、本節では ETL ツールとして Apache Hop を取り上げています。このツールを選定した理由は、オープンソースであり、Neo4j にホストされた知識グラフに接続しやすいためです。実際にはどの ETL ツールを採用しても問題ありませんが、基本的には社内で選定された ETL ツールを推奨します。社内標準がない場合には、オープンソースやクラウドツール（例：AWS Glue、Cloud ETL など）が合理的な選択肢でしょう。 |

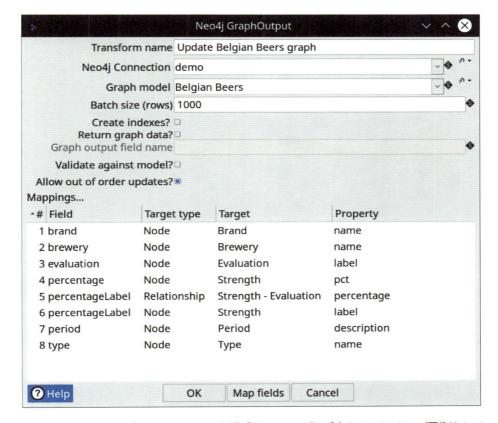

図 5-11：Wikipedia のデータから Neo4j の知識グラフにマッピングする Apache Hop（画像は Apche Hop のドキュメントを基にしています）

　図 5-11 のマッピングは、ビールの知識があれば非常に直感的でしょう。銘柄（Brand）や醸造所（Brewery）などは知識グラフのノードになり、パーセンテージラベルは度数（:Strength）ノードと評価（:Evaluation）ノードの間のリレーションになります。このタスクにはある程度のドメイン知識が必要ですが、技術的な知識はほとんど必要ありません（そして私たち著者はベルギービールについて楽しく学べるプロジェクトになると考えています）。実際にマッピングに必要な作業はカーソルを合わせてクリックすることだけです。

　より洗練されたマッピング方法として、Cypher クエリによって知識グラフへ流出入させ

るデータを指定できます。この場合、Hop にパラメータ化した Cypher を渡し、GUI でデータとパラメータのマッピングを行います。実行するとマッピング通りにパラメータに値がバインドされ、Cypher クエリを実行して知識グラフからデータを読み込んだり、データを取得したりできます。最終的にワークフローが完了すると、ベルギービールの便利で美味しい知識グラフの出来上がりです！

5.8 まとめ

　知識グラフへの旅の中で、グラフデータベースの基礎、データの読み込み、データファブリックといった重要な技術的トピックに取り組んできました。これらのツールを理解し、それらが相互にどのように関わるかを理解するには多大な努力が必要になります。しかし、ひとまず一区切りです。お疲れ様でした。

　ここからはツールの領域から離れ、ユーザーに価値を提供するための技術スタックについて取り扱います。6 章では知識グラフを処理し、実用的な洞察を得るためのグラフアルゴリズムについて解説します。

6

データサイエンスによる知識グラフ拡充

　本章では、**グラフデータサイエンス**について紹介します。グラフデータサイエンスの目的は、グラフアルゴリズムを活用して知識グラフから洞察を得ることです。グラフデータサイエンスの実践に向けて、一般的なグラフアルゴリズムの種類、およびそれらのアルゴリズムの活用によって得られる洞察について解説します。また、Neo4j Graph Data Science を用いてグラフアルゴリズムの実験、共有、本番運用を簡単に行う方法についても紹介します。実際に知識グラフ上でグラフアルゴリズムを実行してみることで、システムが多くの作業を代わりに行ってくれることを体感できるでしょう。

　3 章と同様、本章も包括的な内容ではなく、本書以降の内容を理解するための基礎を提供することを目的としています。より詳細な情報を求める読者には、Alicia Frame、Zach Blumenfeld 共著『Graph Data Science for Dummies』(Wiley)[1] など、特定の深い技術トピックに特化した良書をお勧めします。

6.1　なぜグラフアルゴリズムか

　グラフアルゴリズムは、知識グラフの構造に関する洞察を提供します。たとえば、ソーシャルグラフ上の影響力のある人物、鉄道ネットワークにおける重要な乗り換え駅、詐欺グルー

---

[1] https://neo4j.com/books/graph-data-science-for-dummies/

プ、病気の発生経路に共通する病原体といった洞察です。グラフアルゴリズムの設計と実装には専門的な知見が求められますが、それらを使用する場合に必ずしも専門的な知見が必要というわけではありません。ただし、アルゴリズムの目的と知識グラフ上でそれらを実行する構文については理解する必要があります。

> **補足**
> 3章では、グラフアルゴリズムの例に Neo4j が使用されています。Neo4j には、幅広いグラフアルゴリズムのツールキットが揃っており、専門家ではない技術者でも Cypher クエリ言語を通じて簡単にグラフアルゴリズムを使用できます。Neo4j Graph Data Science [2] は、Neo4j Desktop [3] を介して簡単にインストールできます。また、Neo4j の学習環境である Neo4j Sandbox [4] を使えば、Neo4j Graph Data Science を利用できます。AuraDB の補完コンポーネントである Neo4j AuraDS [5] はグラフデータサイエンスのサービスです。
> 本章の例を試す際、および独自のグラフデータサイエンスの作業を行う際には、これらのサービスを利用できます。

　読者によっては、大学時代に学んだグラフアルゴリズムを覚えており、中にはグラフアルゴリズムを溺愛している読者もいるでしょう。一方で、グラフアルゴリズムの概念が新しいと感じる読者もいるでしょう。本章では、グラフ上で実行できる様々なデータ処理の概要から始め、一部の一般的なグラフアルゴリズムの使用方法について詳しく説明します。また、グラフデータサイエンスを実践する中でこれらのアルゴリズムを実験する方法や、それらを本番運用システムに組み込む方法も解説します。本章を読み終わる頃には、Cypher クエリの実行と同じくらいスムーズに、大規模な知識グラフ上でグラフアルゴリズムを実行できるようになっているでしょう。

6.2　グラフアルゴリズムの分類

　選択できるグラフアルゴリズムは多数あります。それぞれのアルゴリズムは与えられたグラフ上で計算を行い、トポロジーとデータから洞察を生み出します。特定の状況に対して適切なアルゴリズムを選択できるようになるには、多少の努力が必要です。最初はアルゴリズムをカテゴリに分類し、導出可能な洞察の種類を把握すると良いでしょう。その後のステップで、具体的なアルゴリズムを選択します。

　知識グラフ上での計算の目的には、3つの大きなアルゴリズムのカテゴリがあります。

---

[2] https://neo4j.com/product/graph-data-science/
[3] https://neo4j.com/download/
[4] https://neo4j.com/sandbox/
[5] https://neo4j.com/docs/aura/aurads/

統計的手法
グラフに関する指標を提供します。ノードやリレーションの数、次数分布、ノードラベルの種類などの情報を提供します。これらはグラフを解釈するためのコンテキストを提供します。

分析的手法
知識グラフ全体、または重要なサブコンポーネント上の重要なパターンや潜在的な知識を浮かび上がらせます。

機械学習（ML）
グラフアルゴリズムの結果を特徴量として機械学習モデルの訓練に使用したり、機械学習を使用して知識グラフ自体を進化させたりします。

本章では、統計的、分析的手法を使用して知識グラフから洞察を得る方法を取り扱います。これらのアルゴリズムは知識グラフのユースケースの観点で5つのカテゴリに分けられます。なお、機械学習については 7 章で取り扱います。

ネットワーク伝播
知識グラフを通じて信号がどのように伝播するかを理解するには、深いパスの計算が必要です。計算の結果得られる経路は、コミュニティ内での病気の広がり方やサプライチェーンの弱点などを特定できます。つまり、感染の抑制を最適化したり、クリティカルパスの冗長性を強化する際に活用できます。

影響力
ソーシャルメディアが普及している現代において、「インフルエンサー」という概念には親しみがあるでしょう。インフルエンサーとは、ソーシャルグラフを通じて急速に意見を広める人々のことです。グラフデータサイエンスでの目標はより一般的です。影響力のあるノードは、部分グラフ間の橋渡し（およびボトルネック）として機能し、ネットワーク全体に情報（または混乱）を急速に広める上で理想的な位置関係に存在します。これは、影響力のあるノードが平均的に他のすべてのノードに近い位置に存在するということです。ノードの影響力の尺度は、**中心性**として知られています。

コミュニティ検出
人間の世界において、コミュニティは私たちを結び付ける絆です。グラフアルゴリズムの世界でも同様ですが、グラフアルゴリズムは弱い繋がりを削除することでグループを分割し、緊密に結び付いたコミュニティを見つけ出します。知識グラフ上でコミュニティを検出できれば、読まれる可能性の高い関連著作物、金融犯罪に加担する詐欺グループ、または病原体やデマが迅速に広がる可能性のあるコミュニティなどを特定できます。

類似性
知識グラフを可視化すると、グラフ上で繰り返し発生する類似パターンを容易に見つけられることが多々あります。たとえば、特定の購買履歴を持っていて特定の製品の推薦が効果的と見込まれる顧客や、異常な数の車両事故が発生している交差点などで

す。しかし、グラフが大規模な場合、手作業の確認ではうまくいきません。類似性アルゴリズムは、ノード間の既知の関係、階層やそれらの共通の特性を検索します。

リンク予測

リンク予測アルゴリズムは既存の知識グラフのトポロジーといくつかのヒューリスティック（たとえば、三角形の作成）により、欠損しているリレーションを計算し、知識グラフを拡充します。これは、ソーシャルネットワークでよくあるユースケースであり、友達・フォロワー・連絡先の候補を導出できます。

これらの広範なカテゴリのそれぞれには、いくつかのアルゴリズムが存在します。各アルゴリズムは異なる動作をするため、通常、同じ入力に対して異なる結果を返します。たとえば、コミュニティ検出アルゴリズムの Weakly Connected Components（WCC）と Louvain は、同じ入力グラフに対して異なる結果を返します。

どのアルゴリズムを選ぶべきかという疑問が浮かぶでしょう。答えは、ドキュメントを読み、その中から直面しているコンテキストに最も適したアルゴリズムを選ぶことです。時にはアルゴリズムを実験し、コンテキストに最も合った答えが得られるアルゴリズムを使用するという選択もあり得ます。しかし、まずはグラフデータサイエンスの機能を理解し、グラフアルゴリズムの実験の準備をする必要があります。

6.3 Graph Data Science の活用

Neo4j Graph Data Science は、Neo4j グラフデータベースと統合された便利なグラフ演算フレームワークです。これにより、Neo4j に格納された知識グラフからデータを射影し、（複数の CPU を使用して）グラフアルゴリズムによる演算・分析を行えます。演算処理の後は、演算結果の確認・共有、そして演算結果を書き戻して知識グラフを拡充できます。Neo4j Graph Data Science とグラフデータベースが緊密に統合されていることにより、運用上の負担が激減し、必要なデータラングリングも最小限にとどまります。結果として、開発者はアルゴリズムの実行に集中できます。

> **補足** 産業界では、一部のアルゴリズムを GPU 上で実行し、GPU アーキテクチャの利点である高い並列性と処理要素間の高い帯域幅を活用することが一般的です。ただし、GPU は線形代数の問題として表現できるアルゴリズムに最適ですが、これは決して普遍的（または簡単）なものではありません。現在、Neo4j Graph Data Science は CPU と RAM に最適化されており、専用ハードウェアを必要とせずに、幅広い範囲のアルゴリズムに対して最高のパフォーマンスを提供しています。通常、これらのアルゴリズムは GPU ベースのソリューションよりも優れた性能を発揮しています。これは、すべてのグラフアルゴリズムを GPU 上で効率的に実行できる線形代数の問題として表現できないためです。

Neo4j Graph Data Science は、高性能で並列化された幅広いアルゴリズムを提供しています。必要な洞察の種類によってアルゴリズムを選択し、Cypher からプロシージャを呼び出してアルゴリズムを実行します。これは、3 章の 3.1.5 項のように行います。Neo4j Graph Data Science と知識グラフの連携イメージは図 6-1 の通りです。

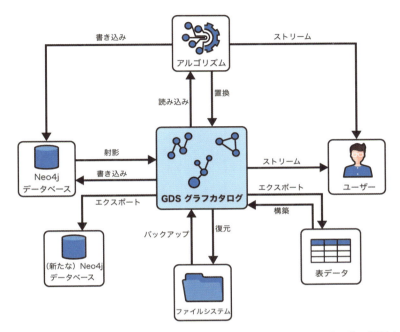

図 6-1：Neo4j 内の知識グラフに対してグラフアルゴリズムを実行する際に関係するコンポーネント群

図 6-1 は、知識グラフ上でグラフアルゴリズムを実行する際の 4 つの工程を表しています。

グラフの射影の作成
　　処理したいグラフの一部を選択し、射影を作成します。作成する射影は、部分グラフ、特定のラベルやリレーション型、Cypher クエリで指定したパターン、または知識グラフ全体である場合があります。

射影されたグラフの読み込み
　　グラフの射影をコンパクトなインメモリ形式にエクスポートし、並列処理の準備をします。

アルゴリズムの実行
　　指定したパラメータでアルゴリズムを実行します。

結果の保存
　　結果を知識グラフに書き込んでノードの拡充などを行うか、下流システムや呼び出し元のユーザーに送信する演算結果を導出します。

> **グラフアルゴリズムのスケーリング**
>
> 　グラフを射影するフェーズでは、知識グラフ（の一部）を圧縮してメインメモリに読み込みます。メモリに存在するということは、任意のノードの隣接ノードもメモリ上に存在するという局所的な利点を活かして、アクセスの高速化による高いパフォーマンスを期待できます。つまり、非常に大規模なグラフの場合には、RAMのスケールアップが必要になる場合があります。並列アルゴリズムの場合はCPUコアもスケールアップできます。
>
> 　逆のアプローチであるスケールアウトは、一見すると魅力的です。スケールアウトはサーバーを追加することでCPUコアとRAMを増やす古典的なアプローチであり、Apache Hadoopによって活用が促進されてきました。しかし、スケールアウトを行うと、隣接ノードがリモートサーバー上に存在する可能性が増えます。結果として、ローカルメモリよりも遥かに大きな時間コストをかけて隣接ノードへのアクセスが必要な、不均一なアーキテクチャが生まれます。実際のところ、ノードが単一の大規模なメモリ空間に存在することによる局所性の利点が得られないため、分散グラフ処理は効率的ではありません。グラフアルゴリズムでは、単純にポインタの参照を得るのではなく、ネットワークの操作が必要になります。
>
> 　分散グラフ処理とそれを効率的に行うために必要な基盤（たとえば、ソフトウェアで定義された高性能ネットワーク）に関する研究が活発に行われていますが、本書執筆時点では、Neo4j Graph Data Scienceが使用するスケールアップのアプローチが最も高速かつ実用的です。さらにそのシンプルさから、通常は大規模な計算サーバーのクラスタで処理を実行するよりも安価に済みます。長期的には、研究が成熟するにつれてこの状況が変わるかもしれません。その際には、Graph Data Scienceのユーザーとしては、実装の詳細を意識することなく、性能の恩恵のみを受けることができるでしょう。

　リスト6-1は、知識グラフに対して計算を行い、知識グラフを拡充する方法を示しています。ここでは、人物と場所のグラフから :Person ノードと :FRIEND リレーションのソーシャルネットワークを射影し、射影上で媒介中心性アルゴリズムを実行して最も影響力を持つ人物を計算しています。

リスト6-1 CypherからGraph Data Scienceを実行する

```
CALL gds.graph.project.cypher(
 'gds-example-graph',
 'MATCH (p:Person)
  RETURN id(p) AS id',
 "MATCH (p1:Person)-[:FRIEND]->(p2:Person)
  RETURN id(p1) AS source, id(p2) AS target, 'FRIEND' AS type"
)

CALL gds.betweenness.write(
   'gds-example-graph', {
       writeProperty: 'betweennessCentrality'
   }
)
```

クエリは 4 つの要素から構成されています。

グラフの射影への名前付け
　ここでは、射影に gds-example-graph という名前を付けています。付けた名前で射影がグラフカタログに保存され、後続の演算で利用できるようになります。

ノードのクエリ
　射影に含めるノードを選択します。Neo4j Graph Data Science では、演算対象のノードを選択する方法が複数存在します。最も柔軟な選択肢は Cypher 射影です。関心のあるノードを Cypher コードによって指定できます。射影する際の規則として、ノードの ID を id という列名で返却する必要があります。リスト 6-1 では、すべての :Person ノードを選択しています。

リレーションのクエリ
　射影に含めるリレーションを選択します。関心のあるリレーションを特定するための Cypher クエリを提供する必要があります。この際、特定するリレーションがノード射影と接続している必要があるため、接続されていない場合には処理が失敗します。各リレーションの開始、終了、および型は、リレーション射影の規則に従って、それぞれ source、target、および type の列名で返却する必要があります。

アルゴリズムの実行
　gds.betweenness.write の行では、媒介中心性アルゴリズム (Betweenness Centrality) を呼び出し、その結果をグラフに書き込んでいます。グラフに書き込む以外にも、結果を呼び出し元にストリーミングしたり (gds.betweenness.stream)、射影のみを拡充する (gds.betweenness.mutate) ことも可能です。アルゴリズムを実行する際に指定するパラメータは、演算対象の射影 (gds-example-graph) と結果を書き込むノードプロパティの名前 (betweennessCentrality) です。なお、射影は一度作成すれば、その射影に対して何度でもアルゴリズムを実行できます。再作成の必要はありません。

　媒介中心性アルゴリズムは、与えられたノードを通過するパスの数を計算してグラフ上のノードの重要性を評価します。図 3-8 の小さなソーシャルネットワークに対してこのアルゴリズムを実行すると、ノードの重要性に関する情報が知識グラフに追加されます。実行結果は図 6-2 に示す通りです。

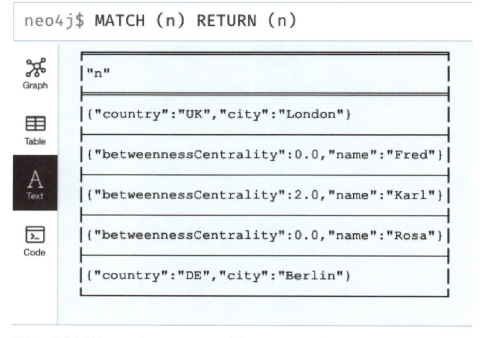

図6-2：媒介中心性スコアが:Personノードに書き込まれている小規模なソーシャルネットワーク

図6-2では、Karlの媒介中心性が最も高いことが分かります。KarlはRosaとFredの間の接続ノードであり、彼がいなければソーシャルネットワーク全体が崩壊してしまいます。これは図6-3を見ても明らかです。

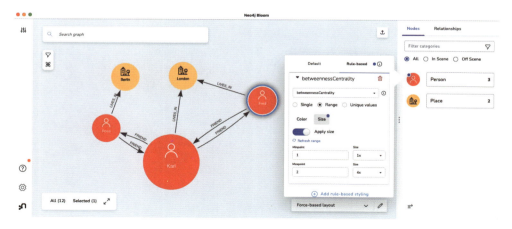

図6-3：Neo4j Bloomによる中心性スコアの大きさの可視化

Neo4j Bloom では、ノードのサイズや色をプロパティに基づいて設定できます。たとえば、ノードの媒介中心性スコアに基づいてノードの大きさを変えられるため、上記の例では中心性が高いノードほど大きく表示しています。これにより可視化の情報量が増え、エンドユーザーにとっての利便性も向上します。

媒介中心性アルゴリズム以外にも、知識グラフを拡充するために使用できるアルゴリズムは存在します。Neo4j Graph Data Science は、パス探索、PageRank、Louvain などを含む 65 以上のアルゴリズムを提供しています。各アルゴリズムはリスト 6-1 と同様に実行できるため、ドメインに適した洞察を見つけるための実験は簡単に行えます。

> **補足** 小さな知識グラフでは、媒介中心性の計算はすぐに終了します。数万ノードから数十万ノード程度の中程度のグラフでは、実行時間はほとんど気にならないでしょう。しかし、数百万ノードから数十億ノード規模の非常に大きな知識グラフでは、アルゴリズム、射影、およびハードウェアにも依存しますが、演算に数秒または数分かかる場合があります[†6]。
>
> しかし実際のところ、実行時間が問題にはならないケースが多くあります。なぜなら、一般的には知識グラフの拡充は定期的に行うためです。実験などで迅速なフィードバックが必要な場合には、射影を小さくするか、RAM、CPU の資源が豊かなサーバーを用意しましょう。

6.4 グラフデータサイエンスと実験

実験はデータサイエンティストの仕事の 1 つです。グラフデータサイエンスを学ぶ場合、良い実験実施方法を身につける必要があります。それには、仮説と検証を素早く反復する能力が必要です。Neo4j Graph Data Science には、知識グラフ上でアルゴリズムを実験する際に役立つツールが存在します。

図 6-1 に示したアーキテクチャは、知識グラフへの処理をデータベースを中心にした視点で示していました。これらすべてのコンポーネントの存在を仮定すると、知識グラフ上でアルゴリズムを実行するだけの実験を行う場合であっても、複雑さに混乱してしまうでしょう。幸い、データベースの詳細を抽象化し、より高い抽象化レベルで実験を行える Python のツールが存在します。データサイエンティストであれば、Python オブジェクトを通して問題に取り掛かる方が馴染みがあるでしょう。

グラフデータサイエンスのツールキットとして、Neo4j、Graph Data Science、Neo4j

---

†6 [訳注] 媒介中心性アルゴリズムは、グラフ上の各ノードに対し、該当ノードを始点、それ以外の全ノードを終点とした最短経路を求める必要があります。全ノードを始点とした厳密な中心性の算出には大きな計算コストが要求されるため、サンプリングしたノードを始点とする近似的な計算手法がしばしば用いられます。Neo4j Graph Data Science の `gds.betweenness` はデフォルトではすべてのノードを始点とするため、数万ノードから数十万ノードの中規模のグラフであっても数分以上かかる可能性があります。実行時間を抑えるためには、`configuration` パラメータで `samplingSize` を指定して始点とするノード数を削減すると良いでしょう。より詳細な情報は Neo4j の公式ドキュメントをご参照ください。
https://neo4j.com/docs/graph-data-science/current/algorithms/betweenness-centrality/

Graph Data ScienceのPythonドライバ、そしてJupyter Notebookまたは類似のNotebook実行環境が必要になります。本章まで進んでいるのであれば、既にNeo4jとGraph Data Scienceはインストール済みでしょう。

次のステップでは、Python用のGraph Data Science APIと、必要に応じてJupyter NotebookまたはNotebook環境をインストールします。Python3がインストールされていると仮定し、pipによって他の依存関係をインストールします。`pip install graphdatascience`でPython用のGraph Data Science APIをインストールし、`pip install notebook`でJupyter Notebookのサポートをインストールします。

ツールが揃ったら実験を始めていきましょう。以下の例はすべて、イギリスの鉄道網を題材にしています。イギリスの鉄道網は大規模ではありますが、過度に大き過ぎず、高度に相互接続されており、実際のユースケースとして最適です。駆け出しのグラフデータサイエンティストが探索するには理想的なデータでしょう。

本実験で使用するデータは https://github.com/jbarrasa/gc-2022 からダウンロードできます。

初めに、鉄道駅とそれらを繋ぐ線路を表すデータを読み込んでください。一方のCSVファイル（`nr-stations-all.csv`）には駅、もう一方のCSVファイル（`nr-station-links.csv`）には駅を結ぶ線路のデータが含まれています。Pythonを使用してこれらのデータを読み込むコードは、リスト6-2の通りです。

リスト6-2 PythonでCSVデータをNeo4jに読み込む

```
from graphdatascience import GraphDataScience

# データベースに接続
host = "bolt://127.0.0.1:7687"
user = "neo4j"
password = "yolo"
gds = GraphDataScience(host, auth=(user, password), database="neo4j")

# 駅をノードとして読み込む
gds.run_cypher(
    """\
LOAD CSV WITH HEADERS FROM 'nr-stations-all.csv' AS station
CREATE (:Station {name: station.name, crs: station.crs})
"""
)
# 駅の間の線路をリレーションとして読み込む
gds.run_cypher(
    """\
LOAD CSV WITH HEADERS FROM 'nr-station-links.csv' AS track
MATCH (from:Station {crs: track.from})
MATCH (to:Station {crs: track.to})
MERGE (from)-[:TRACK {distance: round(toFloat(track.distance), 2 )}]->(to)
"""
```

```
)
gds.close()
```

リスト 6-2 の Python コードは主に 3 つの処理を行っています。

データベースへの接続を作成する
　　`GraphDataScience` クラスのインスタンスを作成し、基礎となる知識グラフをホストするデータベース管理システムへの認証済みアクセスを取得します。ネットワークエンドポイントとユーザー名、パスワードの組み合わせに注意してください。

駅を表現するノードをグラフに読み込む
　　`gds.run_cypher` を使用すれば、任意の Cypher クエリを実行できます。この例では、4 章と同様に `LOAD CSV` コマンドを使用しています。ヘッダーを無視して CSV ファイルからデータを取得し、`CREATE` 句によって一般名称 (name) と公式の一意のコード (crs) を持つ :Station ノードを作成しています。

線路を表現するリレーションでノードを接続する
　　再び `gds.run_cypher` を使用して `LOAD CSV` ジョブを実行します。ここでは、線路を構成する from ノードと to ノードを駅の crs コードで検索しています。そして `MERGE` 句によって検索で得られた 2 つの駅の間に distance プロパティを保持する :TRACK リレーションを作成します。distance プロパティは、小数点以下 2 桁に丸められた浮動小数点値として保存されます。

　リスト 6-2 では、ドライバ、セッション、その他データベースに関連する技術要素を扱う必要は生じず、単にコード内で Python オブジェクトを使用するだけで済みました。
　データをグラフに読み込んだ後は、Python API の run_cypher から Cypher クエリを使用して簡単にデータを探索できます。これは 3 章で行った内容と劇的に異なるわけではありませんが、Python プログラマーにとっては便利です。さらに Python API を使用すれば、射影を作成し、作成した射影に対してアルゴリズムを実行できます。試しにこの方法でアルゴリズムを実行してみましょう。
　旅行ネットワークを題材とする場合、最も一般的なユースケースの 1 つに最短経路（または最も安価な経路）の発見が挙げられます。Python から Graph Data Science を使えば簡単に最短経路を探索できます。初めに鉄道の知識グラフの射影を作成し、アルゴリズムの演算に適したドメイン固有のグラフをメモリ内に作成します。この際、射影されたグラフと元の知識グラフはトポロジー的に類似しますが、射影は絞り込んだデータのみで構成されます。今回の例では、駅の一般名称のノードとそれらのノードの間を繋ぐリレーションの距離プロパティのみが射影に含まれます。後により多くのデータが射影に必要と気付いた場合には、既存の射影と並行して新しい射影を作成するだけで、作成した射影をグラフカタログに追加できます。リスト 6-3 では、Python API を使用した Cypher による射影の方法を示しています。なお、Python は他の方法による射影もサポートしています。

リスト 6-3　Python API 経由で Graph Data Science を使用し、鉄道の知識グラフから射影を作成する

```
from graphdatascience import GraphDataScience

host = "bolt://127.0.0.1:7687"
user = "neo4j"
password = "yolo"

gds = GraphDataScience(host, auth=(user, password), database="neo4j")

gds.graph.project.cypher(
    graph_name="trains",
    node_spec="MATCH (s:Station) RETURN id(s) AS id",
    relationship_spec="""\
MATCH (s1:Station)-[t:TRACK]->(s2:Station)
RETURN id(s1) AS source, id(s2) AS target, t.distance AS distance""",
)

gds.close()
```

　リスト 6-3 では、初めに GraphDataScience オブジェクトをインスタンス化して、知識グラフをホストするデータベースへの認証済み接続を取得しています。次に gds.graph.project.cypher で trains という射影を作成し、後に使用するためにグラフカタログに保存しています。trains 射影の内容は、node_spec と relationship_spec の引数で定義されています。node_spec は、すべての駅のノード ID を返す MATCH 句のクエリです。relationship_spec は、射影の中で駅の間の接続を表すための、source と target のノード ID、および :TRACK リレーションの distance プロパティを返す MATCH 句です。以上のコードを実行すると、グラフカタログに射影が保存されるため、実験の準備が整います。

　最短経路アルゴリズムを実行する Python コードはリスト 6-4 に示す通りです。データベースへの接続設定は他の例と同様です。find_node_id で Cypher の表現を使用し、バーミンガム・ニューストリート駅とエディンバラ駅を表すノード ID を変数 bham と eboro に格納します。

　そして、最短経路アルゴリズムの 1 つであるダイクストラ法を実行します。trains 射影を対象にアルゴリズムを実行するように設定し、sourceNode と targetNode の引数には bham と eboro を指定します。また、relationshipWeightProperty 引数に距離を表す distance を指定することで、経路のコスト計算を行えるようにします。

リスト 6-4　Python API 経由で Graph Data Science を使用し、バーミンガム・ニューストリート駅とエディンバラ駅の最短経路を計算する

```
from graphdatascience import GraphDataScience

host = "bolt://127.0.0.1:7687"
user = "neo4j"
password = "yolo"

gds = GraphDataScience(host, auth=(user, password), database="neo4j")
```

```python
bham = gds.find_node_id(["Station"], {"name": "Birmingham New Street"})
eboro = gds.find_node_id(["Station"], {"name": "Edinburgh"})

shortest_path = gds.shortestPath.dijkstra.stream(
    gds.graph.get("trains"),
    sourceNode=bham,
    targetNode=eboro,
    relationshipWeightProperty="distance",
)

print("最短距離: %s" % shortest_path.get("costs").get(0)[-1])

gds.close()
```

アルゴリズムを実行すると、バーミンガム・ニューストリート駅とエディンバラ駅の間の最短経路として最短距離: 298.0 が出力されます。図 6-4 に示すように、計算された経路を Neo4j Browser で可視化できます。

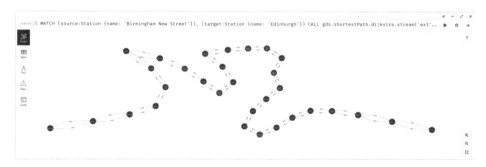

図 6-4：バーミンガム・ニューストリート駅とエディンバラ駅の最短経路

読者の中には、この例で扱っている駅の選択が気になる方もいるでしょう。実は著者の 1 人である Jim Webber がイギリスのバーミンガム育ちであることから、バーミンガム・ニューストリート駅を選びました。一方、エディンバラはただ美しい街であるという理由で選びました。

しかし、バーミンガムは地理的にも興味深い場所です[7]。バーミンガムはイギリスの中心に位置しており、バーミンガム・ニューストリート駅はスコットランド低地のエディンバラを交差する経路を含むイギリス全土への経路を提供する忙しいハブ駅です。そのため、バーミンガム・ニューストリート駅はイギリスの鉄道ネットワーク上、最も重要な駅であると考える方が多いでしょう。仮にこの仮説が正しければ、バーミンガム・ニューストリート駅とその周辺の線路への投資を促すことで、より安定した運行が行える鉄道ネットワークに改善できるかもしれません。

---

[7] しかし、イギリス人の間では退屈な場所であるという不当な評判もあります。産業革命の中心地として、現代のシリコンバレーのように栄えた頃の遺産が多く残っています。

しかし、この仮説が間違っている可能性はないでしょうか。幸い、仮説を素早く検証できるツールが存在します。

射影 trains には、分析に必要なすべてのデータが含まれています。鉄道ネットワークにおけるバーミンガム・ニューストリート駅の重要性を確かめる（または否定する）ためには、その中心性を計算します。リスト 6-5 の通り、非常に簡単に計算できます。

> **リスト 6-5** Python API 経由で Graph Data Science を使用し、イギリス国内のすべての駅の中心性スコアを計算する

```python
from graphdatascience import GraphDataScience

host = "bolt://127.0.0.1:7687"
user = "neo4j"
password = "yolo"

gds = GraphDataScience(host, auth=(user, password), database="neo4j")
graph = gds.graph.get("trains")
result = gds.betweenness.stream(graph)
highest_score = (
    result.sort_values(
        by="score",
        ascending=False
    )
    .iloc[0:1]
    .get("nodeId")
)

n = gds.run_cypher(
    f"""\
MATCH (s:Station)
WHERE ID(s) = {int(highest_score)}
RETURN s.name"""
)
print(" 中心性が最も高い駅： %s" % n["s.name"][0])

gds.close()
```

リスト 6-5 のコードを実行すると、中心性が最も高い駅： Tamworth が表示されます。これはイギリスの鉄道ネットワークに関する事前知識を踏まえると予想外の結果です。実際、タムワース駅の中心性スコアは 1,967,643 であり、一方のバーミンガム・ニューストリート駅の中心性スコアは 254,706 とほぼ 8 分の 1 です。

バーミンガムから数マイル離れたタムワース駅の中心性スコアが最も高く、タムワース駅で事故等が発生した際には鉄道ネットワークに最も大きな影響を与えることが分かりました。もし読者の皆さんが鉄道輸送事業の担当者であれば、初めにタムワース駅に目を向けると良いでしょう。

> **グラフデータサイエンスは直感に反する結果を導く**
>
> リスト 6-5 の結果に関して混乱してしまうような事実があります。中心性が高いタムワース駅の年間旅客数が 120 万人であるのに対し、バーミンガム・ニューストリート駅の年間旅客数はそれよりも遥かに多く 4,700 万人（さらに 700 万人の乗り換え客）であることです。実際、バーミンガム・ニューストリート駅はイギリスで 8 番目に忙しい駅であり、ロンドン近郊以外では最も混雑している駅です。これはタムワース駅が最も重要であるという結果に反するように思われます。
>
> この結果の背後には 2 つの事実が関連していると考えられます。まず第一に、中心性の計算は線路の接続のみを考慮しており、乗客数や列車の経路は考慮していないという点です。実際、物理的なネットワークの観点から見るとタムワース駅は重要な存在です。第二に、計算されたネットワークの効果が正しいという点です。タムワース駅のインフラに障害が発生した場合、障害の影響がネットワーク全体に広がり、バーミンガム・ニューストリート駅やその他の駅にいる多数の乗客に影響を及ぼす可能性が非常に高いです。
>
> 私たちが取り組む問題は、アルゴリズムで算出した単一のスコアで説明できるほど、常に単純であるわけではありません。グラフデータサイエンティストは、データの拡充や射影をより正確にすることで問題を洗練させたり、仮説を再構築して、より多くのデータ、アルゴリズムを活用する意識を常に持つ必要があります。幸い、Python と Graph Data Science の実験的な進展により、テストケースの迅速な再評価が可能になっており、結果を得るまでの反復試行が行いやすい環境が整っています。

6.5　本番運用で考慮すること

6.4 節で使用した設定は実験には最適ですが、射影やアルゴリズムの選定が決まった後は、本番環境に移行したいタイミングがやってきます。この時点で、Python オブジェクトや Jupyter Notebook の世界ではなく、本番運用のデータエンジニアリングの領域に入ります。

知識グラフとグラフアルゴリズムの運用をサポートする一般的な構成としては、物理サーバーを役割ごとに分け、異なるワークロードごとに物理的に分離します。Neo4j は、このような構成を想定して**プライマリ**サーバーと**セカンダリ**サーバーの概念をサポートしています。プライマリサーバーはトランザクション処理を担当し、拡張性と耐障害性のために知識グラフをクラスタ化します。通常、プライマリサーバーは Cypher クエリの実行も担います。

プライマリはグラフアルゴリズムも実行できますが、アルゴリズムの計算負荷とデータベースの負荷が競合する可能性があります。代わりに、データサイエンス用にセカンダリインスタンスのデプロイを検討してください。セカンダリインスタンスは、データの更新をトランザクション経由ではなく非同期で受け取るため、データ更新に関する時間的な保証がプライマリよりも緩やかになっています。このようにプライマリとセカンダリで役割を分けることで、トランザクション処理の遅延を防げます。

プライマリインスタンスとは異なるサイズのセカンダリを設定することも一般的です。また、それぞれのセカンダリについても、ワークロードに応じて異なるサイズを設定することもあり

ます。たとえば、データベースのクエリやトランザクションがほとんど CPU に制約を受けない場合には、プライマリインスタンスに大容量の RAM と高い I/O を確保するが、CPU は控えめに用意しておくといった選択ができます。一方、セカンダリはグラフアルゴリズムを使用した高速な並列計算やグラフへのグローバルクエリをサポートするため、複数の高速な CPU と大容量の RAM を構成するという判断が考えられるでしょう。図 6-5 の通りです。

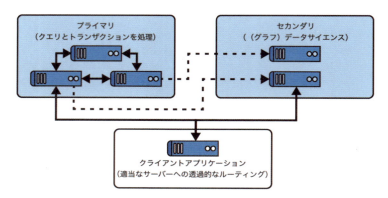

図 6-5：プライマリは知識グラフをホストし、セカンダリは高度な計算が必要なグラフデータサイエンスに使用する

　Neo4j クラスタのインフラでは各サーバーに役割をタグ付けできるため、ユーザーは利用目的に最適な物理サーバーにジョブを送信できます。このようなジョブの送信は簡単に実行でき、ほぼ透過的なインターフェースが提供されています。

　明示しておきますが、Neo4j は知識グラフのハイブリッドトランザクション・分析処理（HTAP）の操作を劇的に簡便化します。データは 1 つのクラスタ内で統一されており、ETL やオンライン分析処理（OLAP）キューブ、その他の複雑なデータエンジニアリングは必要ありません。

　しかし、グラフアルゴリズムを実行する前にセカンダリ内のデータの更新状況を確認する必要がある場合もあります。3 章に記述したように、Neo4j はオプションで因果バリアの機能を提供しています。これは、サーバーが広範囲のネットワークに分散している場合でも、ユーザーが少なくとも自分自身の書き込みを常に確認できることを意味します。この因果バリアは、プライマリとセカンダリの両方に適用できるため、トランザクションのワークロードと同様にデータサイエンスにも適用できます。因果バリアの活用は簡単です。リスト 6-6 の通りです。

リスト 6-6 セカンダリ上で機能するブックマークは Graph Data Science に役立つ

```
try (Session session = driver.session(AccessMode.WRITE)) {
  try (Transaction tx = session.beginTransaction()) {
    tx.run(
      "CREATE (user:User {userId: {userId}, passwordHash: {passwordHash})",
      parameters("userId", userId, "passwordHash", passwordHash)
    );
```

```
    tx.success();
  }
  // ブックマークは直前にコミットしたトランザクションの ID
  String bookmark = session.lastBookmark();
}
```

　リスト 6-6 内で因果バリアの機能を活用している最初の部分は、`session.lastBookmark()` を呼び出している箇所です。これにより、直前にコミットしたトランザクションの ID を取得できます。次に、取得した ID をデータベースに提示することで、（セカンダリを含む）受信サーバーでそのトランザクションが処理されるまでは他の操作が進行しないように担保できます。リスト 6-7 の通りです。

リスト 6-7 ブックマークを用いて因果バリアを強制する

```
{
  try (Transaction tx = session.beginTransaction(bookmark)) {
    tx.run("MATCH (user:User {userId: {userId}}) RETURN *",
        parameters("userId", userId));
    tx.success();
  }
}
```

　リスト 6-7 では、`session.beginTransaction(bookmark)` で次のトランザクションを開始する際に、リスト 6-6 で作成した bookmark オブジェクトを渡しています。これにより、bookmark で指定したトランザクションが現在のサーバーで処理されるまでは、内側のブロックに記載した処理が進行しないようになります。なお、プライマリ、セカンダリを問わず、自分自身の書き込みであれば常に確認できます。

6.6　知識グラフの拡充

　データサイエンスに関して、本番運用フェーズと実験フェーズで異なる点の 1 つとして、結果をどのように活用するかが挙げられます。実験では、結果を（物理的、電子的を問わずに）ノートに記録することがよくあります。一方、本番運用では結果をシステムの改善に活用する必要があります。

　リスト 6-5 を思い出してください。中心性の計算結果は、`result = gds.betweenness.stream(graph)` によって Python クライアントにストリームされ、ストリームの結果がコンソールに表示されました。ここで、もし結果が有用であれば、その結果を運用可能な形式でキャプチャしたいと思うでしょう。簡単です。単に stream メソッドを他のメソッドに置き換えます。計算結果を射影に反映する場合は mutate メソッド、計算が実行された場所に関係なく基礎となる知識グラフに反映する場合には write メソッドを利用できます。リスト 6-8 に示す通りです。

> **リスト 6-8** Python API 経由で Graph Data Science を使用し、イギリス国内のすべての駅の中心性スコアを計算する

```
from graphdatascience import GraphDataScience

host = "bolt://127.0.0.1:7687"
user = "neo4j"
password = "yolo"

gds = GraphDataScience(host, auth=(user, password), database="neo4j")
graph = gds.graph.get("trains")
result = gds.betweenness.write(
  gds.graph.get("trains"),
  writeProperty="betweenness"
)

total_stations = gds.run_cypher(
    """\
MATCH (s:Station)
RETURN count(s) AS total_stations"""
)
print(f"駅の総数： {total_stations.iloc[0][0]}")

processed_stations = gds.run_cypher(
    """\
MATCH (s:Station)
WHERE s.betweenness IS NOT NULL
RETURN count(s) AS stations_processed"""
)
print(f"媒介スコアを持つ駅の数： {processed_stations.iloc[0][0]}")
gds.close()
```

リスト 6-8 のコードを実行すると中心性スコアが計算されます。ただし、結果をコンソールに表示するだけではありません。計算結果を基礎となる知識グラフに書き戻すため、今後、機械学習を実践する際のグラフ特徴量エンジニアリングなどに活用できます。例のようにコンソールにもメッセージを出力するようにしておけば、知識グラフが拡充されたことをすぐに確認できます。

```
駅の総数： 2593
媒介スコアを持つ駅の数： 2593
```

ご覧の通り、探索的なグラフ分析からデータサイエンス、実験の改善、そして本番環境の準備に移行するのは簡単です。データサイエンティストではない読者でも、この順序に従って進めばうまく事を進められるはずです。アルゴリズムを頻繁に適用して最新の状態を保ちながら知識グラフを拡充するにつれて、データへの深い理解が生まれていくでしょう。

6.7 まとめ

本章ではグラフアルゴリズムについて紹介しました。グラフアルゴリズムの実験は退屈で機械的なものではなく、私たちに計量可能な洞察をもたらします。また実験を行うにあたって、コーディングやデータエンジニアリングがほとんど必要ないことも分かったでしょう。

次章ではグラフアルゴリズムを機械学習と組み合わせます。アルゴリズムによって作成したグラフ特徴量を使用して予測モデルを改善していきます。グラフネイティブな機械学習を活用し、アルゴリズムによる直接的な知識グラフの拡充を目指します。

7

グラフネイティブ機械学習

　本章ではグラフと機械学習の関わり合いについて学びます。機械学習によって既存の知識グラフを自動的に拡充する方法や、知識グラフから特徴量を抽出し、正確な予測モデルを構築する方法について解説します。

　本章では、グラフアルゴリズムによる知識グラフのトポロジーの活用を扱った6章のスキルを前提としています。6章のスキルを使えば、たとえばノード間の最短経路や知識グラフ上のコミュニティ検出などの有用な洞察を得ることができました。本章はNeo4j Graph Data Science、Cypher、Pythonなどのツールを再び活用します。グラフネイティブ機械学習をツールボックスに新たに追加し、知識グラフを拡充するモデルの構築方法について学びます。

　3章、5章、6章と同様、本章はグラフベースの機械学習についての包括的なガイドではありません。しかし、知識グラフを機械学習の基盤として活用する上で必要となる十分な情報と、読者の希望に応じてさらに探求する際に役立つ詳細な内容を提供します。

7.1 機械学習

　機械学習は研究と実践の広範な領域に及びますが、内容を最大限抽象化した場合には、データからプログラムを導き出す操作と言えます。そして、もちろん知識グラフはプログラムを導き出す上で優れたデータと言えます。

従来、ほとんどのソフトウェアは入力を受け取り、関数を適用して出力データを生成するように記述されてきました。データを生成する関数は、しばしばドメインへの深い理解を持つ専門家によって実装されます。通常、関数は高度なプログラムであり、その構築と保守には専門のチームを必要とします。また、そのような専門的なチームは、すべての潜在的なエッジケースやロジックの複雑化に対処し、モデルが高品質な出力を提供できる状態を維持する必要があります。

機械学習はこれらの責任関係を逆転させます。機械学習モデルの訓練では、データと以前の出力が入力であり、出力は実質的にはプログラムです。機械学習システムは、入力と出力を巧みに関連付けて新しい関数やルールを作成し、プログラムが何をすべきかについて学習します。新しいデータが利用可能になる度にモデルを再訓練することで、出力を高品質に保てます。

機械学習によって作り出すプログラムの種類は、解決する問題と問題の領域を管轄するチームの意向に依存します。たとえば、過去のデータの解析により決定した関数にマッピングし、将来のデータ観測点を計算する統計的回帰などです。また、生物学上の脳のように層状に連結されたネットワークを作成し、時間をかけて訓練することで（画像などの）入力を認識、分類できるようにするニューラルネットワークの場合もあります。グラフに含まれる多次元のトポロジーを扱えるように拡張した幾何学的学習モデルも選択肢の 1 つです。

モデルの選択は専門家の判断によりますが、知識グラフを活用して機械学習を加速させる判断は合理的であることが一般的です。知識グラフと機械学習を統合する方法には以下の 2 つが存在します。

グラフ内機械学習
　　知識グラフが時間の経過と共にどのように進化するかを予測する

グラフ特徴量エンジニアリング
　　知識グラフから特徴量を抽出し、高品質な外部予測モデルを構築する

どちらの方法を選択するにせよ、機械学習モデルと知識グラフを取り巻くシステムは、通常フィードバックループを活かせる枠組みで構成されます。つまり、モデルを使用すれば知識グラフが拡充され、拡充された知識グラフを使えばモデルのさらなる改善を図れます。

7.2　トポロジカル機械学習

グラフ内機械学習は、知識グラフ自体を計算して拡充する技術の集まりを指します。これらの技術では、欠損しているリレーション、ノードラベル、プロパティを追加すべき箇所を探します。

グラフネイティブ機械学習では、知識グラフのトポロジーとデータを対象にアルゴリズムを実行することで洞察を得られます。ここでは Neo4j に組み込まれている映画の知識グラ

フ[1]を題材として、トポロジーのみを考慮したリンク予測アルゴリズムを実行してみましょう。空のデータベースで Neo4j Browser を開き、`:play movie graph` と入力します。組み込みのチュートリアルを開始すれば、映画、俳優、監督のノードを含む小さな知識グラフを構築できます。Keanu Reeves を中心にグラフを確認すると、彼が多忙なキャリアであることが分かります。図 7-1 に示すように、彼は「Matrix」シリーズのすべてに出演しています。

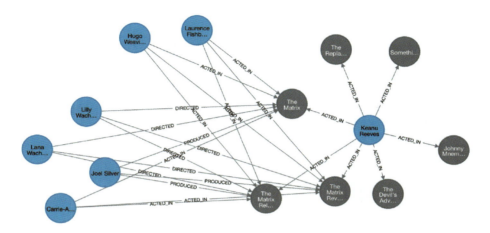

図 7-1：Keanu Reeves の出演キャリア

補足 Neo4j Graph Data Science ライブラリには、グラフ内機械学習の機能が含まれています。学習目的であれば Neo4j Desktop[2] から簡単にインストールできます。

　実データで知識グラフを構築した場合、そこに完璧が存在しないことは想像に難くないでしょう。データが欠損している場合、データが誤って扱われている場合、未知のデータが存在する場合もあります。完璧ではない知識グラフでも有用ですが、データの品質を改善する機会が得られたことは貴重です。グラフデータサイエンスを活用してデータの品質向上を図りましょう。初めにリンク予測の手順を解説するために、存在するリレーションを一度削除します。削除したリレーションの再作成をアルゴリズムが推奨するかどうかを確認してみます。リスト 7-1 のように、Keanu Reeves と映画 The Matrix のリレーションを削除してください。

---

[1] https://neo4j.com/docs/getting-started/appendix/example-data/
[2] https://neo4j.com/download/

> **リスト 7-1** アルゴリズムの実験準備のため、知識グラフに手を加える

```
MATCH (:Person {name: 'Keanu Reeves'})-[r:ACTED_IN]->
      (:Movie {title: 'The Matrix'})
DELETE r
```

　Keanu Reeves と映画 The Matrix の間の :ACTED_IN リレーションが存在する可能性が高いことは、リスト 7-1 で削除したことから明らかです。リレーションが存在する可能性を確かめるには、Barabási と Albert[†3]による**優先的選択**（Preferential Attachment）のようなリンク予測アルゴリズムが利用できます。リスト 7-2 の通り、知識グラフ上で直接アルゴリズムを実行できます。

> **リスト 7-2** 俳優と映画を対象に優先的選択アルゴリズムを実行し、両者が接続されるべきか確かめる

```
MATCH (Keanu:Person {name: 'Keanu Reeves'})
MATCH (TheMatrix:Movie {title: 'The Matrix'})
RETURN gds.alpha.linkprediction.preferentialAttachment(
  Keanu,
  TheMatrix,
  {relationshipQuery: 'ACTED_IN'}
) AS score
```

　リスト 7-2 のコードを実行すると、Keanu Reeves が The Matrix に出演した可能性のスコアとして 28.0 が得られます。これはリレーションが存在する可能性が高いことを示していますが、確信には至らない程度です。グラフの性質によっては、他のリンク予測アルゴリズムを使用することでスコアを改善できるかもしれません。また、より大きなグラフも使用できますが、計算時間が長くなるデメリットがあります。そこで別の手段として、機械学習パイプラインを訓練してリンク予測問題に取り組む方法もあります。

7.3　グラフネイティブ機械学習パイプライン

　機械学習パイプラインに移行することで、リンク（またはラベル、プロパティ）予測を改善できる可能性があります。そのためには、機械学習パイプラインが特徴量を抽出して予測モデルを訓練できるように、十分に大きな訓練データセットを用意しておく必要があります。

　通常の方法で機械学習を実践すると、モデルの訓練の準備をするだけで膨大な量のデータエンジニアリングが必要となる場合があります。しかし、Neo4j で知識グラフをホストしていれば、機械学習パイプラインの宣言とわずかなデータラングリングだけで機械学習の準備ができます。

　たとえば、リンク予測を行うパイプラインの構築は以下のように行います。

[†3] https://en.wikipedia.org/wiki/Barabási–Albert_model

1. 基礎となる知識グラフから射影を作成する。
2. パイプラインを宣言する。
3. グラフ上のリレーションを入力としてグラフアルゴリズムなどの計算を行う。計算結果に基づいた値を射影内のノードのプロパティとして追加する。
4. 1つ以上の**リンク特徴量**を追加する。たとえば、前の工程で計算されたノードのプロパティを入力とするコンバイナによってノードペアの特徴量ベクトルを作成し、リンク特徴量として追加する。
5. グラフを検証用、訓練用、特徴量セットに分割する。
6. モデル候補を追加する。たとえば、ロジスティック回帰など。
7. （任意）訓練フェーズで必要となる計算リソースを見積もり、用意しているマシンで十分であることを確認する。
8. モデルを訓練する。訓練されたモデルの性能を評価するための評価指標の計測も行う。
9. 評価指標からモデルの性能が十分に良いと判断できた場合、本番運用に移行する。

一見すると、多くの作業が必要であるように思えるでしょう。しかし、必要な機能は既にNeo4j内に構築されているため、機能を一から実装する必要はなく、単にパイプラインの設定を宣言するだけで済みます。例を通してこれらの手順について解説していきます。

グラフ特徴量エンジニアリング

特徴量エンジニアリングは、機械学習モデルの訓練に役立つデータを作成、特定する作業です。多くの場合、これらの特徴量はリレーショナルデータベースの列から取得され、年齢、性別、郵便番号などのラベルが付与されているのが一般的でした。

グラフ特徴量エンジニアリングでは、知識グラフからデータを特定、抽出し、機械学習モデルに統合します。知識グラフにはトポロジーとデータが含まれるため、リレーショナルデータベースをデータソースにする場合と比較してより多く、かつより高品質な特徴量を抽出できます。

特徴量は、知識グラフ上でグラフアルゴリズムを実行して生成することが多くあります。たとえば、グラフ上の各ノードのPageRankやコミュニティを計算し、それらを特徴量として使用できます。同様に、ノードの埋め込み表現を使用し、グラフのトポロジーを（人間には読み取れない形式で）特徴量としてエンコードすることも可能です。いずれの方法でも、機械学習に利用できる特徴量の数と品質を向上でき、これらの特徴量の活用が予測モデルの性能向上に繋がります。

7.4 共演者の推薦

7.2 節内で映画の知識グラフを扱いました。この知識グラフは学習用途の小規模な知識グラフですが、前に共演した人物の情報から共演すると良さそうな俳優を推薦する予測モデルを構築するには、十分現実的なデータになっています。

最初の工程として、データラングリングが少し必要です。映画のグラフから同一の映画に出演している俳優を見つけます。そして、同一の映画に共演していた俳優の各ペアを :ACTED_WITH リレーションで接続します。この際、リレーションの向きは重要ではありません。これが訓練前に必要なデータラングリングです。リスト 7-3 に示す通り、とてもシンプルです。

リスト 7-3 映画の知識グラフに :ACTED_WITH リレーションを追加する

```
MATCH (a:Person)-[:ACTED_IN]->(:Movie)<-[:ACTED_IN]-(b:Person)
MERGE (a)-[:ACTED_WITH]->(b)
```

知識グラフを :ACTED_WITH リレーションで拡充すれば、共演している俳優のネットワークを Neo4j Browser 上で簡単に可視化できます。図 7-2 に示す通りです。

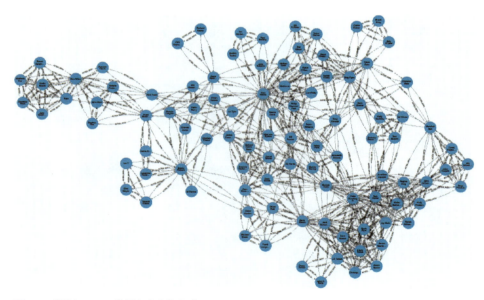

図 7-2：共演している俳優を表す部分グラフ

これで知識グラフの射影を作成する準備が整いました。6 章で扱ったように、射影は後続で実施する機械学習の基礎になります。リスト 7-4 に示す通り、射影の作成はプロシージャを呼び出すだけです。射影には名前を付ける必要がありますが、今回は actors-graph とい

う名前を付けることにします。また、任意のノードラベルとノードプロパティを指定する必要がありますが、今回は :Person ラベルを指定し、プロパティには空のプロパティ {} を指定します。最後に任意のリレーション型と向きを指定します。それぞれ :ACTED_WITH と :UNDIRECTED を指定します。

リスト7-4 共演している俳優の射影を作成する

```
CALL gds.graph.project(
  'actors-graph', {
    Person: {}
  }, {
    ACTED_WITH: {
      orientation: 'UNDIRECTED'
    }
  }
)
```

次はパイプラインを作成します。Cypher で CALL gds.beta.pipeline.linkPrediction.create('actors-pipeline') を実行するだけです。

さて、今度は機械学習モデルの訓練に使用するためのノードプロパティについて考える必要があります。訓練に使用するプロパティには、基礎となる知識グラフ上の既存のノードプロパティや、グラフアルゴリズムを実行して得られる新規のプロパティを選択できます。今回は、図 7-2 に示すトポロジーが重要です。したがって、このトポロジーをノードプロパティとしてエンコードし、パイプライン内の機械学習モデルがトポロジーの特徴量を活用できるようにします。

ノード埋め込みアルゴリズムを使用すれば、ノードの局所的なトポロジーを数値としてエンコードできます。Neo4j Graph Data Science には、Node2Vec や FastRP といったノードの埋め込み表現を計算する便利なアルゴリズムが存在します。リスト 7-5 では、FastRP アルゴリズムを設定し、射影内の各ノードの埋め込みを計算しています。各ノードには、パイプラインが実行された時点のノードの位置を数値にエンコードした embedding プロパティが追加されます。

リスト7-5 パイプラインを設定し、FastRP でノード埋め込みを作成する。作成したノード埋め込みをすべてのノードプロパティに追加する

```
CALL gds.beta.pipeline.linkPrediction.addNodeProperty(
  'actors-pipeline',
  'fastRP', {
    mutateProperty: 'embedding',
    embeddingDimension: 256,
    randomSeed: 42
  }
)
```

次はパイプラインの中でリンク特徴量を取り扱う部分の設定を行います。リンク特徴量はノードのペアを結び付ける1つの特徴量であり、トポロジカル機械学習では必須になります。

リンク特徴量に関する工程は、パイプラインを実行する訓練時とモデルが予測をする運用時のどちらのタイミングでも実行することになります

リスト 7-6 は addFeature プロシージャでリンク特徴量を追加する方法を示しています。addFeature にはパイプライン名とノードのペアが接続しているかどうかを判断するためのアルゴリズムを指定します。今回のケースでは cosine を選択しているため、リスト 7-5 で追加した embedding に対して**コサイン類似度**[†4]を算出します。embedding を表現している 2 つのベクトルが十分に近ければ、2 つのノードは接続していると考えます。なお、コサイン類似度以外のリンク特徴量のアルゴリズムには、**アダマール積**[†5]や **L2 ノルム**[†6]が存在します。いくつか実験を行ってみたところ、今回はコサイン類似度を使用すると最良の結果となることが分かったため、cosine を使用しています。

リスト 7-6 2 つのノードが接続しているかどうかを判断するリンク特徴量としてコサイン類似度を追加する

```
CALL gds.beta.pipeline.linkPrediction.addFeature(
  'actors-pipeline',
  'cosine', {
    nodeProperties: ['embedding']
  }
) YIELD featureSteps
```

予測モデルを訓練し、検証するには、正例と負例をパイプラインに与える必要があります。この処理はツールによって自動化されており、ユーザーは検証と訓練に使用するグラフの割合をそれぞれ指定するだけで正例、負例のサンプリングと訓練データの分割を行えます。リスト 7-7 に示す通りです。なお、これらの設定の手間を省くには、各パラメータの記述を省略することで、デフォルトの設定でデータを分割できます[†7]。

リスト 7-7 パイプラインで検証データと訓練データを分割する

```
CALL gds.beta.pipeline.linkPrediction.configureSplit(
  'actors-pipeline', {
    testFraction: 0.25,
    trainFraction: 0.6,
    validationFolds: 3
  }
)
```

[†4] https://en.wikipedia.org/wiki/Cosine_similarity

[†5] https://en.wikipedia.org/wiki/Hadamard_product_(matrices)

[†6] https://en.wikipedia.org/wiki/Euclidean_distance

[†7] ［訳注］パイプラインの挙動を確認する以外の目的での gds.beta.pipeline.linkPrediction.configureSplit のデフォルト引数での実行は推奨しません。testFraction と trainFraction のデフォルト値はどちらも 0.1 です。射影内に存在する 2 割の正例のみを使って訓練とテストが実行されるため、データ量にも依りますが、十分なデータを使った精度の高いモデルの構築や汎化性能の評価が難しくなります。

次はパイプラインに対して 1 つ以上のモデルの候補を追加する工程です。本書執筆時点では以下の 3 つが選択可能なモデルです。

- ロジスティック回帰
- ランダムフォレスト
- 多層パーセプトロン

これらのモデルは CALL gds.beta.pipeline.linkPrediction.addLogisticRegression('actors-pipeline') のようにプロシージャを呼び出すだけでパイプラインに追加できます。モデルがパイプラインに登録されれば、後は自動チューニングを行うだけです。自動チューニングの実行は、CALL gds.alpha.pipeline.linkPrediction.configureAutoTuning('actors-pipeline', {maxTrials: 100}) のようにプロシージャを呼び出すだけです。ここで指定している actors-pipeline はチューニング対象のパイプラインの名前であり、maxTrials はモデルが最適なパラメータを選択するまでに実行するチューニングの最大イテレーション回数です。なお、今回のような小規模なモデルであれば無視できる程度の計算時間ですが、大規模な機械学習パイプラインの場合は各イテレーションの実行に何分もかかる場合がある点に留意してください。

これでパイプラインで訓練を行う準備が整いました。しかし、本番サイズのデータセットで訓練を実行する前に、訓練時に必要なメモリ要件を確認すると良いでしょう。メモリ不足の恐れがある場合には、事前に十分なメモリを持つマシンを用意する判断ができます。リスト 7-8 に示すように、必要なメモリ容量はプロシージャを呼び出すだけで確認できます。

リスト 7-8 訓練タスクを実行するためのメモリが十分であるかを確認する

```
CALL gds.beta.pipeline.linkPrediction.train.estimate(
  'actors-graph', {
    pipeline: 'actors',
    modelName: 'actors-model',
    targetRelationshipType: 'ACTED_WITH'
  }
) YIELD requiredMemory
```

訓練を行うメモリ要件を充足していることが確認できれば、リスト 7-9 のようにモデルの訓練に移行できます。リスト 7-9 のコードでは、前に定義した設定でパイプラインをインスタンス化して訓練フェーズを実行し、actors-model というモデルを出力します。またモデルに加えて、訓練フェーズで算出される指標[8]も計算できます。この指標があれば、データサイエンティストがモデルの性質を評価しやすくなります。

---

[8] https://neo4j.com/docs/graph-data-science/current/machine-learning/linkprediction-pipelines/theory/#linkprediction-pipelines-metrics

リスト 7-9　訓練タスクを実行する

```
CALL gds.beta.pipeline.linkPrediction.train(
 'actors-graph', {
   pipeline: 'actors-pipeline',
   modelName: 'actors-model',
   metrics: ['AUCPR'],
   targetRelationshipType: 'ACTED_WITH',
   randomSeed: 73
 }
) YIELD modelInfo, modelSelectionStats
RETURN
 modelInfo.bestParameters AS winningModel,
 modelInfo.metrics.AUCPR.train.avg AS avgTrainScore,
 modelInfo.metrics.AUCPR.outerTrain AS outerTrainScore,
 modelInfo.metrics.AUCPR.test AS testScore, [
   cand IN modelSelectionStats.modelCandidates |
   cand.metrics.AUCPR.validation.avg
 ] AS validationScores
```

　訓練済みモデルが得られれば、モデルを予測に使用できます。予測を行うには、初めに予測対象となるグラフの射影をモデルに与える必要があります。リスト 7-10 の入力グラフ actors-input-graph-for-prediction は元の映画グラフから作成していますが、少し手を加えています。具体的には、Cypher によって架空の俳優を追加したり、いくつかの :ACTED_IN リレーションを削除しています。なお、本番運用であれば、実際の知識グラフに対して手を加えずに作成した射影を使用することになります。

リスト 7-10　モデルが予測を行う入力グラフを作成する

```
CALL gds.graph.project(
 'actors-input-graph-for-prediction', {
   Person: {}
 }, {
   ACTED_WITH: {
     orientation: 'UNDIRECTED'
   }
 }
)
```

　リスト 7-11 の通り、これでモデルが入力グラフに対して予測を行えるようになりました。パラメータの内容は以下の通りです。

- actors-input-graph-for-prediction：入力グラフとして使用する射影の名前を指定します。
- actors-model：リスト 7-9 で作成した訓練済みモデルの名前を指定します。
- relationshipTypes：予測の対象として :ACTED_WITH リレーションのみを指定します。
- mutateRelationshipType：一定の確信度が得られた場合に :SHOULD_ACT_WITH リレーションを射影に書き戻すように指定します。

- topN：推薦が必要な件数を指定します。
- threshold：推薦を行わない閾値を指定します。設定した値未満であれば推薦を行いません。今回の例では、エンドユーザー（配役を決める人）がすぐそこにいる想定の小規模な問題であったため、低い閾値を設定しています。しかし、実際の本番運用システムであれば、より高い閾値を設定し、低品質な予測が大量に生成されないようにすることが一般的です。

リスト 7-11　結果をグラフ射影に書き戻す

```
CALL gds.beta.pipeline.linkPrediction.predict.mutate(
  'actors-input-graph-for-prediction', {
    modelName: 'actors-model',
    relationshipTypes: ['ACTED_WITH'],
    mutateRelationshipType: 'SHOULD_ACT_WITH',
    topN: 20,
    threshold: 0.4
  }
) YIELD relationshipsWritten, samplingStats
```

リスト 7-11 のコードを実行すると、予測値が射影に書き込まれます。しかし、まだ推薦の結果は知識グラフには書き戻されていない点に注意してください。

モデルによる推薦結果を永続化させたくない場合には、単にプロシージャの呼び出しを gds.beta.pipeline.linkPrediction.predict.mutate から gds.beta.pipeline.linkPrediction.predict.stream に書き換え、mutateRelationshipType パラメータを削除するだけで済みます。これで射影を更新することなく、ユーザーに推薦結果を直接ストリームできます。

リスト 7-12 が推薦結果を永続化するコードです。リスト 7-12 では、初めに actors-input-graph-for-prediction 射影から :SHOULD_ACT_WITH リレーションをストリームしています。次にストリームされたリレーションから始点と終点であるノードのノード ID を取得し、ノードの特定に使用します。最後に特定したノードに対して MERGE 句を実行することで、推薦結果を基礎となる知識グラフに書き戻しています。

リスト 7-12　推薦結果を知識グラフ上に永続化する

```
CALL gds.beta.graph.relationships.stream(
  'actors-input-graph-for-prediction',
  ['SHOULD_ACT_WITH']
) YIELD sourceNodeId, targetNodeId
WITH gds.util.asNode(sourceNodeId) AS source,
     gds.util.asNode(targetNodeId) AS target
MERGE (source)-[:SHOULD_ACT_WITH]->(target)
```

最後の任意の工程として、知識グラフを整理する手順を紹介します。:SHOULD_ACT_WITH リレーションは対称的な概念であるため、特定の俳優間に 2 つの :SHOULD_ACT_WITH リレーションが存在する必要はありません。つまり、(a)-[:SHOULD_ACT_WITH]->(b) が存在すれば、(b)-[:SHOULD_ACT_WITH]->(a) は不要であるということです。このような観点で知識グラフを正規化するには、リスト 7-13 のような Cypher コードが使えます。

リスト 7-13 知識グラフの正規化

```
MATCH (a:Person)-[:SHOULD_ACT_WITH]->(b:Person)-[d:SHOULD_ACT_WITH]->(a)
// 特定のノードについて、最初に a、次に b として一致するパターンを防ぎ、
// すべてのリレーションを削除できるようにする
WHERE id(a) > id(b)
DELETE d
```

以上の手順をこなせば、拡充された知識グラフに対してクエリを実行できます。たとえば、リスト 7-14 のような単純な Cypher クエリを実行すれば、推薦結果を確認できます。このクエリは、モデルが予測した :SHOULD_ACT_WITH リレーションで接続された人物を見つけ、その人物の名前を返します。

リスト 7-14 知識グラフから共演者の推薦結果をクエリする

```
MATCH (a:Person)-[:SHOULD_ACT_WITH]->(b:Person)
RETURN a.name, b.name
```

リスト 7-14 を実行すると、表 7-1 のような結果が得られます。

表 7-1：共演者の推薦結果

	a.name	b.name
0	Naomie Harris	Emile Hirsch
1	Naomie Harris	John Goodman
2	Naomie Harris	Susan Sarandon
3	Naomie Harris	Matthew Fox
4	Naomie Harris	Christina Ricci
5	Danny DeVito	Demi Moore
6	Danny DeVito	Noah Wyle
7	Danny DeVito	Kevin Pollak
8	Danny DeVito	James Marshall
9	Danny DeVito	Christopher Guest
10	Danny DeVito	Aaron Sorkin
11	John C. Reilly	Demi Moore
12	John C. Reilly	Noah Wyle
13	John C. Reilly	Kevin Pollak
14	John C. Reilly	James Marshall
15	John C. Reilly	Christopher Guest

	a.name	b.name
16	John C. Reilly	Aaron Sorkin
17	Ed Harris	Sam Rockwell
18	Lori Petty	Julia Roberts

　推薦結果は機械学習モデルによって作成されたものですが、結果を知識グラフに永続化しておけば、それらを再利用し、組み合わせて様々な用途のクエリに活用できます。しかし、ユースケースにもよりますが、今まで示した工程を毎時、毎日、毎月などの頻度で定期的に実行し、データの鮮度を保つ必要がある点に留意してください。最後に、ここまで紹介した内容は開始地点に過ぎません。実際には、モデルの訓練に使用するプロパティ、特徴量エンジニアリング、そして評価指標の選定などに時間を割くことになります。AutoML も便利ですが、自前のモデルを構築するには依然として人間の知識と経験が役立ちます。

> **ヒント** グラフ内機械学習パイプラインで不十分な場合は、もちろん外部のツールに頼るという手段もあります。たとえば、TensorFlow、PyTorch、scikit-learn などのライブラリや Google の Vertex AI、Amazon の SageMaker、Microsoft の Azure Machine Learning などのクラウドサービスです。これらのツールを活用する場合、知識グラフから特徴量ベクトルを抜き出し、外部にホストされているモデルに入力することで訓練、検証を行います。実装の複雑度は増しますが、(自動、手動を問わず)実験や試行を通してこれらのツール・プラットフォームを十分に活用することで、より精度の高い機械学習モデルを構築できる可能性があります。精度の高い機械学習モデルを構築できれば、より精度高く知識グラフの拡充も行えます。

7.5 まとめ

　本章までで、知識グラフを洗練させるための技術詳細について解説しました。知識グラフの作成、作成した知識グラフへのクエリから、グラフアルゴリズムの適用、そしてグラフ機械学習を用いたデータの拡充に至るまで、扱った内容は多岐に渡ります。ここまで読み進めるのは、大変な道のりだったと思います。以降は、ここまでで学んだ技術スキルを特定の知識グラフのユースケースに適用していきます。まずは、企業内のデータを知識グラフにマッピングするユースケースを取り扱います。

8

メタデータ知識グラフ

　モダンな企業であれば至るところにデータが存在します。しかし、データがサイロ化していたり、不均一であったり、質もまちまちであったりするケースが多くあります。

　企業を経営する上で、データがどこに存在し、どのように処理され、誰が使用しているのかを把握しておくことは重要です。これはデータガバナンスの重要な要素であり、自身でデータにアクセスして利用するユーザーにとってもますます重要になっています。

　メタデータ知識グラフとは、データの形状と場所、データを処理するシステム、そしてその利用者を記録する企業全体を対象としたマップです。重要なのは、メタデータ知識グラフがデータと処理と利用者を結び付けるため、データの出所が明確になり、確認が容易になることです。たとえば、これにはコンプライアンスや規制準拠に関するニーズがあります。

　本章では、現代の企業におけるデータマネジメントとメタデータ知識グラフがデータマネジメントにどのように役立つかについて解説します。具体的には、メタデータ知識グラフを活用することで、現代の分散データ環境を（論理的に）再統合する方法や複雑なシステムアーキテクチャを制御する方法について解説します。解説にあたっては、典型的な企業を想定したエンドツーエンドな例を取り扱いますが、まずは一般的なデータマネジメントのモチベーションについて説明します。

8.1 分散データマネジメント

組織が進化していくにつれ、様々な部署がアプリケーションや処理を実装して自部署の課題を解決していきます。各部署が同一の情報を保存していることもあり、一部が重複、あるいはさらに悪い場合にはほぼすべてが重複したデータが各所に存在することも珍しくありません。

これらのシステムは、しばしば事業全体の知識体系化を考慮せずに実装されます。これは、個々の部署がシステムを所有していないか、または明確な所有者が存在していないために生じます。データが寄せ集めの状態では、カスタマージャーニーや大規模なプロジェクトの成功要因の理解が難しくなります。

メタデータ（データについて記述するデータ）は現代の情報システム管理において極めて重要な要素です。メタデータのマップは組織のデータエコシステム全体を見渡すレンズのような役割を果たし、企業全体にわたるデータ管理を行いやすくします。そのため、メタデータ知識グラフは情報アーキテクチャの中でもとても価値のある基盤層の役割を果たします。

一般的にデータ資産の質と鮮度は変わりやすいものですが、高品質なメタデータが存在すれば、異質、かつ大量のデータ資産の管理が行いやすくなります。これにより、データアナリスト、データサイエンティスト、機械学習エンジニアが正しいデータに素早くアクセスできるようになります。また、監査や規制に準拠する目的でのデータ資産の状態に関する説明も行いやすくなります。

しかし、メタデータの管理は従来より難易度の高い課題と見なされています。この課題に取り組むため、一部の大規模な組織では、知識グラフをバックエンドとするメタデータハブにデータを集約しています。

> **メタデータハブ**
>
> 知識グラフをバックエンドとするメタデータハブの流行は 2017 年頃から始まりました。GraphConnect Europe 2017 にて、Airbnb が「Democratizing Data at Airbnb（Airbnbにおけるデータの民主化）」[1] の題で Dataportal プラットフォームを発表したことがきっかけです。Airbnb に続いて Lyft がデータ発見メタデータエンジンである Amundsen[2] を、LinkedIn が Datahub[3] を発表しました。その後も、知識グラフをメタデータ管理に役立てる商用ソリューションが続々と登場しました。

メタデータを知識グラフで管理することによって恩恵を受けられるのは、大規模組織に限りません。「メタデータハブ」のような決まったフレームワークが存在すれば、メタデータ知

---

[1] https://medium.com/airbnb-engineering/democratizing-data-at-airbnb-852d76c51770

[2] https://eng.lyft.com/amundsen-lyfts-data-discovery-metadata-engine-62d27254fbb9

[3] https://www.linkedin.com/blog/engineering/data-management/datahub-popular-metadata-architectures-explained

識グラフはデータサイエンスやコンプライアンス、規制準拠を目的とした高水準な知識グラフシステムを構築する際に役立ちます。メタデータ知識グラフで扱うエンティティの種類は、モダンなデータスタックに存在する共通的なデータ資産です。具体的には、データセット、タスク・パイプライン、データシンクなどです。以降の節では、メタデータ知識グラフを構築する際の指針を示します。

8.2 データプラットフォームとデータセットの接続

テーブル、ドキュメント、ストリームなど任意のデータの集まりがデータセットに該当します。データセットはデータセットを処理、格納するシステムに接続しています。そして、データセットはデータセットの公開スキーマを説明するデータフィールドごとの説明文の集まりに分解できます。

図 8-1 は、顧客情報を含む Google BigQuery のテーブルを表現した部分グラフを表しています。:Dataset ノードは source リレーションを介して :DataPlatform ノードに接続されています。また、:Dataset ノードは 3 つの :Field ノードを持っています。

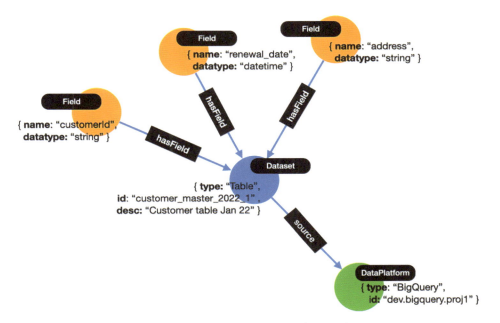

図 8-1：データセットとデータプラットフォームを含むメタデータモデル

図 8-1 のようにメタデータを組み込めば、システム内の実態通りに知識グラフにデータをマッピングできます。これにより、論理的に共通したレコードをシステム間で結び付けられるようになったり、あるシステムから得られた入力がタスク、パイプラインの処理によって別の出力になる過程を示せるようになります。

8.3　タスクとデータパイプライン

タスクとは、データ資産を処理する任意のデータジョブです。たとえば、CSV ファイル内の country フィールドの値を標準化する ETL タスクなどです。タスクはデータパイプライン、またはデータフローを形成する複数のチェーンにグループ化できます。図 8-2 のように、チェーンはタスクの実行順序を定義しているため、タスク間の依存関係を明確化できます。

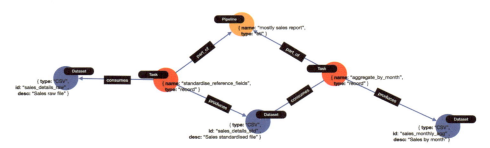

図 8-2：タスクとデータパイプライン

図 8-2 を見れば、システムから出力されたデータが他のシステムにどのように入力されるかを確認できます。したがって、コンプライアンスや規制準拠の観点でどのシステム、ユーザーがどのデータを扱っているかを把握でき、データの出所も容易に特定できます。また、パイプラインの始点と終点が特定できれば、図 8-1 のデータセットの部分にショートカットの接続を追記することもできます。

8.4　データシンク

データシンクは、最終的にデータを利用するあらゆるタスクを指します。たとえば、BI におけるデータ可視化や機械学習用の訓練データセットなどが該当します。前に説明したタスクと同様、データシンクもデータセットに接続されています、しかし、タスクとは異なり、データシンクは新たなデータセットの作成は行いません。メタデータグラフ上のすべての要素は、データドメインにリンクされ、所有者が存在し、用語カタログに結び付けられます。**用語カタログ**とは、企業内のオントロジー、用語集、その他の利用されている標準用語から関連するビジネス用語をまとめ、それぞれに説明や文書を添付したものです。

データシンクをデータに結び付けられれば、データを利用しているユーザー、システムが特定しやすくなります。これはシステム移行の計画時に役立ち、どのデータ、パイプラインが重要であるかも一目で分かるようになります。

8.5 メタデータグラフの例

　図 8-3 は、売上データを標準化し、月次集計を行うデータパイプラインを表現しています。3 つのデータセットが元々 CSV ファイルで管理されていた売上データを表現しています。運用システムから抜き出した生のデータセット（sales_details_raw）、生のデータセット内の一部のフィールドに標準化を行ったデータセット（sales_details_std）、そして月次集計を行ったデータセット（sales_monthly_agg）です。

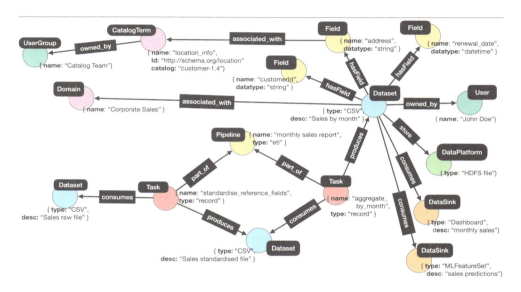

図 8-3：データパイプラインの全貌

　集計されたデータセットは 3 つの :Field ノード（customerId、address、renewal_date）を持っています。さらに address フィールドはカタログ用語の location_info に結び付いており、フィールドに地理情報を含んでいることを示唆しています。そしてカタログが Catalog Team によって所有されていることも分かります。

　データセット自体は所有者であるユーザーにも接続しています。この類のリレーションを定義する際には、単にデータセットを所有しているユーザーを特定できるようにするだけでなく、「データマネージャー」のようなユーザーの役割も併せて定義すると良いでしょう。最後に、集計されたデータセットは 2 つのデータシンクによって利用されます。データ可視化の用途を示す :Dashboard と機械学習パイプラインの用途を示す :MLFeatureSet です。

8.6 メタデータグラフモデルへのクエリ

図 8-3 のようなモデルを活用すれば、「顧客の位置情報を含む企業売上データの中で最も人気なデータセットはどれか？」のようなデータ発見型のクエリを実行できます。データセットの人気度を測る 1 つの方法は、データセットを利用しているデータシンクの数によってデータの用途を数え上げることです。この指標はリスト 8-1 に示す Cypher クエリをメタデータグラフに対して実行することで取得できます。

リスト 8-1 用途数によってデータセットの人気度を測る Cypher クエリ

```
MATCH (d:Dataset)
WHERE (d)-[:associated_with]->(:Domain {name: 'Corporate Sales'})
    AND (d)-[:has_field]->(:Field)-[:associated_with]->
        (:CatalogTerm {name: 'location_info'})
RETURN d.id AS dataset_id,
    d.desc AS dataset_desc,
    d.type AS dataset_type,
    count{ (d)<-[:consumes]-(d:DataSink) } AS dataset_usage_count
```

同様に、メタデータを探索することで、タスクが失敗した時の影響も評価できます。リスト 8-2 のクエリは、タスクが失敗した時に影響を受けるであろう用途（DataSink）とその用途の所有者をリストで返却します[4]。

リスト 8-2 データシンクとその所有者を返すクエリ

```
MATCH (t:Task)-[:produces|consumes*2..]-(:Dataset)<-[:consumes]-
    (s:DataSink)-[:owned_by]->(o)
WHERE t.name = 'standardise_reference_fields'
RETURN s.id AS affectedDataConsumerID,
    s.type AS affectedDataConsumerType,
    s.desc AS affectedDataConsumerDesc,
    o.id AS ownerID,
    o.name AS ownerName
```

メタデータ知識グラフを用いたもう 1 つの目的として**データリネージ**があります。グラフの視点からすれば、このユースケースは前の例と真逆です。データリネージの文脈で最も単純な問いは、「ダッシュボード X のデータソースはどのデータプラットフォームか？」などです。リスト 8-3 のような Cypher クエリで回答を得られます。

リスト 8-3 データリネージを示すシンプルなクエリ

```
MATCH (s:DataSink)-[:consumes]->
    (:Dataset)-[:produces|consumes*2..]->(raw:Dataset)-[:source]->
    (dp:DataPlatform)
WHERE s.type = 'Dashboard' AND s.id = 'X'
RETURN raw.id AS sourceDatasetID,
    raw.type AS sourceDatasetType,
```

---

[4] 影響分析については 11 章で詳しく扱います。

```
         dp.id AS sourcePlatformID,
         dp.type AS sourcePlatformType
```

　メタデータ管理の目的でデータセットに対して発生する問いはこの他にも多数存在します。もちろん、6 章のようにグラフアルゴリズムでグラフを分析し、チームとデータドメインとの強い繋がり（あるいは断絶）を明らかにすることも可能です。このような組織内のデータの流れを示すマップ、つまりメタデータ知識グラフを作成できれば、企業運営に役立つでしょう。

8.7　リレーションによるデータとメタデータの接続

　グラフ上の複数のエンティティの相互関係を記述するためにリレーションを使用します。たとえば、顧客ノードとサービスノードを :SUBSCRIBES_TO リレーションで接続することで、ある顧客があるサービスを購読している状態をグラフで表現できます。実は、リレーションは同一のグラフ上でデータとメタデータを接続することもできます。

　図 8-4 は 2 つの層でグラフを表しています。下の層は顧客と顧客が購読するサービスに関連するデータを表現しています。一方、上の層は顧客データと購読データの出所を記述したメタデータを表現しています。このメタデータを見れば、顧客情報が外部システムから得られたデータセットの一部である事実や、特定のデータマネージャーによって構成されている事実が分かります。

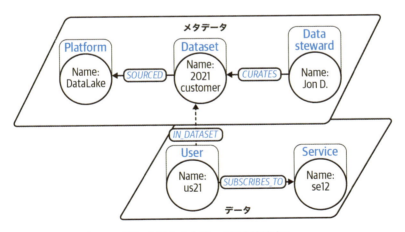

図 8-4：リレーションでデータ層とメタデータ層を接続する

　図 8-4 に示すような知識グラフを使えば、「サービス X を購読している顧客は？」のような質問に回答できるようになります。もちろん、回答に併せてデータの出所とメタデータも示すことで、より信頼性の高い回答もできます。重要な点として、データアーキテクトはこのようなメタデータグラフを、顧客データを含むソースシステムに干渉することなく、既存

のシステム上に別の層として構築できます。

　グローバルに接続されたデータのビューがあれば、多くの重要なユースケースに対応できます。たとえば、図8-4はグラフ上でのデータとメタデータの強力な連携を表しています。異なるシステムに分断された顧客情報の部分的なビューを接続し、顧客情報の完全なビューを構築できることが確認できるでしょう。得られた顧客の行動データ等で元の顧客情報のビューを拡充し、良い（悪い）顧客のパターンを検出し、各顧客パターンに合わせた対応を行えます。

　メタデータ知識グラフを構築する際は、ホストしているデータソースに接続され、適切に記述がまとめられているようなデータセットから始めると良いでしょう。また、次章以降のテクニックを使えば、語彙、タクソノミー、オントロジーと接続し、相互運用性を高められます。また、所有権や管理権などの情報を付与すれば、データガバナンスを強化し、データがどこから来ているか、どのシステム、個人がデータを扱っているのかという情報をマッピングできます。セマンティック検索をはじめとする一部のユースケースを実践する際には、メタデータグラフによって統合され、重複排除されたデータのビューが強固な基盤として役立ちます。

8.8 まとめ

　本章では、企業のデータ資産、処理、データの利用者を追跡するための基盤層としてメタデータグラフの表現方法を解説しました。知識グラフ上でデータとメタデータを統合し、データ自体と共にリレーションを定義することで、データに知識を含めることができました。また、メタデータ知識グラフを活用すれば、文章として明示的に存在しない用語を企業データから検索できました。

　メタデータ知識グラフを使用すると、企業全体に存在するデータ資産の発見、推測、管理が容易になります。これだけでも十分便利ですが、より発展的なユースケースの基礎としても役立ちます。次章では、発展的なユースケースとして詐欺師や異常、スキルを発見し推薦を行う例を取り扱います。

9

知識グラフと識別

　情報システムにおいて、人物や物を確度高く特定できることは事業の要になります。2つのレコードが与えられた時、両者が同一の物（人物、組織、場所など）を表しているか判断できるでしょうか。

　通常、異なるシステムのデータを統合する際にはこの問題が発生します。たとえば、あるシステム内に存在するレコードに対応するレコードが、別のシステム内に存在するかどうかを推論する必要がある場合です。一般的にこのような課題は、**エンティティ解決**や**マスターデータ管理**と呼ばれています。

　本章では、知識グラフを活用して識別の問題に取り組む方法を解説します。知識グラフのトポロジーによって複数のエンティティをリンクし、単一のゴールデンレコード[†1]のように対象の識別子を推論できるようにします。

[†1] ［訳注］主にデータエンジニアリング、データマネジメントの領域において、誰もが信頼して利用できる正確なレコード群のことをゴールデンレコードと呼びます。

9.1 顧客理解

私たちの身の回りには識別子、および識別子に起因する問題が多くあります。例を挙げます。Jane Coleman は、数年間にわたって銀行のクレジットカードの優良顧客です。

数ヶ月前、Jane は夫 Peter と結婚し、夫の姓に改姓しました。Jane Downe と Peter Downe は共同当座預金口座の所有者です。ここで、銀行は Jane Coleman と Jane Downe が同一人物である事実をどのように把握できるでしょうか。Jane には銀行に改姓の事実を伝える義務はありません。実際、旧姓を継続して使用し続けることも自由です。たとえば、医師など一部の職業では、旧姓を使用し続ける慣習は珍しくありません。

結局、Jane は既に開設しているクレジットカード口座の開設を促すダイレクトメッセージを定期的に受け取ることになりました。これは全くもって時間とお金の無駄です。Jane も気分が良いとは言えないでしょう。ここで、仮に Jane が詐欺師である場合を考えてみます。識別子を識別できなければ、彼女の行動をすべて取り締まることはできないでしょう。

一貫性のある強固な識別子が管理されていれば、異なるレコードも容易に接続できます。これは、データベースの実務者が一意識別子の存在を気にかける理由の 1 つでもあります。一意識別子の例としては、人間であればマイナンバーやパスポート番号、商品であれば SKU、企業であれば法人番号が挙げられます。

しかし、すべてが一意識別子のように単純ではありません。前に挙げた銀行の例のように、強固な識別子が存在しても、すべてのデータで一貫性が保てていない場合があります。たとえば、Jane はクレジットカード口座は運転免許証、共同預金口座はパスポートを使って開設したのかもしれません。

リスト 9-1 のデータは問題の典型例を示しています。1 行目と 2 行目は簡単にリンクできます。なぜなら、どちらも Passport に同一の値を持っており、Peter Downe と Peter J. Downe が同一人物である事実を確実に推測できるためです。

リスト 9-1 2 つのレコードが同一人物を表す

```
rowid, Source, AccountNo, Name, Passport, DriversLic, DOB
1, "Credit", 9918475, "Pete Downe", "VX83041",, 1987-03-12
2, "Current", 2436930, "Peter J. Downe", "VX83041",, 1987-03-12
3, "Credit", , "Jane Coleman", ,"49587640", 1989-10-28
4, "Current", 2436930, "Jane Downe", "RA14958", , 1989-10-28
```

リスト 9-1 の 3 行目と 4 行目の識別は極めて難しいです。両者は、異なる名前（Jane の旧姓と婚姻による改姓後の姓）であり、共通する英数字の識別子もありません。このデータのみでは、2 行がそれぞれ異なる 2 名の人物を表現していると判断せざるを得ないでしょう。

この問題は、強固な識別子が存在しない場合にはより困難な問題になります。そのような場合には、利用可能な特徴量やそれらの組み合わせを使用することで、2 つの類似したデータが同一のものを指しているかどうかを判断することになります。

9.2 識別の問題が顕在化するシナリオ

重複したデータに直面する可能性のあるシナリオはいくつかあります。以下はその一例です。

データ統合

おそらくこのシナリオが最も頻繁に直面するケースでしょう。異なるアプリケーションがそれぞれ別の目的、形状で同一のデータを保持している場合において、分析の目的で複数のシステムからのデータを頻繁に結合する必要があるようなケースです。売上管理、CRM、マーケティングなどを担うアプリケーションは、すべて顧客データを保持しています。場合によっては商品データ、イベントデータを保持していることもあります。しかし、それらのデータは個別に収集、管理されています。結果として、複数のシステムを横断した一貫性のある強固な識別子が存在せず、各レコードが異なる方法で特定、記述されることになります。

データが重複している問題を初めに解決しなければ、統合されたデータを対象にした任意の分析ワークロード（分析、レポーティング、予測モデルの構築など）の結果は信頼できないものになります。信頼できる単一のビューを作成するには、重複したレコードを特定し、マスターデータエンティティ（ゴールデンレコード）に統合する必要があります。

匿名の行動

広く一般に利用できる多くのシステムでは、認証をせずにシステムを利用できます。たとえば、通販サイトではログイン等をしなくても商品を探せるのが一般的でしょう。しかし、ユーザーを特定できる認証が存在しなくても、クリック履歴（クリックストリーム）などの行動ログや利用デバイスの情報を取得できます。この他にも、利用時間、クッキー識別子、ページ上でのナビゲーションの選択などの情報も取得できます。これらの情報は、行動パターンの特定、そして最終的にはユーザーやセッションを一意に特定する際に役立ちます。

意図的・詐欺的な重複

時には、悪意のあるユーザーによって重複したデータが意図的に作成されることがあります。たとえば、以下のようなケースです。

- 保険申込者が、住所や年齢などの情報を微調整することで、より有利な保険の見積もりを得ようとする。
- （より手の込んだケースとして）サービスの利用者が、偽のメールアドレスや名前などを使用して認証を行い、サービスのトライアルを何度も濫用する。
- 通販事業者が、同一商品の細かいバリエーションを一覧に複数掲載し、商品閲覧、そして最終的に購入される機会を最大化しようとする。

これらすべてのシナリオは、同一の基礎的な問題を共有しています。「2つのレコードが与えられた時、両者は同一のエンティティを指しているかどうか」です。

9.3 グラフを用いた段階的なエンティティ解決

エンティティ解決を行うには、以下の 3 つの基礎的な処理が必要です。

- データ準備
- エンティティマッチング
- マスターエンティティの永続レコードのまとめ上げ

本章で使用するサンプルデータはリスト 9-2 の通りです。個人情報を含む 3 つの重複するデータセットが存在し、これらの重複を排除して単一のビューに統合する必要があります。

リスト 9-2 3 つのサンプルファイル

```
file: ds1.csv
| system_id | full_name             | email                    | ssn           | passport_no | yob    |
| --------- | --------------------- | ------------------------ | ------------- | ----------- | ------ |
| "1_1"     | "Sidney Bernardy"     | "sbernardy0@va.gov"      | "252-13-7091" | "A465901"   | "1979" |
| "1_2"     | "Ernestine Ouchterlony"| "eouchterlony1@sun.com" | "557-21-3938" | "CF3586"    | "1999" |
| "1_3"     | "Cherish Gosnall"     | cgosnall2@google.com.br  | "422-45-7305" | "BS945813"  | "1983" |
| "1_4"     | "Husein Sprull"       | "hsprull3@va.gov"        | "123-03-8992" | "FG45867"   | "1980" |
| "1_5"     | "Jonathan Pedracci"   | "jpedraccig@gateway.com" | "581-96-2576" | null        | "1991" |

file: ds2.csv
| system_id | name                    | email                  | ssn           | passport_no | age  |
| --------- | ----------------------- | ---------------------- | ------------- | ----------- | ---- |
| "2_1"     | "Bernardy, Sydney Janne"| null                   | null          | "A465901"   | "44" |
| "2_2"     | "Gosnall, Cherise"      | "cgosnall@outlook.com" | "422-45-7305" | null        | "40" |

file: ds3.csv
| system_id | first_name | last_name | email                  | ssn           | passport_no | dob          |
| --------- | ---------- | --------- | ---------------------- | ------------- | ----------- | ------------ |
| "3_1"     | "Syd J"    | "Bernardy"| "sjb@gmail.com"        | "252-13-7091" | null        | "1979-05-13" |
| "3_2"     | "C"        | "Gosnall" | null                   | "422-45-7305" | null        | "1983-04-23" |
| "3_3"     | "Jon"      | "Pedracci"| "pedracci@outlook.com" | null          | "TH834501"  | "1991-12-05" |
| "3_4"     | "Hana"     | "Sprull"  | "hsprull3@va.gov"      | "465-63-9210" | null        | "1984-10-13" |
```

9.3.1 データ準備

データ準備の工程では、データが要求される品質を満たすようにデータ加工を行います。独立に管理されているシステムをソースとするデータセットが複数存在する時、異なるデータを比較するための整形が必要になります。たとえば、データの型や単位を揃える処理（距離を km に、価格をドルに、スコアを 0 から 1 の範囲に変換する処理）です。

すべてのデータが単一のデータソースに由来し、前掲の整形処理が不要である場合でも、エンティティマッチングの工程で利用するデータにはクレンジングや標準化などの処理を行い、データの品質を最大限高める必要があります。たとえば、文字列の "null" から null への置換、大文字や小文字、エンコーディングなどの文字列の書式の統一、不要な空白除去、複数の空白や特殊文字の除去などです。

初めに、データを知識グラフとしてモデリングし、グラフデータベースに格納します。各レコードが人物を表現しているため、モデルは単純なものになります。具体的には、各行を :Person ノード、各列をこのノードのプロパティとして扱います。ファイルの構造は酷似していますが、yob、age、dob など各ファイル特有の列が存在し、この差異がノードの構造に多様性をもたらします。なお、この段階でデータの構造が揃っていない点に問題はありません。エンティティマッチングの工程の前にこの問題に対処します。

リスト 9-3 は、各レコードを :Person ノードとして読み込む Cypher スクリプトです。このスクリプトは、ソースファイル内の構造（列）を取り込みます。また、データの出所を明らかにするために source というプロパティを追加しています。

> **補足** データ管理に単一の決まったやり方は存在しません。本工程で行った処理の一部は、データをグラフに読み込む前にも行えます。たとえば、データ準備として Python で pandas などを使って直接ファイルに処理を行ったり、ファイルの内容をテーブルに読み込んだ後にクラウド上のデータウェアハウスで SQL によるデータ変換を行うことも可能です。リスト 9-3 のスクリプトでは、（グラフとしてモデル化された後に抽出可能なグラフ特徴量を除いて）エンティティマッチングに適した形式でグラフデータベース管理システム（DBMS）にデータを読み込んでいます。どのようにデータ準備を行うかは、単純性、頑健性、性能の観点で検討すると良いでしょう。

リスト 9-3 個人データファイルの読み込み

```
LOAD CSV WITH HEADERS FROM 'file:///ds1.csv' AS row
CREATE (p:Person)
SET p.source = 'ds1', p += properties(row)

LOAD CSV WITH HEADERS FROM 'file:///ds2.csv' AS row
CREATE (p:Person)
SET p.source = 'ds2', p += properties(row);

LOAD CSV WITH HEADERS FROM 'file:///ds3.csv' AS row
CREATE (p:Person)
SET p.source = 'ds3', p += properties(row);
```

異なるファイルから生成されたノードで明らかに異なる点は、顧客の生年月日に関する情報の粒度です。1 つ目のデータセットは、誕生年を表す yob プロパティに 4 桁の文字列表現の年を保持しています[†2]。2 つ目のデータセットは age という文字列型のプロパティで顧客の現在の年齢を保持しています。3 つ目のデータセットは dob プロパティに顧客の完全な生年月日を文字列型で保持しています。エンティティマッチングの工程でこれらの情報を比較可能な状態にする上で、生年月日に関する最小公倍数的な情報は誕生年です。

[†2] LOAD CSV は文字列型としてデータを読み込みます。文字列型以外でデータを扱う場合には、toInteger() 関数などで型変換が必要です。

リスト 9-4 の Cypher スクリプトは、すべてのノードに整数型の `m_yob` という新しいプロパティを作成します。このプロパティは誕生年のマッチングをするために使用します。なお、`source` プロパティはデータソースに応じて適応する型変換のロジックを判断するために使用します。型変換のロジックは、数値変換の関数、日付関数、算術演算などであり、元のデータに対してこれらの処理を適用します。

リスト 9-4 個人データファイル内の日付の正規化

```
MATCH (p:Person)
WHERE p.source = 'ds1'
SET p.m_yob = toInteger(p.yob)

MATCH (p:Person)
WHERE p.source = 'ds2'
SET p.m_yob = date().year - toInteger(p.age)

MATCH (p:Person)
WHERE p.source = 'ds3'
SET p.m_yob = date(p.dob).year
```

データセットによって名前の格納方法が異なるため、名前の表記も合わせます。データセットはそれぞれ、姓名どちらも含む文字列、コンマ（,）で区切った文字列、姓と名を別々のフィールドに分けた文字列として名前を管理しています。リスト 9-5 の Cypher は、すべてのノードに `m_fullname` という文字列型の新しいプロパティを作成します。このプロパティは名、姓の順を標準とする名前の表現を格納し、姓名のマッチングに使用します。下記のスクリプトは `source` プロパティの値に応じて、`trim()`、`toLower()`、`split()` などの文字列関数を組み合わせたロジックを適用します。

リスト 9-5 個人データファイル内の名前の正規化

```
MATCH (p:Person)
WHERE p.source = 'ds1'
SET p.m_fullname = toLower(trim(p.full_name))

MATCH (p:Person)
WHERE p.source = 'ds2'
WITH p, split(p.name, ',') AS parts
SET p.m_fullname = toLower(trim(parts[1]) + ' ' + trim(parts[0]))

MATCH (p:Person)
WHERE p.source = 'ds3'
SET p.m_fullname = toLower(trim(p.first_name) + ' ' + trim(p.last_name))
```

データをグラフデータとして集約し、正規化を行ったら、マッチング規則を適用する準備の完了です。

> **ブロッキングキー**
>
> データ準備の工程でブロッキングキーを生成すべき場合があります。**ブロッキング**は、検索空間を削減してパフォーマンスを向上する技術です。データの重複を見つける場合、各レコードを他の各レコードと比較する処理が必要になりますが、この処理は n 個の要素を対象にするため、n^2 のオーダーの演算が必要になります。
>
> この処理の計算負荷を削減するには、マッチしそうもないペアの比較処理を避ける必要があります。これがブロッキングキーの役割です。
>
> 比較処理は、同一のブロッキングキーを持つ候補のみを対象に行います。場合によっては、特定のデータ項目をブロッキングキーとして使用できます。たとえば、郵便番号を使えば近い住所のエンティティのみを対象とした比較処理が行えます。
>
> 元のデータに郵便番号のようなブロッキングキーとして使用できる情報が存在しない場合もあります。その場合は、アルゴリズムや機械学習モデルなどを活用して、人工的にブロッキングキーを生成できます。

9.3.2 エンティティマッチング

マッチングはエンティティを特定するロジックを適用する工程であり、エンティティ解決を行う際の中心的な処理です。事業ドメイン知識に基づき、2つのエンティティを同一と判断する際の基準を近似的に定義します。データ準備の工程で前処理を行った特徴量に対して、複数の規則を適用することによって同一性を判断します。この際、適用する規則の複雑度は場合によって大きく変わります。多くの場合は完全一致によって強固な識別子を作成しますが、（数値、日付、埋め込みなどの）距離に基づいた一致の近似や、（文字列の類似度、値の近似値などによる）曖昧性を考慮する場合もあります。規則によっては、強固な識別子のような明確なマッチングや確率的なスコアによるマッチングが得られる場合もあります。

以下のアルゴリズムは、マッチング規則を適用する手順の一例です。

1. 強固な識別子の特徴量を持つノード間に :SAME_AS リレーションを作成する。

2. 弱い識別子の特徴量に関して、類似スコアが閾値以上となるノード間に、そのスコアを重みとした :SIMILAR リレーションを作成する。ただし、:SAME_AS リレーションが存在するノード間には :SIMILAR リレーションを作成しない。:SIMILAR リレーションの重みが類似スコアになる。

3. 強固な識別子の特徴量のうち、1つでもマッチしない特徴量が存在する場合には、:SIMILAR リレーションを削除する。

4. 非識別子の特徴量に一定以上のマッチ率が確認できる場合は、:SIMILAR リレーションに修正係数を適用する。

5. 閾値未満の類似スコアを持つ :SIMILAR リレーションを削除する。

これらの手順を通して、関連するノードが :SAME_AS リレーションや :SIMILAR リレーションで接続されたグラフが生成されます。そして、これらのリレーションで接続されたノードが一意のエンティティを特定します。前掲の4つの手順は暗に3種類の特徴量を定義しています。強固な識別子の特徴量、弱い識別子の特徴量、そして非識別子の特徴量です。

リスト 9-6 では、データセット内の強固な識別子として、パスポート番号 passport_no と社会保障番号 ssn を使用しています。手順1として、これらの強固な識別子に同一の値を持つ :Person ノードのペアの間に :SAME_AS リレーションを作成します。

リスト中の id(p1) > id(p2) の条件は、p1 と p2 の比較をすれば不要である p2 と p1 の比較を避けるための絞り込みです。これは、p1 と p2 が同一であれば p2 と p1 も同一であるという点で :SAME_AS リレーションが対称的であるためです。したがって、両方の向きで比較を行い、2つの :SAME_AS リレーションを作成する必要はありません。

リスト 9-6 強固な識別子でマッチしたノード間に :SAME_AS リレーションを作成する

```
MATCH (p1:Person), (p2:Person)
WHERE p1.source <> p2.source
      AND (p1.ssn = p2.ssn OR p1.passport_no = p2.passport_no)
      AND id(p1) > id(p2)
CREATE (p1)-[:SAME_AS {ssn_match: p1.ssn = p2.ssn,
                       passport_match: p1.passport_no = p2.passport_no}]->(p2)
```

リスト 9-7 のスクリプトは、弱い識別子の特徴量を利用する手順2の実装です。m_fullname プロパティは、複数のデータソースから得られた名前を組み合わせて標準化した弱い識別子の特徴量です。通常、名前が一致していても2人の人物を同一人物と判断するには十分ではありません。そのため、名前の特徴量は補助的な識別子として扱い、一定閾値以上のマッチが確認できた場合のみ :SIMILAR リレーションを作成します。リスト 9-7 では、文字列の類似度を測る指標として **Jaro-Winkler 距離**[3] を使用しています。算出された距離が 0.2 未満であればリレーションを作成し、作成したリレーションの sim_score プロパティに類似スコアを追加します。なお、リストでは閾値として 0.2 を使用していますが、ユースケースによっては、閾値を調整すると良いでしょう。

リスト 9-7 弱い識別子でマッチしたノード間に :SIMILAR リレーションを作成する

```
MATCH (p1:Person), (p2:Person)
WHERE NOT (p1)-[:SAME_AS]-(p2)
      AND p1.source <> p2.source
      AND id(p1) > id(p2)
      AND apoc.text.jaroWinklerDistance(p1.m_fullname, p2.m_fullname) < 0.2
CREATE (p1)-[:SIMILAR {
        sim_score: 1 - apoc.text.jaroWinklerDistance(
          p1.m_fullname,
          p2.m_fullname)
      }]->(p2)
```

---

[3] https://ja.wikipedia.org/wiki/ジャロ・ウィンクラー距離

Jaro-Winkler 距離は類似度ではなく距離を算出するため、指標を反対に扱う必要があります。つまり、閾値を超える場合ではなく距離が一定の閾値を下回る場合に、2 つのノードを類似していると見なし、リレーションを作成します。

:SIMILAR リレーションの類似度を表す類似スコア sim_score には、1 から Jaro-Winkler 距離を引いた値を設定しています。指標として使用するスコアのセマンティクスに一貫性を保ち、後で比較や再利用ができるようにしておくと良いでしょう。リスト 9-7 の類似スコアは 0.0 から 1.0 の範囲の値を取り、高い値ほど強い類似性を示します。

手順 3 では、弱い識別子の特徴量から検出した類似性、つまり :SIMILAR リレーションの絞り込みを行います。具体的には、強固な識別子の特徴量に乖離が生じているエンティティの間から :SIMILAR リレーションを削除します。この絞り込みは、リスト 9-8 の Cypher スクリプトで行えます。

リスト 9-8 強固な識別子の特徴量で差異が生じている場合に、弱い識別子の特徴量でマッチしたノード間の :SIMILAR リレーションを削除する

```
MATCH (p1:Person)-[sim:SIMILAR]->(p2:Person)
WHERE p1.ssn <> p2.ssn OR p1.passport_no <> p2.passport_no
DELETE sim
```

手順 4 では、:SIMILAR リレーション内の重みに修正係数を適用します。リスト 9-9 は修正係数を適用する例です。:SIMILAR リレーションの両端に存在するノードが持つ誕生年 m_yob の類似性によって類似スコアを増減します。今回の例では、誕生年は非識別子の特徴量に該当します。

手順 3、手順 4 のロジックは手順 2 と共に実装することもできます。一度の処理で済ませることで、場合によってはパフォーマンスの向上が図れます。一方で、各手順を実行した際の詳細な影響が分かる情報が得られなくなる点が欠点です。本章では解釈性を重視し、各手順を分けて実行しています。

リスト 9-9 は、abs(p1.m_yob - p2.m_yob) で得られる誕生年の差の絶対値と $yob_threshold で指定する閾値に基づいて処理を行います。誕生年が大きく異なる場合には類似スコアを 10% 減衰し、それ以外の場合は類似スコアを 10% 増強します。ユースケースに応じて、このような調整を行う処理の内容を洗練させると良いでしょう。

リスト 9-9 弱い識別子でのみマッチしているノード間の :SIMILAR リレーションを増強、減衰する

```
MATCH (p1:Person)-[sim:SIMILAR]->(p2:Person)
WITH sim, abs(p1.m_yob - p2.m_yob) AS yob_diff
SET sim.sim_score = sim.sim_score * (
        CASE
          WHEN yob_diff > $yob_threshold THEN .9
          ELSE 1.1
        END
    )
```

手順5では、前の手順の修正係数を適用した後、類似スコアが一定未満である:SIMILAR
リレーションを削除します。リスト9-10では、Cypherによってこの手順を実行しています。

リスト 9-10　類似スコアが一定未満である場合、弱い識別子でマッチしたノード間の :SIMILAR
リレーションを削除する

```
MATCH (p1:Person)-[sim:SIMILAR]->(p2:Person)
WHERE sim.sim_score < $sim_score_threshold
DELETE sim
```

5つの手順を経て生成されたグラフは図9-1の通りです。

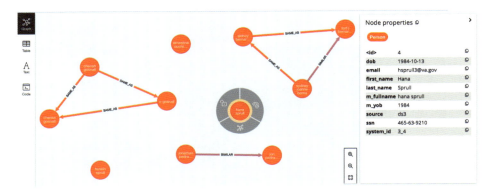

図 9-1：マッチング規則を適用したグラフ

　手順2で作成され、手順3で削除される:SIMILARリレーションが存在する場合がある点
に留意してください。本章で使用している例の中では、Husein SprullとHana Sprullがこ
のケースに該当します。手順2を実行すると、両ノードの名前が類似しているため、リレー
ションが作成されます。しかし、両ノードの社会保障番号は一致していないため、手順3で
リレーションが削除されます。これらの一連の流れは図9-2の通りです。

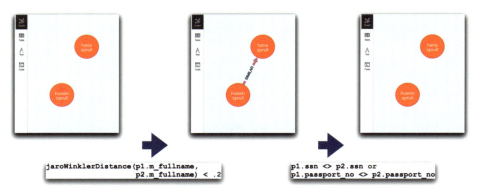

図 9-2：:SIMILAR リレーションの追加と削除

次項では、図 9-1 内のグラフのトポロジーを分析し、関連するエンティティを特定します。

9.3.3 マスターエンティティの永続レコードの構築と更新

関連するエンティティを識別し、グラフ上のリレーションとして明示した後、**マスターエンティティ**と呼ばれる永続的な表現を作成します。このステップは、実質的にはマッチング規則を適用して作成された :SAME_AS リレーションや :SIMILAR リレーションを使って、グラフ上で接続しているノードを検出する作業を意味します。

検出されたすべてのノードは連結成分を形成しており、これらの各成分が一意のエンティティになります。このような成分を検出するには、Weakly Connected Components (WCC) アルゴリズムが活用できます。アルゴリズムの名前に含まれる「weakly（弱い）」は、このアルゴリズムが無向グラフに対して機能することに由来しています。今回の場合、:SAME_AS リレーションや :SIMILAR リレーションは向きに意味を持たず、対称的であるため、無向グラフを想定している WCC アルゴリズムの仕組みは今回の目的に合致します。

6 章で学んだ内容でアルゴリズムを実行します。アルゴリズムを適用するための前提条件は、対象の部分グラフの射影をメモリ内に作成することです。リスト 9-11 の通りです。

> **リスト 9-11** :Person ノードと :SIMILAR リレーション、:SAME_AS リレーションの射影を作成する

```
CALL gds.graph.project('identity-wcc', 'Person', ['SAME_AS', 'SIMILAR'])
```

射影したグラフは、すべての :Person ノードと :SAME_AS リレーション、:SIMILAR リレーションを含み、identity-wcc の名前でカタログに追加されます。WCC アルゴリズムの初回の実行は、リスト 9-12 のようにストリームモードで行ってみます。つまり、グラフへの結果の永続化は行わず、結果のストリームにとどめます。カタログに登録されている射影の名前を指定し、アルゴリズムを呼び出します。

> **リスト 9-12** WCC アルゴリズムを実行し、同一の識別グループに含まれるノードを特定する

```
CALL gds.wcc.stream('identity-wcc') YIELD nodeId, componentId
WITH gds.util.asNode(nodeId) AS person, componentId AS golden_id
RETURN golden_id, person.m_fullname, person.passport_no, person.ssn
ORDER BY golden_id
```

リスト 9-12 を実行すると、連結成分ごとに識別子が生成されます。結果が分かりやすいように、各成分内に含まれるノードの詳細をリスト 9-13 に示します。

リスト 9-13　WCC アルゴリズムの実行結果

"golden_id"	"person.m_fullname"	"person.passport_no"	"person.ssn"
0	"sidney joanne bernardy"	"A465901"	null
0	"sj bernardy"	null	"252-13-7091"
0	"sidney bernardy"	"A465901"	"252-13-7091"
1	"cherise gosnall"	null	"422-45-7305"
1	"c gosnall"	null	"422-45-7305"
1	"cherish gosnall"	"BS945813"	"422-45-7305"
4	"jon pedracci"	"TH834501"	null
4	"jonathan pedracci"	null	"581-96-2576"
5	"hana sprull"	null	"465-63-9210"
7	"ernestine ouchterlony"	"CF3586"	"557-21-3938"
9	"husein sprull"	"FG45867"	"123-03-8992"

　ストリームの結果に問題がなければ、結果を知識グラフに永続化します。永続化するには、**書き込み**モードでアルゴリズムを実行する `gds.wcc.write` を使用します。アルゴリズムを実行すると連結成分ごとに各ノードに識別子が付与されるため、付与された識別子からマスターエンティティを作成できます。

　リスト 9-14 の Cypher スクリプトでは、代わりに**ストリーム**モードのアルゴリズムの出力を使用し、連結成分に対する独自の永続的表現を作成しています。作成される部分グラフはそれ自体がマスターエンティティ（ゴールデンレコード）になります。さらに、スクリプトの最後では、マッチしたすべてのレコードをマスターエンティティに接続し、どのデータからマスターエンティティが作成されたかを追跡できるようにしています。

リスト 9-14　WCC アルゴリズムの実行結果からエンティティノード（ゴールデンレコード）を作成し、元のノードにリンクする

```
CALL gds.wcc.stream('identity-wcc') YIELD nodeId, componentId
WITH gds.util.asNode(nodeId) AS person, componentId AS golden_id
MERGE (pg:PersonMaster {uid: golden_id})
  ON CREATE SET pg.fullname = person.m_fullname,
                pg.ssn = person.ssn,
                pd.passport_no = person.passport_no
  ON MATCH SET pg.ssn = coalesce(pg.ssn, person.ssn),
               pg.passport_no = coalesce(pg.passport_no, person.passport_no)
MERGE (pg)-[:HAS_REFERENCE]->(person)
```

　エンティティノードを作成し、元のデータへの参照もリンクすれば、グラフは図 9-3 のようになります。

9.3 グラフを用いた段階的なエンティティ解決　　143

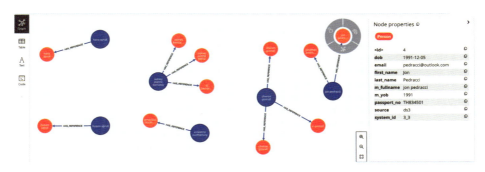

図 9-3：各連結成分がマスターエンティティを定義している

　図 9-3 のようなグラフにクエリすれば、データソース別のすべての詳細を含むマスターエンティティのビューを作成できます。リスト 9-15 がビューを作成する際のクエリの例です。

リスト 9-15　マスターエンティティにクエリし、関連するすべての参照の概要を取得する

```
MATCH (p:PersonMaster)-[:HAS_REFERENCE]->(ref)
WHERE p.passport_no = 'A465901'
WITH p, collect({source: ref.source, details: properties(ref)}) AS refs
RETURN {master_entity_id: p.uid, references: refs}
```

　相互運用性を考慮して、JSON 形式の結果を Cypher クエリから直接得ることもできます。リスト 9-16 の通りです。

リスト 9-16　マスターエンティティを集計したビューの JSON

```
{
    "master_entity_id": 1,
    "references": [
        {
            "details": {
                "m_fullname": "sydney joanne bernardy",
                "system_id": "2_1",
                "m_yob": 1979,
                "name": "Bernardy, Sydney Joanne",
                "passport_no": "A465901",
                "source": "ds2",
                "age": "44"
            },
            "source": "ds2"
        },
        {
            "details": {
                "m_fullname": "sidney bernardy",
                "full_name": "Sidney Bernardy",
                "system_id": "1_1",
                "m_yob": 1979,
                "passport_no": "A465901",
                "source": "ds1",
```

```
            "yob": "1979",
            "email": "sbernardy0@va.gov",
            "ssn": "252-13-7091"
        },
        "source": "ds1"
    },
    {
        "details": {
            "m_fullname": "syd j bernardy",
            "dob": "1979-05-13",
            "system_id": "3_1",
            "m_yob": 1979,
            "last_name": "Bernardy",
            "source": "ds3",
            "first_name": "Syd J",
            "email": "sjb@gmail.com",
            "ssn": "252-13-7091"
        },
        "source": "ds3"
    }
]
}
```

　最後に注記すべき重要な点が2つあります。

　エンティティ解決の対象とするデータソースの内容は日々変化します。エンティティ解決の処理は一度きりの作業ではなく、将来にわたって反復的に行う必要があります。ここで、重複排除を行うデータセットが大規模な場合、データの更新が発生した際には、完全に新しいデータセットを取得するのではなく、一定の間隔で差分(新しい要素、削除された要素)を取得することが一般的です。しかし、新しいデータの追加や削除は、既に得られているマッチング結果に影響を与える可能性が存在するため、事態がやや複雑になります。マッチング結果が変わるということは、新しい連結成分が出来上がったり、既存の連結成分に変更が生じる可能性があるということです。これに対応するには、生じた差分のうち、削除された要素をグラフから削除する追加の手順が必要になります。

　グラフから得られる情報を使ってエンティティ解決の結果を改善できるケースは多くあります。たとえば、リレーションや近傍のノードが持つプロパティを含めることで、エンティティ解決の手法を拡張できます。また、次数、中心性、その他のグラフ特徴量などの構造的な指標も考慮できます。これらの特徴量を手作業で作らずにエンティティ解決に活用できるという点は、グラフの強力な特徴の1つでしょう。

9.4 非構造データへの対処

データに強固な識別子が存在しない場合、弱い識別子や非識別子の特徴量のみを使用して、より洗練されたエンティティ解決を行う必要があります。このようなケースはテキストデータを扱う際に多く発生しますが、前節では文字列の類似度のみを活用して対処しました。本節では、グラフの構造を活用した対処方法を紹介します。

Amazon-Google 製品カタログデータセット[4] は、非構造データを対象としたエンティティ解決の手法を示す上で最適なデータセットです。このデータセットには Amazon.com の 1,363 点の製品情報と Google の 3,226 点の製品情報が含まれています。2 つのデータソースには、製品名、製品情報、製造者、価格の属性が共通して存在します。CSV ファイルからデータを読み込んでみます。リスト 9-17 の通りです。

リスト 9-17 製品データの読み込み

```
LOAD CSV WITH HEADERS FROM 'file:///amz.csv' AS row
CREATE (p:Product {sid: row.id})
SET p.source = 'AMZ', p += properties(row)

LOAD CSV WITH HEADERS FROM 'file:///ggl.csv' AS row
CREATE (p:Product {sid: row.id})
SET p.source = 'GGL', p += properties(row)
```

データ準備の工程では、小文字にして英数字以外の文字を削除（replace(tolower(p.name), '[^a-zA-Z0-9]', ' ')）した後、製品名を複数の単語に分けてトークン化します。今回は、スペースで単語の区切りが行えるという前提[5] で split 関数を使用しています。もちろん、NLTK、spaCy、HuggingFace などの自然言語処理パッケージ[6] に含まれる関数でもトークン化は行えます。データ準備を行う Cypher スクリプトはリスト 9-18 の通りです。

---

[4] https://dbs.uni-leipzig.de/research/projects/benchmark-datasets-for-entity-resolution

[5] ［訳注］日本語の場合、空白を単語の区切りと見なすことは妥当ではないため、本文に後述する自然言語処理パッケージなどによるトークン化やわかち書きが必要になります。また、どの言語においても、分割後の単語をノードにすることを考慮すると、前処理として助詞を除いたり、レンマ化（単語の基本形への変換）を行うと良いでしょう。

[6] ［訳注］日本語の場合は、MeCab (https://taku910.github.io/mecab/) なども候補に挙がるでしょう。

リスト 9-18 製品名を正規化し、単語を抽出する

```
CREATE INDEX FOR (w:Word) ON w.txt

MATCH (p:Product {source: 'GGL'})
UNWIND [
  x in split(
    apoc.text.replace(
      tolower(p.name),
      '[^a-zA-Z0-9]',
      ' '
    ),
    ' '
  ) WHERE x <> ''
] AS txt
MERGE (w:Word {txt: txt})
MERGE (p)-[:includes]->(w)

MATCH (p:Product {source : 'AMZ'})
UNWIND [
  x in split(
    apoc.text.replace(
      tolower(p.title),
      '[^a-zA-Z0-9]',
      ' '
    ),
    ' '
  ) WHERE x <> ''
] AS txt
MERGE (w:Word {txt: txt})
MERGE (p)-[:includes]->(w)
```

　コードを実行すると、製品を表すノードと単語を表すノードを含むグラフが構築されます。今回は、製品のノードがエンティティマッチングを行う対象です。ネットワークを可視化すると、図 9-4 のようになります。複数の製品が一部の単語を共有していることが確認できるでしょう。

　次は、図 9-4 のグラフに対して構造を考慮した類似性アルゴリズムを実行します。ノード類似性アルゴリズムは、接続しているノードを考慮してノードを比較します。つまり、ある 2 つのノードが同一の隣接したノードを多数共有する時、両ノードを類似していると判断します。今回の例では、製品名に含まれる単語をどれだけ共有しているかを考慮することになります。アルゴリズムは、Jaccard 係数（Jaccard 類似スコア）や Simpson 係数（Szymkiewicz-Simpson 係数）によって、ノードペアごとの類似度を算出します。

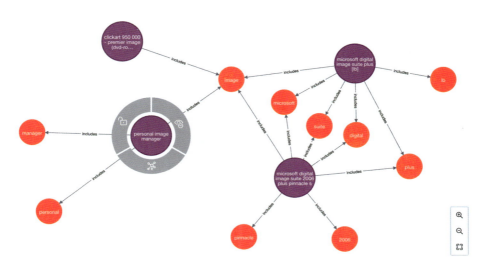

図 9-4：製品のノードと商品説明内の単語を表すノードが接続されている

リスト 9-19 では、アルゴリズムを実行するためにメモリ内にグラフの射影を作成しています。作成する射影は、製品と単語を含む二部グラフになります。実装上、メモリ効率が高度に最適化されているため、普段使いのハードウェアで十億単位のノードを持つグラフを扱う場合でも、高いパフォーマンスで処理できます。

リスト 9-19 製品名でマッチングを行い、射影を作成する

```
CALL gds.graph.project('identity-sim', ['Product', 'Word'], ['includes'])
```

次に、射影に対してアルゴリズムを実行します。アルゴリズムには、類似性の判定を打ち切る閾値（similarityCutoff: 0.8）を設定でき、類似度の高さが十分ではないケースを破棄できます。デフォルトでは、gds.nodeSimilarity は Jaccard 係数で類似度を算出しますが、similarityMetric: 'OVERLAP' を指定すれば、代わりに Simpson 係数で類似度を算出できます。リスト 9-20 によってストリームモードでアルゴリズムを実行すると、リスト 9-21 の表に示す結果が得られます。

リスト 9-20 射影に対して類似性アルゴリズムを実行する

```
CALL gds.nodeSimilarity.stream('identity-sim', {similarityCutoff: 0.8}) YIELD
node1, node2, similarity
WITH similarity,
     gds.util.asNode(node1) as node1,
     gsd.util.asNode(node2) as node2
WHERE node1.source = 'GGL' AND node2.source = 'AMZ'
RETURN similarity AS tk_sim,
       apoc.text.jaroWinklerDistance(node1.name, node2.title) AS str_sim,
       node1.name AS Prod1,
       node2.title AS Prod2
```

結果はリスト 9-21 の通りです。Jaro-Winkler 距離によって算出された文字列の類似スコアを併記することで、トークンベースのアプローチの方がより頑健であることを示しています。たとえば、`apple apple mac os x server 10 4 7 10 client` と `mac os x server v10.4.7 10-client` を見比べてみてください。製品名の表記の差異が軽微な場合であっても、文字列の類似度の観点では大きな影響が生じることがあります。ユースケースによっては、閾値を高く設定してしまい、類似性の判定を誤ることもあるでしょう。

リスト 9-21 類似性アルゴリズムを実行して得られたエンティティマッチングの結果

```
| tk_sim | str_sim | Prod1                          | Prod2                            |
| ------ | ------- | ------------------------------ | -------------------------------- |
| 0.8    | 0.7969  | "allume internet cleanup       | "internet cleanup 3.0"           |
|        |         | 3.0"                           |                                  |
| 0.8    | 0.7831  | "marware project x project     | "project x project               |
|        |         | management software"           | management software"             |
| 0.8    | 0.7703  | "allume morpheus photo         | "morpheus photo animation        |
|        |         | animation suite"               | suite"                           |
| 0.8    | 0.7627  | "mobile media converter        | "pinnacle mobile media           |
|        |         | (pc) pinnacle"                 | converter"                       |
| 0.8    | 0.7593  | "extensis suitcase fusion      | "suitcase fusion 1u box"         |
|        |         | 1u box"                        |                                  |
| 0.8    | 0.7423  | "sp linux we 50 lic/cd         | "hp sp linux we 50 lic/cd        |
|        |         | 3.0c"                          | 3.0c ( t3586a )"                 |
| 0.8    | 0.7423  | "sp linux we 50 lic/cd         | "hp sp linux we 50 lic/cd        |
|        |         | 3.0c"                          | 3.0c ( t3586a )"                 |
| 0.8    | 0.7406  | "serverlock manager - 100      | "watchguard serverlock           |
|        |         | servers"                       | manager (100 servers)"           |
| 0.8    | 0.7234  | "print shop deluxe 21"         | "broderbund print shop 21        |
|        |         |                                | deluxe"                          |
| 0.8    | 0.6965  | "apple apple mac os x          | "mac os x server v10.4.7         |
|        |         | server 10 4 7 10 client"       | 10-client"                       |
```

製品名は弱い識別子の特徴量であるため、`:SIMILAR` リレーションを作成します。リスト 9-22 は、ノード類似性アルゴリズムによって算出した類似スコアによってリレーションを作成しています。

リスト 9-22 製品名を用いたマッチング

```
CALL gds.nodeSimilarity.stream('identity-sim', {similarityCutoff: 0.8}) YIELD
node1, node2, similarity
WITH similarity,
     gds.util.asNode(node1) as node1,
     gsd.util.asNode(node2) as node2
WHERE node1.source = 'GGL' AND node2.source = 'AMZ'
MERGE (node1)-[:SIMILAR {sim_score: similarity}]->(node2)
```

これで、連結成分単位でエンティティのマッチングを行うグラフの構築・運用が行えるようになります。

> ### ケーススタディ：Meredith Corporation のエンティティ識別の知識グラフ
>
> 　Meredith Corporation は年商 32 億ドルのメディア複合企業です。Meredith は「Parents」、「People」、「Real Simple」、「Coastal Living」など 30 以上のトップ消費者ブランドを擁しており、ドットコム、アプリ、ウェブサイト、ポッドキャスト、ビデオなど多岐にわたるデジタル媒体によって、月間 1 億 8,000 万人以上のユーザーにリーチしています。
>
> 　Meredith は、ユーザーにパーソナライズした最適なコンテンツを 1 日を通して提供しようとしました。これを実現するにはユーザーについて深く知る必要がありますが、ほとんどのユーザーがログインしていない場合には困難が伴います。
>
> 　Meredith は、ユーザーのデバイスに残る一意のクッキーを使って、匿名のユーザーを特定していました。しかし、クッキーが消滅したケース、複数のデバイスが使用されているケース、デフォルトでクッキーをブロックするブラウザが使用されているケースでは、360 度顧客ビューの実現が困難でした。また、たとえこれらの課題が存在しなくとも、クッキーの存続期間は短いという問題点があります。
>
> 　グラフクエリは大規模なグラフに対しても高速に結果を得ることができ、同一のクエリを繰り返し実行してユーザープロファイルを構築できます。しかし、グラフアルゴリズムをグラフ全体に対して実行する方が良いでしょう。
>
> 　Meredith のデータサイエンスチームは、大規模なグラフに対して WCC アルゴリズムを実行し、一意の部分グラフ (連結成分) を特定しました。本番環境の Meredith のエンティティ識別のグラフは、内部、外部のデータソースから 20 ヶ月分以上のユーザーデータを組み込んでいました。知識グラフは、300 億個のノード、670 億個のプロパティ、350 億個のリレーションから構成されており、合計 4.4 テラバイト以上のデータを保持していました。
>
> 　ユーザープロファイルを使用することによって、顧客接点の平均期間はクッキーを使用していた時の 14 日間から 241 日間へと大きく伸びました。平均顧客訪問回数も 1 クッキーあたり 4 回から 1 プロファイルあたり 23.8 回に増加しました。
>
> 　結果として、異なる興味や行動パターンを持つ一意の個人と見なされていた約 3 億 5,000 万人のプロファイルが、より情報が多く正確な 1 億 6,300 万人のプロファイルに統合されました。ユーザーの興味や嗜好を詳細に把握できるようになったことで、より強力なモデルの構築が行えるようになりました。最終的には、より関連の高いコンテンツの推薦が行えるようになり、長期にわたる再訪ユーザー数の増加を実現しました。
>
> 　Meredith は次のようにコメントしています。「各クッキーを見るのではなく、時期をまたいでデータがどのように接続しているかを見ることで、顧客理解の程度を 20% から 30% まで改善しました。暗闇の中で顧客と向き合っていた時と比べ、顧客をより理解できるようになりました。これは大幅な収益の増加とより良いサービスを消費者に提供することにつながります。」

9.5 まとめ

　識別子は知識グラフを実世界と結び付ける際の要になります。本章では、強固な識別子と弱い識別子について扱いました。知識グラフとグラフアルゴリズムを活用すれば、弱い識別子を見つけ、強固な識別子に集約できます。このような手順を踏めば、無秩序なデータをマスター化できます。連結成分、ノード類似性、独自のグラフマッチングアルゴリズムなど、必要なツールは揃っており、その中から好きなツールを選択できます。ここからは、マスター化によってデータの品質を向上し、大規模なパターンマッチンググラフを扱っていきます。

10
パターン検知の知識グラフ

　企業のデータを知識グラフで管理すると多くの利点があります。知識グラフで管理するデータは、論理的に中心に集められ、まとめ上げられ、コンテキスト化されます。そして知識グラフを使えば、関心のある事業イベントから生じるパターンを見つけ出せます。これらのパターンは過去に基づく知見を事業に適用する際にも活用できますが、今後の事業を見据える際にも活用できます。

　本章では、知識グラフからパターンを見つけ出すことに焦点を当てます。また、発見したパターンを使って将来得られる結果を改善します。単純なパターンマッチングの手法から始め、パターンを使って不正防止やチーム編成の改善を行う方法について解説します。各ユースケースでは、グラフデータサイエンスによるパターン検知の強化と知識グラフの拡充によって、示唆に富んだパターンを発見する方法について取り上げます。

10.1　不正検知

　コンピュータシステムが普及している現代において、オンライン上での不正は広がっており、悪質な問題になっています。コンピュータシステムは私たちの私生活の最も重要な側面と密接に関わっており、現代のビジネスの生命線になっています。したがって、個人や組織を欺こうとする犯罪者にとって、コンピュータシステムは魅力のある標的になっています。

　その状況は目を覆いたくなるほどです。連邦取引委員会によると、2021年にはアメリカ

だけでも不正行為によって生産経済に 58 億ドルの損害が生じ、そのうち、銀行業界だけで約 10 億ドルの損害が発生しました。その上、不正による損害は前年比 70% という驚異的なペースで増加しています。この状況は他の先進国でも同様であり、イギリスの銀行は不正によって約 7 億ポンド (8 億 5,600 万ドル) の損失を被っています。

しかし、実際の被害はより深刻です。不正行為によって 1 ドル失うごとに、その 4 倍以上である 4.23 ドルが攻撃や負債への対処、風評被害や顧客の損失、不正行為の防御、封じ込め、管理、是正などの対応によって失われると推定されています。不正行為には継続的な対処が必要となるため、コストのかかる問題です。

したがって、不正検知をわずかに改善するだけでも、絶対的な金額に換算すると莫大なメリットをもたらします。そして、不正に対する防衛策を講じる上で、知識グラフは素晴らしいプラットフォームとして活用できます。

10.1.1　当事者の不正

クレジットカードの例を挙げます。現代の生活において、クレジットカードは不可欠かつ便利な支払手段になっていますが、不正利用者にとっては魅力のある標的です。取引額が莫大であり、クレジットカードとそのプロバイダーとの間の取引量は、不正行為によって得た利益を隠蔽する隠れ蓑になっています。

図 10-1 は、クレジットカードの利用者が直近で購入した商品の一覧です。一部の取引は不正利用の可能性が確認され、取り下げられた取引 (`"declined":true`) も存在します。支払いを処理するシステムは完璧ではなく、人間の行動も不規則であるため、時折こうした経験をしたことのある読者もいるでしょう。普段の生活で何千ドルもするノートパソコンを購入したり、長期休暇中に外貨で支払いをする場合があります。また、カードが盗まれ、犯罪者によって不正にクレジットカードが使用されることもあり得ます。単純な利用情報だけでは、利用者が善良な利用者なのか、非常事態にある利用者なのか、または不正利用者なのかを判断するのは困難です。

"person"	"card"	"purchase"
{"firstname":"Timmy","id":"2313579","lastname":"Sewell"}	{"number":"1000 0000 0000 0000"}	{"date":"2022-09-02","amount":"71.60","declined":true,"retailer":"Lakeland","id":"ccffc09c-1d79-4e43-9fa9-7699bab21833"}
{"firstname":"Timmy","id":"2313579","lastname":"Sewell"}	{"number":"1000 0000 0000 0000"}	{"date":"2022-09-04","amount":"123.82","declined":"false","retailer":"Monsoon","id":"8c61ee5b-1d8f-4da4-a928-52ddc7295203"}
{"firstname":"Timmy","id":"2313579","lastname":"Sewell"}	{"number":"1000 0000 0000 0000"}	{"date":"2022-09-22","amount":"125.08","declined":"false","retailer":"Boden","id":"33542ef5-01bd-43d8-9d92-6c469003f0bf"}
{"firstname":"Timmy","id":"2313579","lastname":"Sewell"}	{"number":"1000 0000 0000 0000"}	{"date":"2022-10-27","amount":"270.40","declined":"false","retailer":"Lakeland","id":"934cf536-a244-45de-9921-06686a2837a5"}

図 10-1：難読な構造を持った表形式のデータ。正規の利用者と不正利用者の識別が困難になっている

従来より金融機関は、特定の単語、口座、場所情報で検索をしてリスクを評価するといった、ルールベースの戦略で不正利用に対処してきました。リスクスコアが一定以上である場合にはアラートをアナリストに送信し、人手で不正の分析を行います。しかし、この対処方法は高コストであり、柔軟性にも欠けます。一方、知識グラフによって利用者を取り巻く繋がりを持った広範なコンテキストを理解できれば、大規模により多くの知見を得られます。

10.1.2　データから不正を暴く

最初に、図 10-1 の表形式のデータを知識グラフに読み込みます。図 10-2 は、ある利用者のデータを表しており、今回使用するグラフデータモデルの良い説明になっています。クレジットカードは一意のカード番号を持ち、各部分グラフの中心に位置しています。クレジットカードのノードは、そのカードによって（:WITH）行われた購入（:Purchase）に囲まれています。各 :Purchase ノードは、購入履歴を表現するために :NEXT リレーションで接続されています。そして利用者は、:ACCOUNT_HOLDER リレーションによってクレジットカードと接続しています。また、:LIVES_AT リレーションによって住所に、:OWNS リレーションによって電話番号にも接続しています。これらのノードやリレーションは、非連結の部分グラフとして知識グラフ上に存在しており、住所や電話番号が利用者間で共通していないことを確認できます。

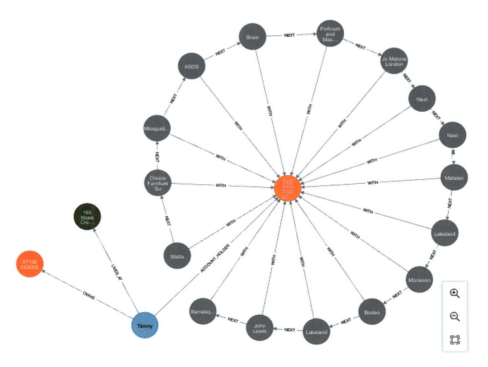

図 10-2：直近の利用時間順の購入履歴のスナップショット

ある利用者に関する情報を詳細に見るだけでは、知識グラフの内容を十分に理解できません。また、すべての利用者の情報を順に確認していくには多大な時間を要します。ただし、データが図 10-2 のように均一であると考えるのであれば、一部のデータを使ってテストすることで、均一性を確かめられます。

全体についてよく分かっていないデータセットを扱う際の 1 つの対応として、基礎的な統計量をいくつか確認してみることが挙げられます。初めに、グラフ上の人物数を集計し、部分グラフの数と一致するかを確認してみます。図 10-3 の通りです。

図 10-3：利用者と購入の知識グラフに存在する人物数

図 10-3 の通り、2,399,999 個の :Person ノードがグラフ上に確認できます。図 10-2 で確認したモデル通りであれば、1 人につき 1 つの部分グラフが存在し、グラフには 2,399,999 個のコミュニティが存在するはずです。では、6 章でも扱った Neo4j Graph Data Science のコミュニティ検出アルゴリズムを使用して確認してみましょう。初めに、コミュニティ検出アルゴリズムを実行する部分グラフの射影を作成します。リスト 10-1 の通りです。

リスト 10-1　人物と連絡先を含む射影を作成する

```
CALL gds.graph.project(
  'fraud-wcc',
  ['Person', 'Phone', 'Address'],
  ['LIVES_AT', 'OWNS']
)
```

リスト 10-1 で実行するプロシージャは、知識グラフ上の一部のノードとリレーションを含む射影をメモリ内に作成します。今回は、:Person、:Phone、:Address の 3 種類のノードと :LIVES_AT、:OWNS の 2 種類のリレーションを射影に含めています。プロパティや他のノード、リレーションは含めていません。射影の作成にはほとんど時間はかかりません。射影が作成されれば、コミュニティ検出アルゴリズムを実行できます。リスト 10-2 の通りです。

リスト 10-2　Louvain アルゴリズムを実行し、グラフ上のコミュニティを計算する

```
CALL gds.louvain.stream('fraud-wcc')
YIELD nodeId, communityId
WITH gds.util.asNode(nodeId) AS person, communityId
SET person.communityId = communityId
```

リスト 10-2 は Louvain アルゴリズムを実行し、知識グラフ上に存在するコミュニティを検出します。今回の場合は、非連結の部分グラフに存在する 2,399,999 人の人物から 2,399,999 個のコミュニティが形成されている想定であるため、単純です。クエリでは、各コミュニティごとに ID を取得し、communityId プロパティとしてコミュニティ内の各 :Person ノードに書き込みます。しかし、図 10-4 に示す通り、辻褄の合わない結果が得られます。知識グラフ上には、想定より 50 万個近く少ない 1,803,467 個のコミュニティ ID しか存在しないことが確認できます。

図 10-4：人物数よりも少ないコミュニティ数

図 10-4 は、一部のコミュニティが 1 人以上の人物から形成されていることを意味しています。これらの人物が無害である場合とそうでない場合が考えられるため、これらのコミュニティについて詳細に調べてみると興味深そうです。

10.1.3 不正組織

何が起こっているかを調査するためにグラフをサンプリングしてみます。2 人以上の :Person ノードを含むコミュニティを深掘りし、分析するクエリを作成するのは簡単です。リスト 10-3 の通りです。

リスト 10-3 複数の :Person ノードがリンクし得る理由を確認するためにサンプリングを行うクエリ

```
MATCH (:Person)
WITH count(*) AS count
MATCH (a:Person)-[*2..4]-(b:Person)
WHERE rand() < 10.0 / count
RETURN a
```

リスト 10-3 では、すべての :Person ノードを検索した後、それらの件数を集計しています。そして、深さ 2 から 4 の距離で 2 つの :Person ノードを接続しているパスをマッチします。つまり、当初想定していた小規模な部分グラフであれば、この方法ではマッチしないはずです。その後、乱数を使用し、マッチしたパスを結果に含めるかどうかを決定します。これにより、知識グラフの全体ではなく、一部をサンプリングした結果を取得できます。

リスト 10-3 のクエリを実行すると、図 10-5 に示すような互いに非連結で類似性のない 2 つの部分グラフが得られます。どちらも 1 つの電話番号、1 つのクレジットカードを持ち、1 ヵ所の住所に 1 人で生活している 1 人の人物から得られる通常のパターンとは大きく異な

ります。

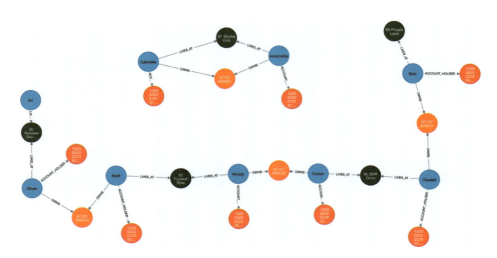

図 10-5：グラフのサンプリング結果の確認

　しかし、図 10-5 で確認できるパターンは不正利用でしょうか。どちらも明らかに異なるパターンを表しており、期待する形とも異なります。ここで、少なくとも不正利用の判断を下すためには、対象ドメインの専門知識が必要になります。たとえば、アナリストが短時間に連続する Uber の利用や、類似した高額の取引を何度も繰り返す行為と不正利用の間に強い相関関係があることに気付いたとします。これらのパターンが検知できた場合には、クレジットカード、またはクレジットカードを保持している携帯電話の盗難や複製を示唆できるかもしれません。

　今回のケースでは、小さい方の部分グラフは電話番号と住所を共有している世帯のようです。それなりに一般的であり、不正利用である可能性は低いでしょう。大きい方の部分グラフは、通常の利用者ではなさそうです。実在する住所や電話番号を基に ID を偽造している**不正組織**であると考えられます。このようなパターンを知っていれば、決済システムで取引が処理される際にそのパターンをチェックし、パターンに一致する取引を拒否できます。もちろん、このパターン以外にも、人間の専門知識や機械学習によって他のパターンを発見し、不正検知に活用することもできます。

　単に特定のパターンを拒否する以外も実現できる余地があります。知識グラフを使えば、不正のパターンを見つけた場合、そのパターンをすべて辿って、漏洩している可能性があるすべてのクレジットカードや口座を容易に見つけられます。ここで、一歩下がって不正利用者の気持ちを考えてみましょう。

　不正利用者への同情は必要ありませんが、クレジットカードの盗難はストレスが伴う作業に違いありません。正当な所有者は、クレジットカードが紛失したり、不正使用されていることに非常に早く気付きます。場合によっては、不正使用の前にクレジットカードの利用停止手続きまで迅速に行えるかもしれません。犯罪者にとっては、クレジットカード（または、

当座貸越付きの銀行口座などの他の与信枠) を偽りない状態で所有している方が、遥かに有利に働きます。そうすることで、十分な時間をかけて不正利用を計画し、儲けを最大化できます。単に口座を通常通りに運用するだけで、より高い貸付限度額を享受できます。これはつまり、最終的に不正利用によって得られる利益が垂直的に増加することを意味します。さらに、複数の与信枠を利用するために説得力のある ID を偽造し、犯罪を水平拡大させることもできます。その後は規模を大きくし、不正利用を行うタイミングまで偽装した ID を通常通り運用します。

　従来的なデータの検索では、不正組織のパターン特定は困難です。しかし、知識グラフを使えばパターンの特定が遥かに簡単に行えます。不正利用のパターンは繰り返し発生します。`:Person` ノードから共有している `:PhoneNumber` を経由して別の `:Person` ノードへ、さらに共有している `:Address` ノードから別の `:Person` ノードへ、さらに共有している `:PhoneNumber` ノードへ、と続き、これが不正利用のネットワークを形成します。図 10-6 でこれらの独立したパターンを確認できます。

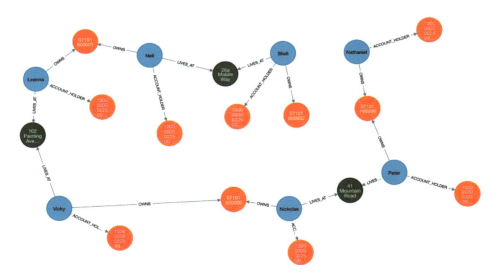

図 10-6：多数の電話番号と住所を共有して ID を偽造しているため、不正組織の可能性がある

　図 10-5 で確認した部分グラフの少なくとも 1 つは、不正組織である可能性が高いことが分かりました。これが潜在的な犯罪を見つけ出すために使えるパターンです。

　リスト 10-4 の Cypher コードを実行すれば、不正を行っている可能性の高い ID を含む不正組織や、その不正の影響を受けているクレジットカード、口座を見つけられます。`MATCH` 句には関心のあるパターンを記述しています。具体的には、`:OWNS` または `:LIVES_AT` リレーション（電話番号や住所の共有）を経由して、`:Person` ノードから 5 つ以上の深さで別の `:Person` ノードに接続しているようなパターンです。`MATCH` 句は、このパターンに一致したパスを返却します。グラフ上の閉路を省くため、`WHERE` 句でパスの端点が同一のノードにならないように絞り込んでいます。任意の集団、または集団の集団を見つけるには、この

WHERE 句を省きます。最後に、クエリは不正利用者の可能性がある集団を含む、マッチしたパスを返却します。なお、CALL ... IN TRANSACTIONS OF 100 ROWS は、効率的に実行するためにクエリを小さな単位に分割する記述であり、実行する処理のセマンティクス自体に変更はありません。

リスト 10-4 知識グラフ上から不正組織を発見する Cypher

```
CALL {
  MATCH ring = (p1:Person)-[:OWNS|LIVES_AT*5..]-(p2:Person)
  WHERE p1 <> p2
  RETURN ring
} IN TRANSACTIONS OF 100 ROWS
RETURN ring
```

　大規模な知識グラフでは、リスト 10-4 のコードの実行には十数秒から数分かかるかもしれません。しかし、このクエリは異常な利用者のパターンを明らかにするために毎時、毎日などの頻度で定期実行する分析クエリであるため、問題にはなりません。

　ID の偽造を拡大させてしまうと、不正利用者に多額の与信枠の形成を許してしまいます。不正利用者が犯罪の帝国を一度構築してしまえば、自由に使える与信枠を使って一気に現金を引き出す可能性があります。この際、知識グラフがなければ、現金の引き出しに規則性を見出せず、防止するのが困難です。現金の引き出し後は、与信枠が引き下げられ、返済が行われない状況が続きます。偽造された ID に郵送物や債務取り立ての担当者を送っても、返答が得られることはありません。さらに悪い場合には、対象の住所に住んでいる無関係の人々にも影響が及びます。結果として、引き出された現金が損害になります。

　知識グラフがあれば、リング構造の一部で行われた現金引き出しから、即座に同一のリング構造に含まれている別のすべての口座を発見し、関連する ID で行われる取引の中止、または審査を行えます。これは、数百、数千程度のリンクされたレコードを考慮するだけのコストのかからない運用であり、必要があれば一連の取引の処理の流れの中で実行できます。

10.1.4　無実の第三者

　図 10-5 の大きい方の部分グラフが不正組織である可能性が高いことが分かったと思います。しかし、もう一方の部分グラフは正当な利用に思えます。なぜなら、住所や電話番号は複数の人物間で合法的に共有できるため、これらの連絡先の情報がリンクしている ID がすべて不正利用者というわけではないためです。たとえば、最近は少なくなっていますが、自宅や勤務場所に固定電話があれば、同一の電話番号を共有しているという状況は至って自然です。このような理由で通常の世帯を不正利用者と判断してしまうのは誤っているため、図 10-7 のようなパターンを意識する必要があります。

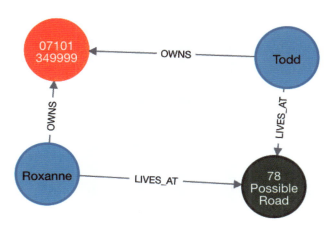

図 10-7：世帯は電話番号と住所を共有する場合がある

　図 10-7 のようなパターンを見つけるのはとても簡単であり、特定のパス長を持つ不正組織を発見するクエリを単純にすることで実現できます。リスト 10-5 は、ある住所に住み、同一の電話番号を共有している 2 人の人物を含むパターンを MATCH 文で取得します。なお、このクエリでは変数 p により、ある住所に住んでいる（:LIVES_AT）人物と、ある電話番号を持っている（:OWNS）人物が同一人物であることを担保し、別の人物と住所や電話番号を共有している状況を表現しています。

リスト 10-5 知識グラフ上から通常の世帯を見つける Cypher

```
MATCH households = (p:Person)-[:LIVES_AT]->(:Address)<-[:LIVES_AT]-
                   (:Person)-[:OWNS]->(:Phone)<-[:OWNS]-(p)
RETURN households
```

　リスト 10-5 の Cypher クエリは見ての通り単純ですが、MATCH 句に色々と詰め込まれています。このクエリは、同一の :Address ノードを向いた 2 つの :LIVE_AT リレーションを経由して任意の人物に接続し、その後 :Phone ノードを挟んで 2 つの :OWNS リレーションを経由して元の :Person ノードに接続しているようなすべての世帯を表すパスを返します。最初にマッチする人物を p にバインドし、一連のパターンの終点として使用しています。これはつまり、住所と電話番号が同一の人物に接続している状態を表現しています。このクエリを支払いシステムで処理する取引に対して実行すれば、クレジットカードの保有者が通常の世帯であるかどうかを素早く確認できます。また、別のチェックに通すことができれば、取引の正当性をより担保できるでしょう。

10.1.5　不正検知の知識グラフの運用

　ここまでで、不正利用を判断する際に役立つ陽性のパターンと陰性のパターンをいくつか紹介しました。実際の運用では、対象ドメインの専門家がこれらのパターンを見つけ出します。また、専門家は自身の知識と経験を基に、グラフアルゴリズム、グラフ機械学習、可視化などの技術を活用し、不正利用に対する万全の準備を行います。不正検知の知識グラフを運用する際には、このようなパターンマッチングの処理が重要になります。

　一般には、レイテンシが非常に低いため、グラフローカルな操作が好ましいです。データはクレジットカード保有者の知識グラフに格納されているため、トランザクション中での各顧客を中心とした部分グラフへのアクセスは迅速に行えます。したがって、検討する必要があるレコードの数が比較的少ない点も考慮すると、顧客が購入を行っている間に顧客の部分グラフを検索し、疑わしいパターンを検知できます。不正のパターンをよく理解していれば、これを行うことで、購入中に発生するレイテンシを最小限に抑えつつ、適切な保護機能を提供できます。

　特にリスクが高い場合や価値がある場合には、グラフのより広範囲にわたってさらに強力なパターンマッチングを実行する判断に至るかもしれません。また、部分グラフに対して複数のデータサイエンスの処理を実行する判断に至るかもしれません。ただし、これらの処理は十数ミリ秒、場合によっては十数秒程度かかるため、あくまでも大部分の処理は低レイテンシのパターンマッチングが担う状態を維持し、比較的控えめに使用すると良いでしょう。部分グラフに対するローカルのパターンマッチングと不定期なグラフアルゴリズムの利用は、顧客に関するドメイン知識の活用を通して自社、および顧客を不正の被害から守る手段として効果が見込めます。

ケーススタディ：Banking Circle

　Banking Circle は、本章で扱っているような不正管理のソリューションを提供しています。ソリューションの核心は、支払いのイベントと接続した口座のデータを含む知識グラフにあります。Banking Circle では、コミュニティ検出を行い、リスクの高い顧客のクラスタを検出する機械学習パイプラインに使用する特徴量を生成しています。知識グラフのトポロジーは機械学習パイプラインへの重要な入力として使用し、近傍のノードが持つリスクスコア、租税回避地への距離、既知の不正利用者などのグラフ特徴量と組み合わせて利用します。この手法は、Banking Circle の不正検知の取り組みにおいて大きな効果を挙げました。時間がかかり手動で運用していたプロセスから、拡張性のある柔軟なソリューションに見直し、不正利用者が生み出す絶え間なく変化する課題に対応できるようになりました。今日も Banking Circle ではグラフアルゴリズムの実験を続けており、より多くのグラフ特徴量を追加して予測モデルを改善する計画をしています。

https://www.bankingcircle.com/

10.2 スキルのマッチング

　熟練の人材を採用、維持できる組織は、競争優位性があります。しかし、あらゆる分野の熟練の人材には、保持するスキルが組織の継続的なニーズと一致し続けるように積極的なサポートが必要となります。また、組織が熟練の人材を採用、維持する能力を持っている場合には、それらの人材を適当な部署、プロジェクトにうまく配置するという課題が残ります。各部署や各プロジェクトは特定のスキルの組み合わせだけでなく、異なるレベルの経験や専門知識も必要とします。また、最もうまく運営されている部署やプロジェクトであれば、息の合う多様なメンバーで構成されていることも多くあります。

　頑健性のあるチームを構築するのは容易ではありませんが、知識グラフが役に立つ場合があります。パフォーマンスの高いチームを構築するには、多数の側面を考慮する必要があります。

- コストセンターや所在地の情報を含む組織図
- 専門性
- プロジェクト経験
- 社会貢献
- その他のスキル (例) 言語

　各側面は分離した層として知識グラフ上にモデリングできますが、クエリを実行して複雑な質問に回答する際には1つに統合されます。これらの質問が効果的なチームの構築と管理に役立ちます。

10.2.1 組織の知識グラフ

　スキルを探す際に使用するものと言えば、組織図です。組織図は位置的な階層関係を表現しているだけではありません。組織図の下位の広がりを確認することで、活動やプロジェクトのコミュニティの特定にも利用できます。また、垂直方向の位置を考慮すれば、在職期間や能力の習熟度について一定の洞察を得られます。

　通常、組織図は単一の最高経営責任者 (Chief Executive Officer：CEO) から管理職層を経て多くの従業員に至る木構造をしています。木構造はグラフであるため、組織図を知識グラフの基本層としてインポートするのは簡単です。図10-8は、Neo4j Bloomで可視化した組織階層の一部です。CEOのAliceが木の頂点に位置しており、その下には :REPORTS_TO リレーションで接続されている上席副社長 (Senior Vice Presidents：SVPs) が存在します。SVPsは :REPORTS_TO リレーションを介して副社長 (Vice Presidents：VPs) に接続しており、このパターンはディレクター層にも続き、最終的には一般社員 (Individual Contributors：ICs) に至ります。

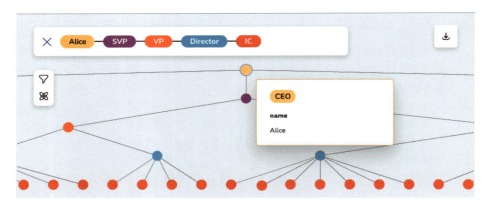

図 10-8：組織図はスキルの知識グラフの基礎として利用しやすい

　図 10-8 では、IC の職位を区別していません。たとえば、シニアアナリストやプリンシパルコンサルタントなどが同様に扱われています。しかし、組織の意図された構造を推論するには十分です。リスト 10-6 のクエリを実行すれば、部署やプロジェクトに在籍する従業員の数を把握し、そこから従業員のコストを集計できます。

リスト 10-6　特定の部署内の従業員数を集計する

```
MATCH (:VP {name: 'Harry'})<-[:REPORTS_TO*1..2]-(n)
RETURN count(n) AS numberOfEmployees
```

　この例を実行すると、図 10-9 の結果が得られます。

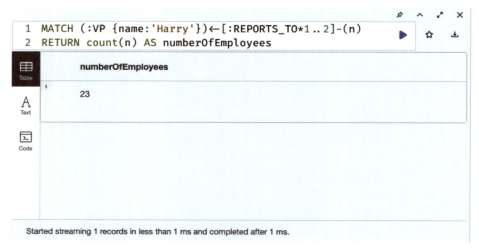

図 10-9：特定の部署内の従業員数を集計する

知識グラフは、組織の階層構造を把握、または変更しようとする人事チームやマネージャーに最適です。図 10-8 の知識グラフに組織データや人事データを追加し、知識グラフを拡充できることは容易に想像できるでしょう。

組織図は組織の意図された構造を示しています。しかし一般的に、組織図は実際の構造、つまり日々の組織の機能の仕方を近似しているに過ぎません。ほとんどの組織には非公式の組織図が存在しますが、それらが把握されることは稀で、また実際に把握しようとする行動が行われることはほとんどありません。非公式の組織図とは、従業員が持つスキルやソリューションの提供経験に基づき、人々が実際にどのように協働しているかを示した組織図のことです。

10.2.2 スキルの知識グラフ

基本的なレベルであれば、知識グラフから簡単にスキルを見つけられます。たとえば、クエリ MATCH (ic:IC)-[:HAS_SKILL]->(s:Skill {name: 'Java'}) RETURN ic.name は、Java のプログラミングの経験を持つ IC の名前を返します。図 10-10 の通りです。

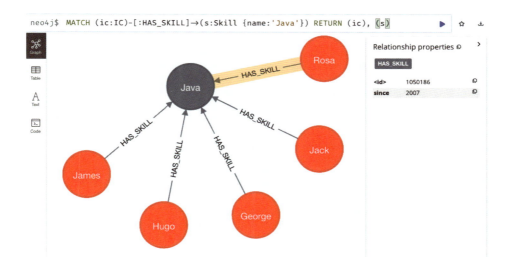

図 10-10：Java のスキルを持った従業員を探す

しかし、クエリの実行結果はかなり表面的です。図 10-10 の結果には、習熟度、経験時期、Java を使用したプロジェクト経験に関する情報が含まれていません。また、対象のスキルが時期ごとにどのように使用されてきたかについてのコンテキストも含まれていません。含まれている情報は、スキルの名前と従業員がそのスキルの経験を始めた年のみです。この状態では、対象のスキルが最後にいつ使われたかも分からないため、適切な人材配置を行うための情報が不足しています。

スキルについてより詳細に理解するには、各人のプロジェクト経験を調査し、特定のスキ

ルの研鑽に費やされた時間とそれらのスキルが使用された期間を集計する必要があります。このような複合的なコンテキストがあれば、どんなチェックリストを使用するよりも個人の能力を解像度高く把握できます。

もちろん、知識グラフを使えば、そのような複合的なコンテキストを簡単に表現できます。既存の知識グラフに多少手を加えれば、図 10-11 に示すような、より効果的な知識グラフを表現できます。

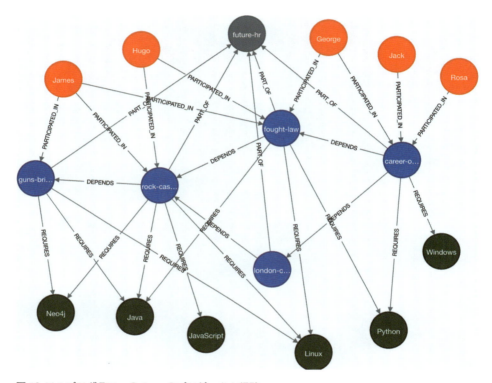

図 10-11：プログラマーの Java のプロジェクト経験

図 10-11 は、プロジェクト、人物、専門知識の知識グラフをより現実的に整理した例です。この知識グラフは 2 つの用途で活用できます。1 つは、誰が何に取り組んだかを詳細に記録するリポジトリ、もう 1 つはスキルを見つける手段です。この部分グラフには、future-hr というプログラムが存在し、このプロジェクトはさらに複数のプロジェクトに分割されています。最初のプロジェクトは guns-brixton です。このプロジェクトは Java、Neo4j、Linux を使用しており、James というエンジニアが 1 人で参加したようです。これはグラフ構造で明示されており、(James)-[:PARTICIPATED_IN]-(guns-brixton) および (guns-brixton)-[:REQUIRES]->(Neo4j) といったパターンから確認できます。guns-brixton がプログラム内の最初のプロジェクトである理由は、他のプロジェクトへの依存関係を持たず、次のプロジェクト rock-casbah からの :DEPENDS リレーションのみを持つためです。プロジェ

クトの依存関係と参加メンバーの構成は、最後のプロジェクト career-opportunities まで続きます。career-opportunities には依存関係が存在しないため、プログラム内の最後のプロジェクトであることが分かります。

これで、プロジェクトやプログラムから、どの人物がどのようなスキルに関わってきたかを理解できるようになりました。特定のスキルを複数のプロジェクトで活用した累積時間は、スキルレベルの妥当な近似値として利用でき、そのスキルを使用した時期は、特定のスキルがどれだけ最新化されているかを推測するために使用できます。

たとえば、図 10-11 を参考にすれば、Java を使用したプロジェクトに関わった人物を見つけるクエリを作成できます。クエリの内容はリスト 10-7 の通りです。クエリは、プロジェクトを経由して人物からスキルへと順にマッチします。

リスト 10-7 Java のプロジェクト経験を持つ人物を探索する

```
MATCH (java:Skill {name: 'Java'})<-[:REQUIRES]-
      (:Project)<-[:PARTICIPATED_IN]-(ic:IC)
RETURN DISTINCT ic.name
```

リスト 10-7 は、最初に試す近似としては問題ありませんが、詳細な情報が不足しています。リスト 10-8 では、在職期間の代理指標として、マッチした人物が参画したことのあるプロジェクトの合計期間を集計しています。

リスト 10-8 Java を使用した経験のある人物と共にプロジェクト経験期間を取得する

```
MATCH (:Skill {name: 'Java'})<-[:REQUIRES]-
      (:Project)<-[:PARTICIPATED]-(e:Employee)
CALL {
  WITH e
  MATCH (e)-[:PARTICIPATED]->(p:Project)
  RETURN collect(duration.inMonths(p.start, p.end).months) AS duration
}
RETURN DISTINCT e.name,
                reduce(
                  total=0,
                  number in duration | total + number
                ) AS monthsOfExperience
```

リスト 10-8 のクエリは、リスト 10-7 を基にしています。マッチしたプログラマーを対象にし、参加したプロジェクトの期間でランキングする集計を追加しています。個々の従業員のプロジェクトの経験期間を計算するサブクエリでは CALL 句を使用しています。今回の例を対象に実行した結果は次ページの図 10-12 の通りです。James と Hugo が経験豊富なJava のプログラマーであること、George は Java を使用した経験がやや少ないことが分かります。

この後、他の価値あるユースケースに合わせてこの知識グラフを拡充する方法を紹介していきます。今まで扱ってきた知識グラフでも、既に潜在的なスキルに関する知識を明らかにする目的には役立っています。ここに従業員のプロファイル、プロジェクトの評価などの情

報を追加することで、最も難易度が高いプロジェクトや重要なプロジェクトに最適な人材を配置する際に役立つ知識グラフのシステムを構築できます。

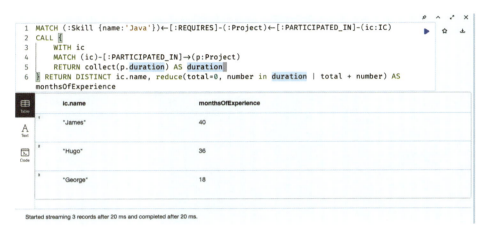

図 10-12：プロジェクトへの参画経験

10.2.3　専門知識の知識グラフ

　前項までで人物やプロジェクトのデータを知識グラフに取り込み、作業パターンに対して明示的に関連しているスキルを発見する方法について紹介してきました。これは、組織図内の様々な部署に所属する人物がプロジェクトに参画し、在職期間を通じて徐々に昇格していくような伝統的な組織の動きを反映しています。そのような指標は価値のあるシグナルですが、価値のある唯一のシグナルというわけではありません。

　特に大きな組織では、従業員は組織図やプロジェクトチームのみを軸として自身の役割、立場を意識しているわけではありません。たとえば、特定のツールやスキルに関心を持つコミュニティが長く続いていることも多くあります。このようなコミュニティに属している専門家を見つけられれば、組織図やプロジェクトの統計情報を補完するシグナルとして役立ちます。実際、これらの情報を反映したものが本当の組織図と言えるかもしれません。

　少なくとも情報労働者にとって現代の企業は驚くほどフラットです。いくつかの規則を遵守し、組織図のヒエラルキーを多少意識する必要はありますが、同僚との協働はしばしば強く推奨され、コラボレーションアプリのおかげで円滑な共同作業が行えます。Slack や Microsoft Teams などのアプリを活用すれば、一対一のコミュニケーションだけではなく、長期的なトピックを中心としたコミュニティを形成できます。このようなコミュニティには、高い専門知識と経験を持ち、他のメンバーを手助けしたいと考えている人や、自身のスキルを高めたい人、分からないことを聞きたい人などが参加しています。

　コミュニティとそこに所属する専門家を発見できれば、関係者全員の利益を増幅できます。しかし、Slack や Microsoft Teams のようなコラボレーションプラットフォームには、ユーザー、会話、スレッド以外の構造化されたデータが存在しません。良い情報や専門家を見つ

けるのは難しく、このような情報は口伝で伝わることが多くあります。しかし、人によって経験は様々であるため、特に業務上のネットワークが構築できていない入社直後の従業員には明らかなハンディキャップがあります。

そこで、コラボレーションプラットフォームのデータから層を追加すれば、知識グラフを拡張できます。結局のところ、Slack や Teams 上で行われたやりとりの質に基づく専門知識のスコアによってスキルの記録を自動的に更新できれば都合が良いとは思わないでしょうか。

コラボレーションプラットフォームのモデルは知識グラフに非常に適しています。コラボレーションプラットフォームでは、コミュニティ検出など、グラフデータサイエンスで行う作業の一部が、従業員がチャンネルに参加することによって暗黙的に行われます。図 10-13 は、Slack の中心的な機能を対象とした知識グラフの表現を表しています。この知識グラフでは (:User)-[:WROTE]->(:Message)-[:POSTED_TO]->(:Channel) や (:Message)-[:MENTIONS]->(:Skill) のようなパターンを表現できます。これらのパターンを使えば、特定のスキルに言及しているメッセージを書いた人やそのメッセージに返信した人物を把握できます。また、この知識グラフには、チャンネルとトピックに関するプラットフォームの構造データも含まれています。これらの構造データがあれば、単なるスキルの情報から、そのスキルを持つ、または少なくともそのスキルについて議論をしている人々が集まるコミュニティを含むチャンネルへと一般化し、知識を整理できます。

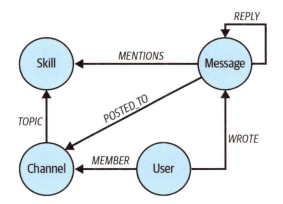

図 10-13：Slack 上でのコラボレーションを表現した知識グラフモデル

図 10-13 の理解は簡単です。おそらく、ホワイトボード上でドメインを整理する方法とよく似ているでしょう。この知識グラフモデルはシンプルですが、できることが限られているわけではありません。たとえば、リスト 10-9 を使えば、任意のスキルを対象とし、組織全体で誰が最も対象のスキルに貢献しているかを簡単に把握できます。

> **リスト 10-9** 中間言語（Intermediate Language：IL）のスキルに最も貢献している人物を見つける

```
MATCH (m:Message)-[:POSTED]->(c:Channel)-[:TOPIC]->
      (s:Skill {name: 'IL'})<-[:MENTIONS]-(m)
MATCH (m)<-[:REPLY*]-(r:Message)<-[:POSTED]-(u:User)
WITH u AS user,
     count(r) AS replies,
     s AS skill,
     collect(DISTINCT c.name) AS channel
RETURN skill.name, user.name, replies, size(channel) AS numberOfChannels
ORDER BY replies DESC
```

　リスト 10-9 のような Cypher は既に見慣れているでしょう。まず、特定の Skill に言及しているオリジナルの投稿を見つけます。そこから、:REPLY リレーションで接続された :Message ノードのパスを取得し、会話のスレッドを取得します。次に、得られた結果を集計します。まずは返信の数で結果を降順に並べます。DISTINCT 句で重複を排除し、各スレッドが属するチャンネルをリスト化します。最後に、スキル、そのスキルに関するスレッドに参加したユーザーとそのユーザーが返信した回数、返信したチャンネル数を返します。クエリを実行すると、図 10-14 のような結果が得られます。

	skill.name	user.name	replies	numberOfChannels
1	"IL"	"James"	7	2
2	"IL"	"Hugo"	2	1
3	"IL"	"Jack"	2	1
4	"IL"	"George"	1	1
5	"IL"	"Rosa"	1	1

図 10-14：1 つ以上のチャンネルで特定のトピックに関する議論に積極的に参加したユーザー

　これを一般化して組織内の専門家を特定できるようにすることは難しくありません。ある意味で、専門知識のグラフは公式の組織図を補完するものです。Andy Grove が『High Output Management, 2nd edition』（Vintage Books）[1] で述べているように、従業員は、組織図を根拠とする**組織力**とスキルを根拠とする**知識力**を持ちます。熟練のマネジャーの場合、その両方を持っていることもあります。知識グラフを使えば、これら 2 つの軸を統合でき、

---

[1]　『ハイアウトプットマネジメント』（日経 BP、2017 年）

企業の人材配置をより把握しやすくなります。

10.2.4 個人のキャリア成長

図 10-13 のような知識グラフは従業員にとって非常に便利です。このような知識グラフがあれば、任意のトピックについて、助言によりプロジェクトのリスクと時間を削減したり、知識伝達によって他メンバーのスキルアップを実現できる専門家を簡単に推薦できます。

しかし、スキルの知識グラフが各従業員にもたらすメリットは他にもあります。このような知識グラフに含まれる基礎知識の 1 つは、従業員のプロジェクト経験です。各従業員が自身のプロジェクトやスキルの経験を振り返りやすくなり、大まかなキャリアの方向性を考えやすくなります。リスト 10-10 の通りです。

リスト 10-10 従業員のプロジェクト経験からスキルの習熟度を集計する

```
MATCH (:Employee {name: 'Rosa'})-[part:PARTICIPATED]->
      (p:Project)-[r:REQUIRES]->(s:Skill)
WITH p AS proj, s AS skill,
     part.end AS lastUsed,
     duration.inDays(part.start, part.end).days AS days,
RETURN skill.name AS skill, sum(days) AS daysOfExperience, max(lastUsed)
ORDER BY daysOfExperience DESC
```

リスト 10-10 の MATCH 句は、特定の従業員とその従業員が参加したプロジェクトを検索します。そして、そのプロジェクトで活用されたスキルを見つけます。次の WITH 句では、従業員が各プロジェクトに費やした日数を計算します。RETURN 句は、得られたデータを短いレポートに集約します。スキル、対象の従業員がそのスキルを経験した合計日数、そしてそのスキルが使用された最後の日付を返します。なお最後の項目は、最近使用されたスキルはより信頼できるという根拠に基づいています。最終的な結果は、スキルの経験日数の降順で表示されます。リスト 10-10 のクエリを実行した結果は図 10-15 の通りです。

	skill	daysOfExperience	lastUsed
1	"Neo4j"	1306	"2022-10-03"
2	"Linux"	1244	"2022-10-03"
3	"Python"	791	"2021-07-06"
4	"JavaScript"	789	"2022-10-03"
5	"Java"	515	"2022-10-03"
6	"Windows"	62	"2020-12-12"

図 10-15：従業員のプロジェクト経験とスキル利用の定量化

　リスト 10-10 のクエリ自体が有用な結果を提供していることは明らかですが、より洗練された分析の基盤を形成する際の基礎にもなります。従業員にとって最も価値のある分析の 1 つは、キャリアパスに必要なスキルの推薦です。キャリアの推薦は、各従業員のプロジェクト経験と蓄積されたスキルを推論できることに大きく依存します。ここで、他の従業員のスキルやキャリアの進捗といったコンテキストが 1 つの指針として活用できます。たとえば、リスト 10-11 のようなパターンが利用できます。

リスト 10-11　他の従業員のプロジェクト経験から習得すべきスキルを一覧化する

```
MATCH (me:Employee {name: 'Rosa'})-[:PARTICIPATED]->
    (:Project)<-[:PARTICIPATED]-(other:Employee)
MATCH (other)-[:PARTICIPATED]->(:Project)-[:REQUIRES]->(s:Skill)
WHERE NOT (me)-[:PARTICIPATED]->(:Project)-[:REQUIRES]->(s)
WITH s AS skill, count(s) AS popularity
RETURN DISTINCT skill.name, popularity
ORDER BY popularity DESC
```

　リスト 10-11 の Cypher では、プロジェクトの経験を共有している従業員の中から、他のプロジェクトに移り、自分は経験していない新しいスキルに触れている従業員を見つけている点に注目してください。同じプロジェクトを経験しているメンバーが活用したことのあるスキルでまだ活用できていないスキルが存在する場合には、おそらくそれは学ぶべき良いスキルと言えるでしょう。

最初の MATCH 句では、Rosa と他の社員が参加したプロジェクトを表示します。2つ目の MATCH 句は、他の従業員が参加したプロジェクトと、そのプロジェクトで扱ったスキルを検索します。この際、WHERE 句による絞り込みを行い、Rosa が参加したことのないプロジェクトだけが集計の対象になるようにします。これにより、Rosa と一緒に仕事をしたことがある人物は触れたことがあるものの、Rosa 自身は触れたことのないスキルのみが残ります。最後に、このクエリはスキルと Rosa の同僚の間でのスキルの人気順を返します。

図 10-16 を見ると、Rosa がプロジェクトの同僚をほとんど模倣したいのであれば、習得を検討すべき主なスキルは Java であることがよく分かります。続いて、彼女の同僚が触れてきた他の技術が人気の高い順に並んでいます。

図 10-16：プロジェクト経験に基づいたスキル習得の推薦

ここまで扱ってきた例は、人事に関する重要な問題を解決する上ですぐに役立ちます。しかし、これらはより高度な分析を行う際の基礎にもなります。
たとえば、スキルに関する簡単なタクソノミーを追加すれば、人員配置をより一般化されたレベルと専門化されたレベルで推論できるようになります。つまり、データベースの一般的なスキルと NoSQL の特殊なスキル、あるいは関数型プログラミングの一般的なスキルと F# の特殊なスキルのように、スキルの粒度を分けて考えられるようになります。

10.2.5　組織計画

リスト 10-10 の個々の従業員のプロジェクト経験を取得するクエリを思い出してください。少し手を加えれば、これは組織のマネージャーが特定のスキルや経験を持つ従業員を探す時に使用するクエリとして使えます。リスト 10-10 では、:Employee ノードの name プロパティを使用して個々の従業員を対象とした結果をまとめていますが、マネージャーのクエリはより一般的なものになります。マネージャーは特定の専門知識を探しているため、リスト 10-12 に示すように、従業員ではなくスキルに重点を置いたクエリが求められます。

リスト 10-12　特定のスキルに習熟した従業員を検索する

```
MATCH (e:Employee)-[part:PARTICIPATED]->(p:Project)-[r:REQUIRES]->
      (s:Skill {name: 'Java'})
WITH p AS proj,
     e AS employee,
     part.end AS lastUsed,
     duration.inDays(part.start, part.end).days AS days
RETURN employee.name AS skill, sum(days) AS daysOfExperience, max(lastUsed)
ORDER BY daysOfExperience DESC
```

リスト 10-12 のクエリを実行すると、図 10-17 のような結果を取得できます。

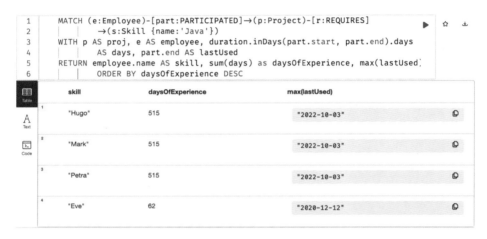

図 10-17：Java の経験を持つ開発者を検索する

　プロジェクトの成果を向上させるには、スキルだけではなく、他の観点を考慮した人材配置にすべきかもしれません。たとえば、チームメンバー同士が楽しく仕事をすることで、より良い結果が生まれやすいことはよく理解できるでしょう。人材とスキルの知識グラフに社会的な関わり合いの層を加えることで、プロジェクトに必要なスキルを集めるだけでなく、課題に対して共同的に取り組むことができる団結力のあるチームを編成できます。

　たとえば、プロジェクトメンバー同士がお互いの仕事経験を評価し合えれば、影響力の高いチームを立ち上げる際の情報源を手に入れられます。これは、「フォロー」や「いいね！」だけでなく、プロジェクトごと、または四半期ごとに、誰が誰と気が合うかというスコアに基づく、リッチなソーシャルネットワークになります。図 10-18 にトポロジーの一例を表現した部分グラフを示します。

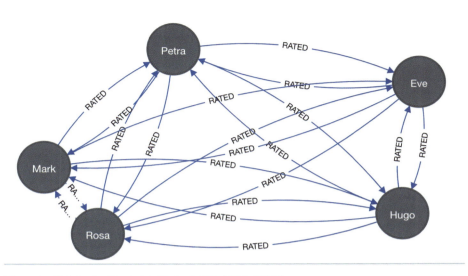

図10-18：過去のプロジェクトに基づいた開発者同士の評価

　同僚による評価は、:RATED リレーション内にスコアのリストとして保持しています。これらのスコアの平均から、チームメンバーの作業上の好みがある程度分かります。リスト10-13に示すように、このデータを利用した同僚の推薦は簡単です。

リスト 10-13　複数の従業員を対象として相互評価の情報を取得する

```
UNWIND ['Rosa', 'Hugo', 'Eve', 'Petra', 'Mark'] AS candidate
MATCH (me:Employee {name: candidate})
MATCH (me)-[r1:RATED]->(other:Employee)
MATCH (me)<-[r2:RATED]-(other:Employee)
WITH me.name AS myself,
     reduce (score = 0, r in r1.ratings | score + r) / size(r1.ratings) AS s1,
     reduce (score = 0, r in r2.ratings | score + r) / size(r2.ratings) AS s2,
     other.name AS them
RETURN myself, them, (s1 + s2) / 2 AS score
ORDER BY myself, score DESC
```

　リスト10-13のCypherクエリは、UNWIND句を使用してリストを個々の行に変換しています。これは、パラメータを指定する際に便利な方法です。今回の例では、同僚同士の評価に関わっている人物をリストで指定しています。MATCH句である従業員と別の従業員との間で相互評価が行われたパターンを検出し、WITH句でreduceによってある従業員が行った評価とある従業員に対して行われた評価のスコアの平均をそれぞれ計算しています。最後にRETURN句では、両方の評価のスコアを足して2で除算してスコアを計算しています。このクエリの実行結果は図10-19の通りです。

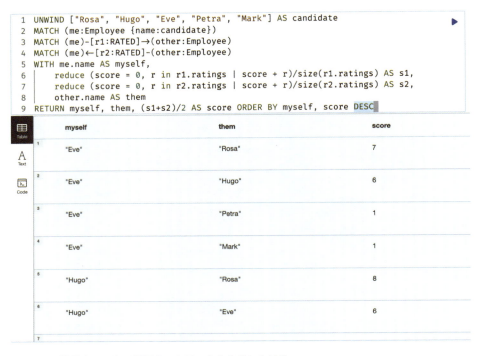

図 10-19：開発者のスキル評価ネットワークを分析した結果

　図 10-19 では、相互評価の網羅的なリストが確認できます。時には、相互に高く評価している従業員を含むコミュニティを確認したい場合もあります。リスト 10-13 に少し手を加えたものがリスト 10-14 であり、クエリを実行すると母集団全体に存在するコミュニティを発見できます。

リスト 10-14　生産的なコミュニティを発見する

```
UNWIND ['Rosa', 'Hugo', 'Eve', 'Petra', 'Mark'] AS candidate
MATCH (me:Employee {name: candidate})
MATCH (me)-[r1:RATED]->(other:Employee)
MATCH (me)<-[r2:RATED]-(other:Employee)
WITH me AS myself,
  (
    reduce(score = 0, r in r1.ratings | score + r) / size(r1.ratings) +
    reduce(score = 0, r in r2.ratings | score + r) / size(r2.ratings)
  ) / 2 AS score,
  other AS them,
  r1,
  r2
WHERE score >= 5
RETURN myself, them, score, r1, r2
```

リスト 10-14 の主な変更点は、WHERE score >= 5 の指定によって高い相互評価を行っている従業員や :RATING リレーションが返却される点です。このクエリを実行すると、図 10-20 のようなグラフを可視化でき、より直感的にデータを確認できます。

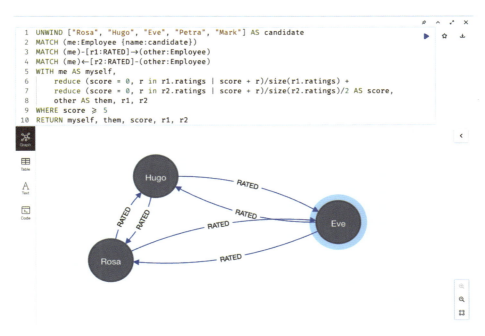

図 10-20：相互評価の高い従業員を示す部分グラフ

この例で使用しているスコアの算出方法は単純ですが、実際の組織で使用するスコアの算出方法をより洗練されたものにすることもできます。どのようなスコア算出方法を選ぶにせよ、ソーシャルグラフを使ってチーム編成を微調整するという考え方は盤石です。

10.2.6　組織パフォーマンスの予測

組織の人材とプロジェクトの情報を用いたスキルの知識グラフから得られる価値は明らかに有用です。しかし、この知識グラフには人材開発の領域を超えた活用方法もあります。たとえば、過去の結果に基づいて将来のプロジェクトの結果を評価、推論するためにも使用できます。図 10-21 は、2 つの進行中のプロジェクトの周辺にいる作業者とそのマネージャーを含んだ部分グラフです。

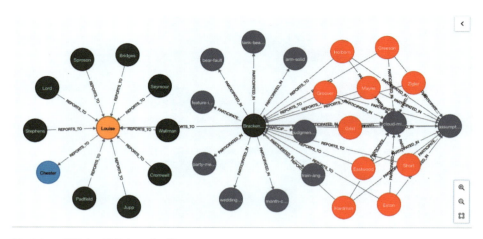

図 10-21：組織内の進行中のプロジェクト

　図 10-21 では、興味深いプロジェクトの人員配置が確認できます。このグラフを用いれば、進行中のプロジェクトがどのような結果になりそうか、大まかに推論する材料にできそうです。たとえば、マネージャーの管理能力が低かったり、作業者のスキルが不足していたりすると、プロジェクトにネガティブな影響を与える可能性があります。一方で、強固な管理体制と熟練の作業者がいれば、ポジティブな影響が生じるでしょう。失敗したプロジェクトとその時の管理体制を知るには、リスト 10-15 のようなクエリを実行します。

リスト 10-15　失敗したプロジェクトの責任者を探す

```
MATCH (p:Project)<-[:PARTICIPATED_IN]-(:IC)-[:REPORTS_TO*3..3]->(svp:SVP)
WHERE p.rating < 30.0
RETURN svp, count(p) AS failedProjects
ORDER BY failedProjects DESC
```

　リスト 10-15 の Cypher クエリでは、初めに :Project ラベルを持つノードにバインドしています。ただし、完了したプロジェクトのみが保持する rating プロパティを対象に絞り込みを行っており、プロジェクト失敗時のスコアと見なす 30.0 未満のスコアを持つプロジェクトのみが集計対象となるように WHERE 句で条件を指定しています。そこから、:REPORTS_TO*3..3 を介して、プロジェクトに参加した一般社員と、その 3 つ上の SVP レベルの管理職リーダーをマッチングします。図 10-22 に示すように、SVP Lynn Smyth の管理下のプロジェクトチームは、他の SVP 管理下のチームと比較して、問題を抱えることが非常に多いことが確認できます。

```
1  MATCH (p:Project)←[:PARTICIPATED_IN]-(:Employee)-[:REPORTS_TO*3..3]→(svp:SVP)
2  WHERE p.rating < 30.0
3  RETURN svp, count(p) AS failedProjects ORDER BY failedProjects DESC
```

"svp"	"failedProjects"
{"firstname":"Lynn","id":"11930","lastname":"Smyth"}	10540
{"firstname":"Trevor","id":"93007","lastname":"Dunham"}	460
{"firstname":"Yetch","id":"87689","lastname":"Aizer"}	370
{"firstname":"Dora","id":"92607","lastname":"Flowers"}	350
{"firstname":"Penny","id":"32168","lastname":"Lukis"}	350
{"firstname":"Chester","id":"70573","lastname":"Hoskyns"}	330
{"firstname":"Addy","id":"8970","lastname":"Lester"}	300
{"firstname":"Chester","id":"70387","lastname":"Edwardes"}	300
{"firstname":"Melaina","id":"82060","lastname":"Craven"}	280

図10-22：Lynn Smyth 下で多発するプロジェクトの失敗

　もちろん、このような小規模なデータであれば、どのような話も考えられます。Lynn の経歴をもっと深く掘り下げれば、プロジェクトの失敗が目立っている状況に関する相当の理由が見つかるかもしれません。たとえば彼女は、プロジェクトが失敗しても価値があるような研究組織を管理しているのかもしれません。ただ、プロジェクトポートフォリオの一部が失敗したSVPはLynnだけではありませんが、他のSVPと比較するとLynnの下でのプロジェクトの失敗は顕著です。

　このようなパターンマッチングをグローバルに網羅的に行うのは非実用的で限界があります。代わりに、知識グラフが成功に導きそうなプロジェクトリーダーを推薦したり、迷走しそうなプロジェクトについて早期に警告を出すことができれば、より実用的で便利でしょう。グラフデータサイエンスを活用すれば、この問題に取り組むことができます。

　6章で扱ったように、最初に分析したいノード、リレーション、プロパティを含む知識グラフから射影を作成します。今回は、リスト10-16に示すように、:Employee ノード、:Project ノード、:Incomplete ノードの知識グラフ全体、および :PARTICIPATED_IN リレーションと :REPORTS_TO リレーションが必要です。なお、:Project ノードは rating プロパティだけを射影に含める点に注意してください。最終的には、まだ完了していないプロジェクトを対象に、そのプロジェクトの結果である rating プロパティを予測することが目的です。

リスト10-16 過去、および現在のプロジェクトを対象にしたグラフの射影の作成

```
CALL gds.graph.project(
  'projects', {
    Incomplete: {},
    Project: {properties: ['rating']},
    Employee: {}
```

```
    }, {
      PARTICIPATED_IN: {orientation: 'UNDIRECTED'},
      REPORTS_TO: {orientation: 'UNDIRECTED'}
    }
)
```

次は、`CALL gds.alpha.pipeline.nodeRegression.create('projects-pipeline')`で機械学習パイプラインを作成します。リスト 10-17 に示すように、`projects-pipeline`にノード回帰のプロシージャを追加します。今回は、知識グラフのトポロジーとデータを機械学習に適した数値にエンコードするため、fastRP[2] アルゴリズムを選択します。ここでは、`:Project`ノードのトポロジーを射影内の各ノードの数値プロパティとしてエンコードします。

リスト 10-17 機械学習パイプラインにノード回帰のプロシージャを追加する

```
CALL gds.alpha.pipeline.nodeRegression.addNodeProperty(
  'projects-pipeline',
  'fastRP', {
    embeddingDimension: 256,
    iterationWeights: [0, 1],
    mutateProperty: 'fastrp-embedding',
    contextNodeLabels: ['Project']
  }
)
```

次に、モデルを訓練する際に使用する特徴量を選択します。今回の例では、組織のトポロジーが重要です。FastRP はノードのトポロジーを機械学習の特徴量として使いやすい数値にエンコードするため、リスト 10-17 で用意した `fastrp-embedding` を特徴量として選択します。リスト 10-18 の通りです。

リスト 10-18 モデルを訓練する際に使用する特徴量を選択する

```
CALL gds.alpha.pipeline.nodeRegression.selectFeatures(
  'projects-pipeline',
  'fastrp-embedding'
)
```

続いて、学習データとテストデータの分割を宣言します。リスト 10-19 では、`testFraction` を 0.2 に設定し、グラフの 20% がモデルのテスト用に確保されるようにしています。なお、残りは訓練など他の目的に使用されます。

リスト 10-19 訓練データとテストデータの比率を宣言する

```
CALL gds.alpha.pipeline.nodeRegression.configureSplit(
  'projects-pipeline',
  {testFraction: 0.2}
)
```

---

[2] https://neo4j.com/docs/graph-data-science/current/machine-learning/node-embeddings/fastrp/

回帰モデルをパイプラインに追加します。今回はランダムフォレストを使用します。ランダムフォレストは分類と回帰を行う一般的な教師あり機械学習の手法であり、単一の木への過学習を防ぐために複数の決定木を使用し、木の各予測を組み合わせて全体の予測を得ます。リスト 10-20 がランダムフォレストの設定方法です。

リスト 10-20 パイプラインに回帰モデルを追加する

```
CALL gds.alpha.pipeline.nodeRegression.addRandomForest(
  'projects-pipeline',
  {numberOfDecisionTrees: 10}
)
```

回帰モデルとデータが揃ったので、チューニングの準備ができました。Neo4j Graph Data Science は自動チューニングをサポートしているため、最適なパラメーターを選ぶために自動機械学習システムが試行する回数を宣言するだけで済みます。リスト 10-21 では、計算コストが低く済むため、100 回の試行を宣言しています。

リスト 10-21 回帰モデルのパタメータを自動チューニングするための設定を追加する

```
CALL gds.alpha.pipeline.nodeRegression.configureAutoTuning(
  'projects-pipeline',
  {maxTrials: 100}
)
```

最後は、これまで設定したすべての内容を基に予測モデルを訓練します。リスト 10-22 の通りです。このモデルは、進行中のプロジェクトの rating プロパティを予測するため、:Project ラベルと rating プロパティを持つノードで訓練します。

リスト 10-22 予測モデルを訓練する

```
CALL gds.alpha.pipeline.nodeRegression.train(
  'projects', {
    pipeline: 'projects-pipeline',
    targetNodeLabels: ['Project'],
    modelName: 'projects-pipeline-model',
    targetProperty: 'rating',
    randomSeed: 1,
    concurrency: 4,
    metrics: ['MEAN_SQUARED_ERROR']
  }
)
```

訓練が終わると、進行中のプロジェクトの健全性を予測する学習済みモデルが出来上がります。このモデルを使用するには、リスト 10-23 のコードを実行します。コードでは、projects-pipeline-model によって :Incomplete ラベルを持つノードに対して予測を行い、その結果をユーザーにストリームで返します。

リスト 10-23　プロジェクトの結果を予測する

```
CALL gds.alpha.pipeline.nodeRegression.predict.stream(
  'projects',
  {modelName: 'projects-pipeline-model', targetNodeLabels: ['Incomplete']}
) YIELD nodeId, predictedValue
WITH gds.util.asNode(nodeId) AS projectNode, predictedValue AS predictedRating
RETURN projectNode.name AS name, predictedRating
ORDER BY predictedRating ASC
LIMIT 10
```

図 10-23 はリスト 10-23 を実行した結果です。ここでは、予測されたスコアが最も悪かった 10 個のプロジェクトを確認できます。この結果を使って、データサイエンスをさらに活用し、特定のプロジェクトが失敗する理由をより詳細に分析することもできますし、事業レベルで行動を起こし、実際に現場の状況を確認することもできます。いずれにせよ、少なくとも、どのプロジェクトに対して早期に介入すべきかという指針が得られます。

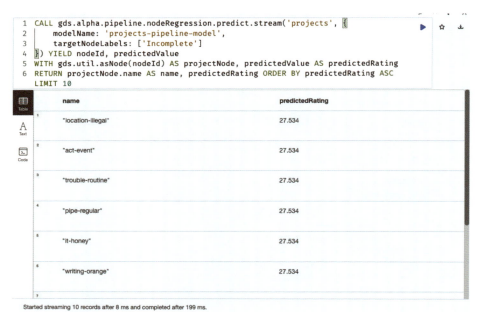

図 10-23：失敗する可能性が高いプロジェクト

このアプローチは 2 つの重要なユースケースに役立ちます。1 つは、部署別、マネージャー別、スキルセット別の成果と、過去の能力を示す代替指標を使って将来の成果を予測する際に役立ちます。もう 1 つは、困難な状況にある管理者の改善や、業績不振の長期化につながる組織的な障害の特定に役立てることができます。また、知識グラフによって構造的、または個人的な欠陥が明らかになった場合には、組織を再設計するきっかけにもできます。

このアプローチを使えば、スキル向上を目指す従業員がプロジェクトの進行が安定してい

るチームを探しやすくなります。また、このような方法で見つかったチームであれば、新メンバーが学習するための時間も確保しやすいことでしょう。逆に積極性をアピールしたい従業員にとっては、スキルセットが合致する強力なチームに参加する機会や失敗が続いているチームを強化する目的で作られた機会など、組織横断的な機会を掴みやすくなります。どちらの道を選ぶにせよ、各従業員は、自身に何が期待されているのかを一段と認識しやすくなります。

スキルの知識グラフは、「Javaとアジャイル開発の経験を5年」という狭い世界から、プロジェクトを進行する中で従業員が蓄積した豊富なスキルの経験を反映した世界へと導いてくれるということです。従業員の過去と将来のキャリアのスキルはすべて知識グラフを拡充します。この知識グラフがあれば、従業員が最良のキャリアを築く手助けをするだけでなく、組織の将来の計画策定にも役立ちます。

> **ケーススタディ：DXC Technology**
>
> DXC Technology は、13万人の従業員を持つグローバル IT サービス企業です。競争の激しい市場で成功するために、DXC はチームメンバーを惹きつけて雇用を維持し、スキル向上を図り、最高水準のコンサルティングサービスと専門知識を顧客に提供する必要があります。
>
> DXC は、組織にとって最も価値のある役割やキャリアパスに基づいて、従業員がキャリア開発の推薦アドバイスを簡単に得られるようなシステムを構築したいと考えていました。このシステムでは、社内で就ける役割を対象とし、従業員が習得済みのスキルの向上や新規スキルの獲得を簡単に行えるようにする必要があります。
>
> しかし、他の多くの大企業と同様、DXC では情報がサイロ化しており、分断されたシステムが運用されていました。これらのシステムはそれぞれ価値がありますが、従業員に対して1つの共通化されたビューを提供することはできませんでした。そのため、採用、昇進、社員や事業の成長をサポートするキャリアパスの作成に課題がありました。たとえば、繁忙期には従業員が離職し、人員削減の時期には最適ではない人員配置が行われてきました。
>
> このような問題を解決し、DXC の従業員にはより良い機会を、顧客にはより良い結果を提供するため、DXC は Career Navigator を開発しました。DXC Career Navigator はサイロ化されたすべてのデータを接続し、本章の例のような従業員の知識グラフを基盤とした推薦を行います。
>
> 従業員と知識グラフのやりとりはすべてアプリケーションを介して行われ、最初は類似した従業員のスキルの進捗に基づいてスキルの推薦を行います。たとえば、類似するソフトウェアエンジニアのスキルセットとのギャップに基づき、ソフトウェアエンジニアのスキルを推薦します。
>
> DXC の Career Navigator は、Neo4j のグラフデータベースと Graph Data Science ライブラリを組み合わせて使用しています。Neo4j にホストされている知識グラフは、従業員と従業員が持つスキルに関するすべての構造情報を含んでいます。Graph Data Science で実行するグラフアルゴリズムは、類似したスキルを持つ従業員を特定して知識グラフを拡充します。そして、特定した類似する従業員に関する情報は、他の従業員のキャリア開発を行う際のプロトタイプとして活用します。

> 結果として DXC の Career Navigator は大成功し、今ではソリューションとして Career Navigator を顧客に提供しています。

10.3 まとめ

　ドメイン内のパターンを発見、理解できると、重要な差別化要因になります。この差別化要因を作り出す上で、パターン検出の知識グラフは強力な武器になります。

　本章で扱った例は、独自のパターン検出の知識グラフを構築する際の強固な基礎になります。グラフデータサイエンスを実践して得られた洞察と人間の専門知識を自由に掛け合わせれば、知識グラフを拡充していけます。拡充した知識グラフを実運用化すれば、リアルタイムのユースケースや分析のユースケースの双方において能力を発揮します。

　しかし、本章で学んだテクニックをより広く応用することもできます。本章のテクニックは、不正利用者を含む社会ネットワークや、同僚やプロジェクトから構成される企業ネットワークだけに適用されるものではありません。次章では、サプライチェーンやリスク管理など、様々なドメインのシステムに内在する依存関係のパターンを処理する方法について解説します。

11
依存関係の知識グラフ

以下の3つのシナリオに共通する要素を考えてみましょう。

- プロジェクトの最適な計画を検討するため、プロジェクトに関係する様々なタスク間の依存関係を把握する必要があります。「タスクBはタスクAが完了する前には開始できない」という状態は、BがAに依存している状態を意味します。また、「タスクBとタスクCは両方ともチームメンバーXが実行する」という状態は、BとCの両者がXに依存している状態を意味します。

- 人気のソフトウェアライブラリで脆弱性が報告されました。プロジェクトがその脆弱性の影響を受けるかどうかを判断するために、プロジェクト内のコードで脆弱性が確認されたライブラリを直接使っていないかどうかを確認する必要があります。また、プロジェクトで使用しているライブラリから間接的に脆弱なライブラリを使用していないことも確認する必要があります。

- ある会社が別の会社の株式を25%保有し、その会社がさらに別の会社の株式の一部を保有している関係が存在するとします。この場合、法人が行った取引の実質的支配者（Ultimate Beneficial Owner：UBO）を見つけるには、一連の株式の保有関係を辿る必要があります。金融機関や規制当局がアンチマネーロンダリングやテロ資金供与防止の観点でチェックを実施する際や、一般的なリスク評価を行う際には、このような作業が必要になります。

これらをはじめとする多くのシナリオに共通するテーマは、依存関係のモデリングです。依存関係のモデリングは非常に直感的です。個々の直接的な依存関係はノード間の関係としてモデリングされ、それらが複数組み合わさることで推移的な依存関係を表現したネットワークになります。そして、この依存関係のネットワークがグラフを形成します。依存関係の問題の多くは、グラフ上でのパターンマッチングとグラフアルゴリズムによって解決できます。本章ではこの点を解説していきます。

11.1 グラフとしての依存関係

表11-1は依存関係の一般的な表現です。各行が他の要素に直接依存している要素を表しています。たとえば、これらの要素はネットワーク内のルーター、サプライチェーン内の要素、プロジェクト内のタスクである場合があります。しかし、ユースケースの内容を問わず、依存関係を処理する方法は共通しています。

表11-1：並列的依存関係を表現した表

Element	Depends On
A	B
A	C
A	D
C	H
D	J
E	F
E	G
F	J
G	L
H	I
J	N
J	M
L	M

　この表さえあれば「AとFの間に隠れた依存関係はありますか？」のような、依存関係の分析を目的とした基本的な質問に答えられます。全く効率的ではありませんが、表を確認し、メモを取りながら個々の依存関係を辿れば、おそらく1分以内に答えを導けるでしょう。AとFの間には直接的、間接的な依存関係は存在しません。

　表11-1に対する前記の質問にクエリで回答を求める場合、リスト11-1のようになります。ただし、このクエリは2段階先の依存関係を探索する部分のみを記述している点に注意してください。探索が必要な深さだけテーブルの結合を行う必要があることを省略して記述しています。AとFの間に依存関係が存在しないようなケースでは、可能なすべての依存関係の連鎖を完全に探索した場合に初めて正確な回答を導出できます。

> **リスト 11-1** 指定した要素に関するすべての再帰的な依存関係を返却する SQL クエリのテンプレート

```sql
SELECT count(*) >0 dependency_exists
FROM dependencies d
  INNER JOIN dependencies d1
    ON d.depends_on = d1.elem
  INNER JOIN dependencies d2
    ON d1.depends_on = d2.elem
  [...]
WHERE d.elem = 'A'
      AND d2.elem = 'F'
```

　リスト 11-1 のアプローチは、探索対象のデータが小規模であってもうまくいきません。これは、SQL やリレーショナルデータが再帰的なパス解析を想定して設計されていないためです。しかし、知識グラフは任意の深さのパス解析を目的として設計されています。リスト 11-2 は、表 11-1 のデータセットを知識グラフに変換するスクリプトです。入力には、表 11-1 のデータを CSV 化したファイルを指定しています。

> **リスト 11-2** 依存関係を読み込む Cypher スクリプト

```
LOAD CSV WITH HEADERS FROM 'file:///dependencies.csv' AS row
MERGE (a:Element {id: row.element})
MERGE (b:Element {id: row.depends_on})
MERGE (a)-[:DEPENDS_ON]->(b)
```

　知識グラフに変換した結果を図 11-1 に示します。表 11-1 の各行は、ノード間の依存関係を示す有向のリレーションに変換されています。

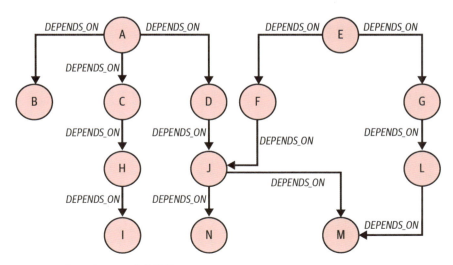

図 11-1：グラフとしての依存関係

知識グラフでは依存関係が明示的であるため、「AとFの間に隠れた依存関係はありますか？」という全く同じ質問に対して簡単に答えられます。人間が知識グラフを見れば、数秒もせずにAとFの間に依存関係がないことは正しく判断できるでしょう。このような知識グラフをサポートするグラフデータベースは、これと同じことを、より迅速、かつ大規模に行います。

リスト11-1の省略して記述されたテンプレートとは異なり、リスト11-3はそのまま実行できるCypherクエリです。つまり、任意の深さの依存関係の連鎖に関する記述を変更することなくクエリを実行できます。これは、可変長のパスの探索を可能とするネイティブな表現が使用できるためです。:DEPENDS_ON* の記法は、:DEPENDS_ON リレーションを辿って任意の深さのパスを探索するようにデータベースに指示を行います。このようなパターンを用いたクエリは頑健であるだけでなく、より直感的であり、シンプルな記述で済みます。ソフトウェア開発の文脈であれば、保守コストの削減にも繋がるでしょう。

リスト11-3 指定した要素に関するすべての再帰的な依存関係を返却するCypher

```
MATCH path = (:Element {id: 'A'})-[:DEPENDS_ON*]->(:Element {id: 'F'})
RETURN path
```

リスト11-3は極めて単純なクエリです。しかし以降の節で学ぶように、複雑な依存関係を持つグラフを対象にしても、このクエリは依然役に立ちます。

11.2 発展的な依存関係グラフのモデリング

前節のように依存関係が存在するかどうかのみに関心がある場合など、依存関係に関する問題は単純な場合もあります。しかし、より複雑な問題では、より多くのデータを扱う必要があります。たとえば、依存関係の重要度やコストを分析する場合や、複数の依存関係の関わり合いについて分析する場合です。データモデリングの観点において、プロパティグラフモデルは、様々な型を持つリレーションとプロパティを組み合わせることで修飾された依存関係を自然に表現できます。

11.2.1 修飾された依存関係

図11-2は、よりリッチな依存関係の例を示しています。図中の各グラフでは、2つのエンティティ間の依存関係を表すリレーションが依存関係の強さを表す属性で修飾されています。

会社の保有権のグラフの場合、ある会社が別の会社の一部を保有している事実だけではなく、保有割合について知る必要もあります。同様に、容量使用量のグラフでは、あるサービスが別の下位レベルのサービスが提供する容量の一部を使用する場合、その容量を知る必要があります。これらは、:CONSUMES リレーションの capacity 属性や :OWNS リレーションの part 属性で表現されています。プロパティは通常、絶対値かパーセントの単位を想定しますが、いずれにしても常に数値（最悪の場合は列挙リストの値）を設定し、複数の値を組み合わ

せられるようにします。次節で解説しますが、これは複雑な影響の伝播を計算したり、依存関係のモデルの正しさを検証する際に重要になります。

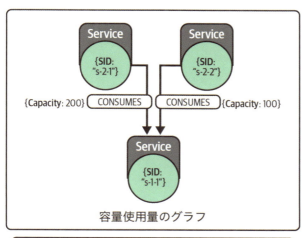

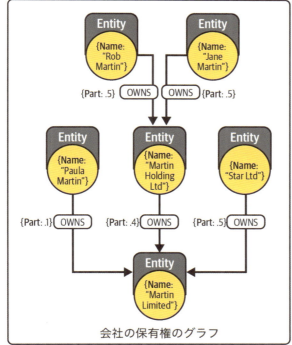

図 11-2：修飾された依存関係を含むグラフ

依存関係を修飾する別の側面として、時間的有効性があります。これは依存関係がいつの時点で有効であるかを示す情報です。つまり、日付や時間が指定された際に、依存関係が有

効かどうかを判断する必要があります。図 11-3 では、依存関係の強さを把握する際に用いたモデリング手法を流用し、時間的有効性を考慮したグラフを表現しています。リレーション内のプロパティによって各依存関係の有効性の開始時点と終了時点を表しています。

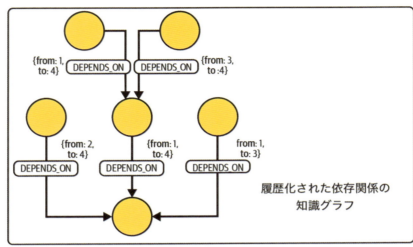

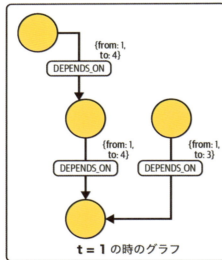
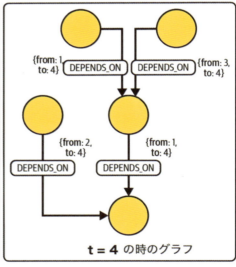

図 11-3：時間的有効性を含む依存関係

　図 11-3 のように履歴化された依存関係を含むグラフにクエリするには、タイムスタンプのパラメータ t を指定してクエリをコンテキスト化し、時刻 t の時点で有効であった、または有効になる予定[†1]の依存関係のみを探索する必要があります。

---

†1 依存関係の知識グラフで将来の状態を表現できない理由は何もありません。ユーザーが事前にリソースを予約できるようなスケジュール登録アプリを考えれば、何も問題がないことが分かるでしょう。

11.2.2 並列的依存関係のセマンティクス

図 11-2 および図 11-3 の例では、依存関係を持つすべてのエンティティ、またはサービスが、単一の外向きのリレーションを通じて他の単一のエンティティに依存しています。しかし一般的には、並列的な依存関係が存在するケースも多くあります。たとえば、投資家が特定の金融資産への集中を避けて分散投資をする場合や、サプライチェーンにおいて商品の輸送に複数のルートを構築してレジリエンスを確保する場合です。図 11-4 は、これらの例をグラフで表現しています。

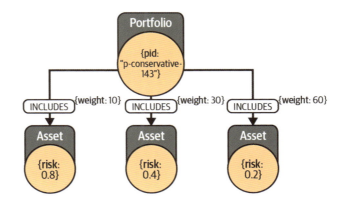

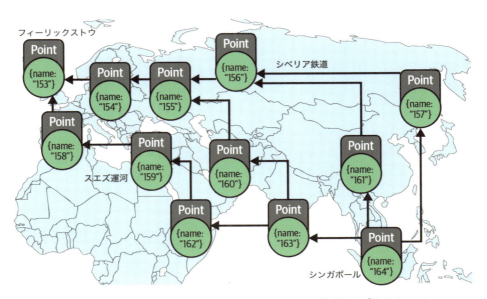

図 11-4：並列的依存関係を含む 2 つの例—資産ポートフォリオの管理とサプライチェーン

どちらの例にも他の複数のノードに依存する要素（ノード）が存在しますが、これらの並列的依存関係は異なる解釈を持ちます。グラフ上の依存関係同士に適用される想定のロジック

は加法的でしょうか。または、少なくとも1つの依存関係が存在することに意味があるグラフでしょうか。並列的依存関係からは2つの基本的な解釈が形成されます。加算・集約、または冗長・保護です。

集約型の依存関係は同時に有効であると解釈されます。これは、複数のエンティティに対して依存関係が分散していることを意味します。たとえば、要素Aは別の要素Bに対し、要素Bの要素Aへの貢献によって重み付けされた依存関係を持つといった具合です。図11-4の上部では、複数の異なる金融資産への投資でポートフォリオが構成されています。ある金融資産がある割合、たとえば30%の割合で全体に寄与しているという状態は、ポートフォリオが対象の金融資産に対してその割合だけ依存していることを意味します。換言すれば、その投資にプラス、またはマイナスのイベントが発生した場合のポートフォリオへの影響は、0.3倍の比率で加重されます。

依存関係を使って影響分析をすることも多くあります。マイナスのイベントが発生した場合、伝播する損害はその量に制限されます。同様のロジックは他のユースケースにも適用できます。たとえば、複数の物理リンクを結合した論理通信リンクの容量や、複数の物理ドライブから構成される仮想ストレージドライブの容量などです。これらの場合も、依存する要素（リンクやドライブ）のいずれかに障害が発生すると親要素の容量が低下しますが、この際の低下量は親要素が提供していた総容量に対する障害が発生した要素の寄与分に制限されます。依存する子要素の容量に一定以上の障害が発生すると親要素が全く機能しなくなるような転換点が存在する場合もあるでしょう。

このようなモデルを前提とした依存関係のグラフにおける影響の伝播は、依存関係のパスに沿った単純な式を使って再帰的に計算できます。

$$parent\_impact = child1\_impact * child1\_weight + child2\_impact * child2\_weight \ldots$$

図11-5は、影響の伝播を可視化した結果です。測定、検知された影響は計算結果としてグラフに含めています。図では、ハードドライブの故障、金融資産Xの価値の50%下落、リンクXの信号の消失などのイベントを虫眼鏡のアイコンで示しています。そして、影響が伝播する経路を黄色の背景色でハイライトしています。

冗長型の依存関係は耐障害性を強化します。冗長化された依存関係に含まれるすべてのエンティティのうち、常に機能しているエンティティは1つのみであり、残りのエンティティは必要になるまで予備として保持されます。つまり、依存先のエンティティの内、少なくとも1つのエンティティが利用可能である限り、依存元のエンティティは影響を受けません。その結果、特定の障害は「保護ノード」（複数の冗長な依存先エンティティを持つノード）によってその影響を吸収され、それ以上先に影響が伝播することはありません。このような仕組みは、ソフトウェアシステムの高可用性アーキテクチャでは一般的であり、24時間365日の稼働が必要である重要なサーバーでは、あるサーバーが故障した場合に他のサーバーがサービスの継続性を担保する仕組みによって保護されています。

テレビ放送や通信ネットワークでも類似のケースが存在します。2地点間の接続を保証するために複数の代替経路を用意し、障害が発生した場合には、存続している代替経路の中から1つの経路が使用されるようになっています。

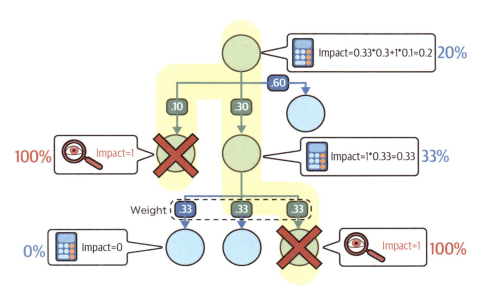

図 11-5：集約型の並列的依存関係のグラフにおける影響の伝播

サプライチェーンにも同様の仕組みが存在し、混雑時には代替経路を使用します。図 11-4 の下部でこの様子が確認できます。シンガポールとフィーリックストウを結ぶ優先的な経路はスエズ運河経由ですが、シベリア鉄道経由などの代替経路も存在します。

エネルギーネットワークやプロジェクト計画も冗長な依存関係が使用されるユースケースの 1 つでしょう。この種の知識グラフにはとても広い有用性があります。

これらすべてのユースケースでは、影響の伝播が大きな関心の対象になっています。影響の伝播は依存関係のパスに沿って再帰的に計算できます。

$$parent\_impact = \min(child1\_impact, child2\_impact, \ldots)$$

次ページの図 11-6 は影響の伝播の可視化です。図 11-5 と同様、発生元の影響を虫眼鏡アイコンで、派生した影響を基礎となる計算と電卓アイコンで、そして影響が伝播する経路を黄色の背景色でハイライトしています。

単純な依存関係である集約型、冗長型以外の複雑なケースとして、親エンティティが動作するために必要となる依存先エンティティの数に関して下限値が存在するかもしれません。つまり、ある閾値を超えて依存先エンティティで障害が発生した場合に、親エンティティの動作が保証できなくなるような状況です。この場合でも基本的な原則は変わりませんが、閾値の存在を仮定して影響を計算する式を一般化する必要があります。

$$parent\_impact = \begin{cases} 0 & (\text{sum}((1 - child1\_impact), (1 - child2\_impact), \ldots) \geq parent\_threshold) \\ 1 & (\text{sum}((1 - child1\_impact), (1 - child2\_impact), \ldots) < parent\_threshold) \end{cases}$$

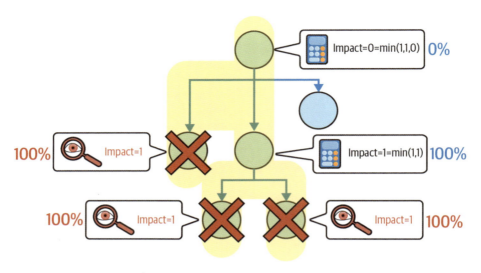

図 11-6：冗長型の並列的依存関係のグラフにおける影響の伝播

　データベースクラスタが良い例です。クラスタを完全に機能させるには、耐障害性を維持するために一定のクラスタ数が機能している必要があり、大多数のサーバーが利用可能である必要があります。このような依存関係のモデルは図 11-7 のようになります。

　図 11-7 では、データベース管理システムが `Primary1`、`Primary2`、`Primary3` の 3 つのサーバーに対して依存関係を持っており、各サーバーは基礎となる仮想マシンに依存していることが分かります。`:GraphDB` ノードは閾値のプロパティを保持しており、`:GraphDB` が利用可能であり続けるためには、3 つのプライマリサーバーのうち少なくとも 2 つが稼働している必要があることを示しています[訳注2]。またこのグラフには、GraphDB に直接依存する 2 つの推薦 API も表現されています。これらの API は、依存関係が推移的に満たされている場合、つまりデータベースとそのインフラが利用可能である場合にエンドユーザーに対して機能を提供します。本節で扱った並列的依存関係についての 2 つの解釈は基本的なケースですが、実際のシステムでは、同一の依存関係のグラフの中に両者の依存関係が共存していることも多くあります。

---

†2　[訳注] 前掲の計算式に当てはめると、`Primary1` での影響発生度が *child1_impact*、`:GraphDB` ノードが持つ `threshold` プロパティの値が *parent_threshold*、`:GraphDB` ノードで生じる影響が *parent_impact* に相当します。

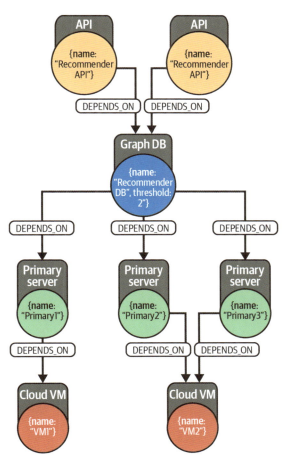

図 11-7：高可用性を実現するサーバークラスタをモデリングするには並列的依存関係の考慮が必要

11.3　Cypher による影響伝播の分析

　本節では、前節で説明した 2 種類の並列的依存関係を含んだグラフを分析します。使用するデータセットの抜粋をリスト 11-4 に示します。このデータセットは各行が 2 つの要素間の直接的な依存関係を表しており、依存関係の種類（集約型の場合は「:AGG」、冗長型の場合は「:RED」）や依存関係を修飾する絶対値が 1 つのファイルに記述されています。

リスト 11-4　グラフを形成する個々の直接的な依存関係を記述した CSV ファイル

```
| "element" | "depends_on" | "mode" | "abs" |
| --------- | ------------ | ------ | ----- |
| "A"       | "B"          | "AGG"  | "80"  |
| "A"       | "C"          | "AGG"  | "10"  |
| "A"       | "D"          | "AGG"  | "10"  |
| "A"       | "E"          | "AGG"  | "10"  |
| ...       |              |        |       |
| "Q"       | "H"          | "AGG"  | "30"  |
```

すべての依存関係は :DEPENDS_ON のリレーションでモデル化されており、その中の mode と abs というプロパティは、それぞれリレーションの種類と重みを表しています。リスト 11-4 の CSV ファイルから知識グラフにデータを取り込む Cypher スクリプトをリスト 11-5 に示します。

リスト 11-5　修飾された依存関係の知識グラフを読み込む Cypher スクリプト

```
WITH 'file:///qualified-dependencies.csv' AS data
LOAD CSV WITH HEADERS FROM data AS row
MERGE (a:Element {id: row.element})
MERGE (b:Element {id: row.depends_on})
MERGE (a)-[do:DEPENDS_ON]->(b)
  ON CREATE SET do.abs = toInteger(row.abs), do.mode = row.mode
```

リスト 11-5 を実行すると、図 11-8 のような知識グラフを作成できます。

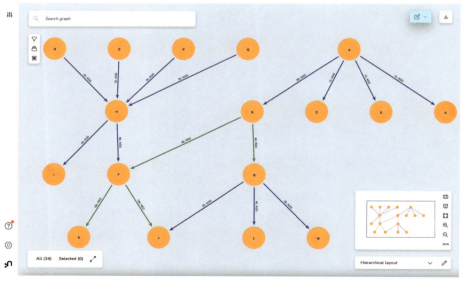

図 11-8：集約型と冗長型の並列的依存関係を組み合わせたグラフ

影響分析を行う際に使用する一般的なクエリでは、影響を受ける既知のノードを入力パラメータとし、依存関係グラフに基づいて派生的な影響が生じるノードを取得します。影響が発生し得るノードの列挙は、影響の伝播に関する分析の中でも最も基本的なユースケースです。この分析は純粋にトポロジーに着目するだけで実行でき、影響を受ける複数の既知のノードに基づき、グラフ上で直接的、または間接的な依存関係（有向パス）にあるノードを取得します。この影響範囲の分析は、より詳細な分析の対象とするノードのサブセットを検出する際の最初のステップとしてよく行われます。なお影響の範囲としては、グラフ上に存在する冗長型の依存関係や集約型の依存関係を考慮すると、すべてのノードが影響を受けるわけではないか、もしくは部分的な影響で済む場合がほとんどです。この分析を行う Cypher クエリはリスト 11-6 の通りです。

リスト 11-6 個々の依存関係のセマンティクスや修飾を考慮せずに影響の伝播を計算する Cypher クエリ

```
:params declared: ['I', 'K', 'J']

MATCH (e:Element)-[:DEPENDS_ON*]->(impacted)
WHERE impacted.id IN $declared
RETURN collect(DISTINCT e.id) AS max_impact_list
```

リスト 11-6 のクエリは、リスト 11-7 の結果を返します。結果の可視化は図 11-9 の通りです。

リスト 11-7 障害が発生し得るノードを計算する Cypher クエリの実行結果

```
| "max_impact_list"                      |
| -------------------------------------- |
| ["H","Q","P","O","N","G","B","A","F"]  |
```

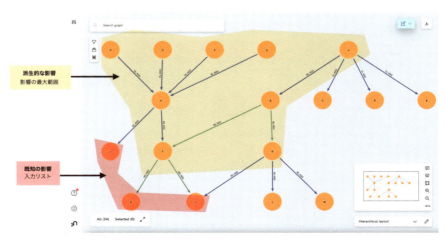

図 11-9：考え得る最悪の影響範囲

リスト11-6のクエリで分析対象の空間を制限できれば、依存関係のセマンティクス（修飾、並列的依存関係など）を考慮した詳細な影響評価を行えます。リスト11-8は、冗長型の依存関係を対象に影響の伝播を分析するCypherクエリです。実用的な理由から、冗長型の並列的依存関係を持つノードの閾値を1とし、影響はバイナリで評価しています。つまり、ノードに影響がある場合は1、影響がない場合は0としています。なお、パラメータの$declaredには、影響のあった既知のノードを指定しています。

リスト 11-8 冗長型の並列的依存関係を対象に影響の伝播を計算するCypherクエリ

```
:params declared: ['I', 'K', 'J'] , current: 'F'

MATCH (e:Element {id: $current})-[d:DEPENDS_ON {mode: 'RED'}]->(dependee)
WITH e.id AS element,
  dependee.id AS dependee,
  CASE
    WHEN dependee.id IN $declared THEN 1
    ELSE 0
  END AS partial_impact
RETURN element, min(partial_impact) AS derived_impact
```

リスト11-8のクエリを実行するとリスト11-9に示す結果が返却されます。

リスト 11-9 冗長型の並列的依存関係を対象に影響の伝播を計算するCypherクエリの実行結果

"element"	"derived_impact"
"F"	1

一方、リスト11-10は、集約型の依存関係を対象に影響の伝播を分析するCypherクエリを示しています。こちらの場合、入力パラメータで指定する深刻度を表す数値によって影響が変化します。求めたいデータは、要素のIDをキーとして、要素への影響を0（影響なし）から1（影響あり）までの数値で表した対応表です。

リスト 11-10 集約型の並列的依存関係を対象に影響の伝播を計算するCypherクエリ

```
:params declared: { "I": 0.5, "K": 1, "J": 0.33 }, current: "G"

MATCH (e:Element {id: $current})-[d:DEPENDS_ON {mode: 'AGG'}]->()
WITH e.id AS element,
     coalesce($declared[endNode(d).id], 0) * d.abs AS partial_impact
RETURN element, sum(partial_impact) AS derived_impact
```

クエリの実行結果はリスト11-11の通りです。

リスト 11-11　集約型の並列的依存関係を対象に影響の伝播を計算する Cypher クエリの実行結果

```
| "element" | "derived_impact"    |
| --------- | ------------------- |
| "G"       | 6.6000000000000005  |
```

このような一般的な依存関係の伝播の規則を扱う Cypher の実装は、あらゆる種類の依存関係を分析する際の重要な基礎になります。そしてこれらの実装は、ほぼあらゆる依存関係を内在したユースケースをモデリングする際にも拡張できます。

11.4　依存関係の知識グラフの検証

依存関係のグラフモデルの重要な特徴として、簡単に正しさを検証できる点があります。構築された依存関係のグラフが正しいことを確認するには、ユースケースに特有の多数の条件を満たしていることを検証する必要があります。本章では、特定の条件を構築する際の基礎として共通的に使用できる 4 つの汎用的な条件について解説します。

11.4.1　検証 1：閉路が存在しない

依存関係のグラフは技術的には**有向非巡回グラフ**（Directed Acyclic Graph：DAG）です。閉路が存在する状態とは、あるコンポーネントが最終的にそれ自身に依存している状態を意味します。この状態は計算の観点で明らかに好ましくなく、知識グラフやドメイン自体のバグを示唆しています。幸い、グラフは構造を明示化できるため、簡単に閉路やループ（およびその他のデータ内の形状）を検出できます。リスト 11-12 は、依存関係のグラフから閉路を検出する Cypher クエリです。閉路は始点と終点が同一のノードであるパスです。リスト 11-12 のパターンでは、同一のノードで始まって同一のノードで終わる有向パスを捕捉しています。

リスト 11-12　閉路の存在を確認する Cypher クエリ

```
MATCH cycle = (e:Element)-[d:DEPENDS_ON*]->(e)
RETURN cycle
```

大規模なグラフでは、このクエリの処理コストが高くなる可能性がある点に注意してください。そのため、通常は以下のような工夫を行います。

- 探索範囲をグラフの一部分に制限します。たとえば、ノードの集合を入力とし、それらのノードの周辺のみで閉路の検出を行います。リスト 11-12 であれば、パス内の e.id が $node_subset 内に含まれるという絞り込み条件を追加するだけで済みます。
- 探索の深さを制御します。アスタリスクは「任意の長さのパス」を表しますが、()-[d:DEPENDS_ON*3..45]-> のように探索の深さの最小値と最大値を指定することもできます。

11.4.2 検証 2：並列的依存関係を集約した値が想定する合計値と一致する

この種の検証は、モデルが異常な状況を記述していないことを確認する上で重要です。たとえば、ある組織の株式の保有割合の合計が正確に 100% であることや、20Gbps の回線を 5 本ボンディングした光伝送ネットワークのリンクが 100Gbps として記録されていることを確認する必要があります。

考え方は単純です。集約対象である各コンポーネントの依存関係の重みが相対的な表現で記述されている場合、重みの合計が 1（または 100%）になるはずです。リスト 11-13 の Cypher クエリではこの仮説を検証しています。一方、重みが絶対的な表現で記述されている場合には、モデルは各ノードを集約した合計値を属性値として保持していることがあるため、リスト 11-14 のような方法で検証できます。

リスト 11-13 集約型の並列的依存関係の相対的な重みの正しさを確認する Cypher クエリ

```
MATCH (e:Element)-[d:DEPENDS_ON {mode: 'AGG'}]->()
WITH e, sum(d.rel) AS agg_sum
RETURN e.id AS element_id, agg_sum = 1 AS valid
```

リスト 11-13 のクエリは、すべての :Element ノードを探索した後、探索されたノードから出るすべての :DEPENDS_ON リレーションの rel プロパティの合計を計算し、合計値が 1 であれば true を返します。

リスト 11-14 集約型の依存関係の絶対的な重みの正しさを確認する Cypher クエリ

```
MATCH (e:Element)-[d:DEPENDS_ON {mode: 'AGG'}]->()
WITH e, sum(d.abs) AS agg_sum
RETURN e.id AS element_id, agg_sum = e.total AS valid
```

リスト 11-14 のクエリは、リスト 11-13 のクエリと同じパターンですが、対象のノードから出るすべての :DEPENDS_ON リレーションの abs プロパティを使って重みの合計値を計算し、その合計値を要素の total プロパティと比較しています。これら 2 つの値が一致する場合、対象のノードに関する依存関係の重みは正しくモデリングされていると判断できます。

11.4.3 検証 3：出が入を超過しない

ユースケースによっては非常に動的であり、依存関係の追加、削除が頻繁である場合もあります。このようなユースケースでリレーションの追加、削除と容量の更新が別々のトランザクションで行われる場合、最新の集約の状況を反映したプロパティの維持にコストがかかり、依存関係の不整合が発生し得ます。容量を格納するプロパティが存在しない場合に、依存関係のグラフが任意の時点で整合していることを確認するには、各ノードにおいて入と出の依存関係が均衡していることを確認します。リスト 11-15 の Cypher クエリで依存関係の均衡を確認できます。

リスト 11-15 グラフ上の入と出の均衡を確認する Cypher クエリ

```
MATCH (e:Element)
OPTIONAL MATCH ()<-[dependee:DEPENDS_ON {mode: 'AGG'}]-(e)
WITH e, sum(dependee.abs) AS agg_sum
OPTIONAL MATCH ()<-[dependee:DEPENDS_ON {mode: 'RED'}]-(e)
WITH e, agg_sum, coalesce(min(dependee.abs), 0) AS red_sum
WITH e, agg_sum, red_sum, agg_sum + red_sum AS total_cap
WHERE total_cap > 0
MATCH (e)<-[dependent:DEPENDS_ON]-()
WITH e.id AS elem, agg_sum, red_sum, total_cap, sum(dependent.abs) AS used
RETURN elem,
       agg_sum,
       red_sum,
       total_cap,
       used,
       used * 100.0 / total_cap AS percentage_used
```

リスト 11-15 を図 11-8 のグラフに適用すると、リスト 11-16 に示す結果が得られます。依存関係の知識グラフに存在する各要素について、`percentage_used` が 100% を超過していなければ、依存関係の入と出は整合しています。得られた結果は、依存関係の整合性の検証だけでなく、リソースの利用を最適化するためのガイダンスとしても事業で役に立ちます。

リスト 11-16 依存関係のグラフにおける入と出の均衡

```
| "elem" | "agg_sum" | "red_sum" | "total_cap" | "used" | "percentage_used" |
| ------ | --------- | --------- | ----------- | ------ | ----------------- |
| "B"    | 0         | 80        | 80          | 80     | 100.0             |
| "H"    | 120       | 0         | 120         | 120    | 100.0             |
| "F"    | 0         | 180       | 180         | 160    | 88.88888888888889 |
| "G"    | 80        | 0         | 80          | 80     | 100.0             |
```

11.4.4　検証 4：閾値の定義と冗長型の依存関係が整合する

閾値が定義された冗長型の並列的依存関係が存在するユースケースでは、冗長性を担保する各ノードの集合の要素数が最低でも閾値に等しい必要があります。閾値未満である場合、その依存関係が有効になり得ないことを意味します。リスト 11-17 のクエリでは、冗長性を担保する各ノードの集合の要素数が閾値を超過していることを確認しています。

リスト 11-17 冗長型の並列的依存関係と閾値の定義の妥当性を確認する Cypher クエリ

```
MATCH (e:Element)-[d:DEPENDS_ON {mode: 'RED'}]->()
WITH e, count(d) AS available_redundant_elements
RETURN e.id AS element_id, available_redundant_elements > e.threshold AS valid
```

図 11-7 のデータベースクラスタで :PrimaryServer が 1 つしか存在しない場合が良い例です。この場合、:PrimaryServer の閾値 2 を満たすことは不可能であり、:GraphDB ノードが影響を受けた後、その影響が依存関係のネットワークに伝播していきます。

補足　検証によって明らかになった問題は、クラスタが正しくプロビジョニングされていないといった対象のドメインにおいて実際に発生した問題の場合もあれば、データの取り込みや依存関係のグラフを構築するパイプラインに問題がある場合もあります。問題を検知した場合には、後の対応を決定するために、どちらの要因によって問題が顕在化したのかについて特定する作業が必要です。

　解説した 4 つの検証以外にも、複数の検証を追加的に実行できます。グラフ表現と Cypher の表現力を組み合わせれば、パターンベースの表現を記述して特定のパターンを検証する作業は簡単に行えます。

11.5　複雑な依存関係の処理

　11.3 節で説明されている影響伝播の規則をアルゴリズム的に組み合わせれば、障害が発生した 1 つまたは複数のノードに対する詳細な影響評価を行えます。このような影響評価は、リアルタイムで発生するイベントデータをストリーミングして知識グラフを拡充する際に計算されることがよくあります。これは、複雑なシステム上で大量のイベントを絞り込んだり、優先順位付けを行う際に役立ちます。しかし、どの結果を最初に確認し、どの結果を無視して良いかという疑問が生じます。たとえば、IT インフラで何か問題が発生した場合、その問題に対する保護が存在するため優先順位が低いのか、それとも重要なサービスに影響を及ぼすため優先順位が高いのかを把握したいケースがあるでしょう。依存関係の知識グラフは、障害対策を計画するための単一障害点の検知や、事後的な改善のための根本原因分析に役立ちます。本章では、これらについて詳しく解説します。

11.5.1　単一障害点分析

　単一障害点（Single Point of Failure：SPOF）とは、システム全体が依存している単一の要素のことです。単一障害点に障害が発生するとシステムに障害が発生します。この原則は、依存関係の知識グラフの一部でも確認できます。図 11-7 を再度確認してみましょう。この図では、2 つの :PrimaryServer ノード（Primary2 と Primary3）が同一の :CloudVM ノード（VM2）に直接依存していることが分かります。さらに分かる明らかな事実は、実質的に :GraphDB ノード（RecommenderDB）が VM2 に強く依存していることです。このように、直接依存する要素によって耐障害性を担保できていても、間接的に依存する要素で結果的に耐障害性を担保できていないような設計ミスは、実務でもよくあります。

　複数のインスタンスを使用する耐障害システムを単一のハードウェア上にデプロイすると、ハードウェアに障害が発生した場合に大規模な障害が発生するリスクが存在します。実際であれば、障害の範囲は仮想マシンに限らず、ネットワーク、冷却、電力、さらにはデータセンター全体など、インフラ全体に影響を及ぼす可能性があります。単一障害点に依存する限り、耐障害性のレベルは表面的なものになります。このようなケースは、初期の設備投資時やシステムの設計時には気付かれません。実際見過ごされることも多いです。しかし知

識グラフを使えば、このようなケースの見過ごしを防げます。

トポロジー的には、単一障害点はグラフ上の 1 パターンに他なりません。そのため、単一障害点のパターンを Cypher で記述すれば、依存関係の知識グラフ上に存在する単一障害点を明らかにできます。

リスト 11-18 は単一障害点を含むパスを検出する Cypher クエリです。依存関係のグラフに含まれる要素（selected_node_id）を指定し、最終的に任意の要素 spof に依存する複数の可変長の依存関係のチェーン（パス）を単一障害点のパターンとして検出します。

リスト 11-18 SPOF のパターンを確認する Cypher クエリ

```
MATCH alertPath = (spof)<-[:DEPENDS_ON*]-(e:Element)-[:DEPENDS_ON*]->(spof)
WHERE e.id = $selected_node_id
RETURN alertPath
```

すべての単一障害点が致命的になるわけではありません。障害が発生した場合の最終的な影響を評価するには、集約型と冗長型の依存関係を考慮した詳細な分析が必要です。これは、システムの一部に生じた障害は許容範囲と判断されるケースもあるためです。しかし、単一障害点は一般的には望ましくないパターンです。単一障害点を解消する価値がないとしても、少なくとも監視すべきです。たとえば、地理的なトポロジーによってボトルネック（単一障害点）が存在するようなエネルギーのネットワークを考えてみてください。たとえそれが解消不可能な地理的特徴であったとしても、その単一障害点がネットワーク全体にどのような影響を及ぼすかを把握しておくことには価値があります。なぜなら、病院などの重要施設に非常用のディーゼル発電の設備を備えるといった適切な事後対策を講じることができるためです。

11.5.2 根本原因分析

根本原因分析では、影響伝播の分析とは逆のことを行います。根本原因分析の目的は、影響が発生したノードの集合が与えられた場合に、それらがすべて単一の要素に依存しているかどうかを見つけることです。これが特定できた場合、この共通の親要素が観測可能な影響の根本原因であるということになります。

この種の分析は、サービス保証システムで頻繁に行われます。これらのシステムは通常、複雑なシステムをモニタリングしており、システム内のコンポーネントからアラーム、イベント、指標を継続的に受信するように構築されています。本章でも扱ったように、複雑なシステム（通信ネットワーク、サプライチェーン、IT インフラなど）は、各コンポーネントが他のコンポーネントに複雑に依存しています。通常、このようなシステムから発信されるアラームは、要素の何らかの機能不全を示します。時には機能不全はその要素自身に固有である場合もありますが、依存する要素に障害が発生し、さらにその障害が他の要素に影響することによって機能不全が発生した可能性もあります。モニタリングシステムはアラームの量を可能な限り減らして重要な内容に絞り、介入の必要性を正確に示唆できる必要があります。これを実現する 1 つの方法は、派生するすべてのアラームを根本原因でグループ化し、根本原

因のみをアラートとして通知することです。これは一般に**アラーム相関**や**イベント相関**と呼ばれ、アラームの直接的、または間接的な依存関係を直感的に把握できます。

　根本原因分析のためのパターンを作成するには、初めに候補となるノードを指定します。リスト 11-19 の Cypher クエリでは、影響を受けたノードの集合（symptons）からグラフ上の依存関係を探索し、symptons 内の要素から構成されるグループを潜在的に説明している葉ノードを特定します。これにより、互いに接続していないグループを検出できます。この際、独立した障害が同時に検出されるケースも多くあります。この探索を行えば、独立した影響が直ちに別々のクラスタにグループ化できます。

リスト 11-19 Cypher による潜在的な根本原因を中心とした影響のクラスタリング

```
:params symptoms: ['N', 'O', 'P', 'H', 'I', 'A', 'E']

MATCH (e:Element)-[:DEPENDS_ON*0..]->(x)
WHERE e.id in $symptoms AND NOT (x)-[:DEPENDS_ON]->()
WITH x, collect(DISTINCT e.id) AS explains_faults
WHERE size(explains_faults) > 1
RETURN x.id AS candidate_root, explains_faults
ORDER BY size(explains_faults) DESC
```

　リスト 11-19 のクエリは、影響が発生したすべてのノードから生じる依存関係の連鎖の中から、NOT (x)-[:DEPENDS_ON]->() のパターンを使って葉ノードを探索しています。今回の例での葉ノードは、他の要素に依存していないノードであり、したがって根本原因になり得るノードです。そして、検出した葉ノードごとに collect(DISTINCT e.id) で説明される影響を根本原因の候補で集約し、どの影響がどの根本原因に起因しているかを識別できるようにします。図 11-8 のグラフに対してこのクエリを実行すると、リスト 11-20 の結果が得られます。

リスト 11-20 Cypher による潜在的な根本原因を中心とした影響のクラスタリング結果

```
| "candidate_root" | "explains_faults"     |
| ---------------- | --------------------- |
| "I"              | ["H","N","O","P","I"] |
| "K"              | ["H","N","O","P","A"] |
| "J"              | ["H","N","O","P","A"] |
| "E"              | ["E","A"]             |
```

　結果を見ると、2 つの独立したクラスタが確認できます。E によって潜在的に説明されているクラスタと I、J、K によって潜在的に説明されているクラスタです。

　次に、一般的な情報検索指標（適合率、再現率、F 値）を使用して根本原因の候補のランク付けを行い、根本原因の可能性が高い候補を決定します。考え方は非常に直感的です。検出した根本原因の候補ごとに、3 つの指標を計算します。

適合率（Precision）
　　根本原因の候補が、影響が発生した要素の何割を説明しているか。
再現率（Recall）
　　根本原因の候補が実際に根本原因であった場合、その影響は最大でどの程度か。最大影響範囲に含まれる要素の内、実際に障害が確認された要素は何割か。
F 値[3]
　　適合率と再現率から計算される性能指標。

これらの指標を図解すると図 11-10 のようになります。

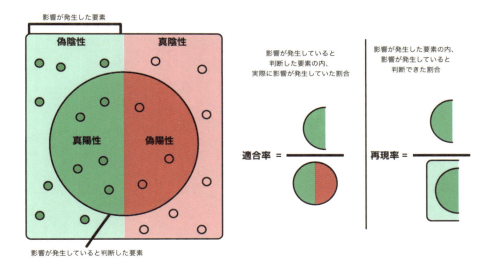

図 11-10：根本原因分析の計算で使用される標準的な情報検索指標

　リスト 11-21 は、潜在的な根本原因を精査するために検索指標を使用する Cypher の実装です。

---

[3]　https://ja.wikipedia.org/wiki/F 値_(評価指標)

リスト 11-21　Cypher を用いた根本原因分析

```
MATCH (e:Element)-[:DEPENDS_ON*0..]->(x)
WHERE e.id IN $symptoms AND NOT (x)-[:DEPENDS_ON]->()
WITH x, collect(DISTINCT e.id) AS explains_faults
WHERE size(explains_faults) > 1
WITH x AS candidate_root, explains_faults
MATCH (candidate_root)<-[:DEPENDS_ON*0..]-(x)
WITH candidate_root,
    explains_faults, collect(DISTINCT x.id) AS potential_max_impact
WITH candidate_root,
  toFloat(size(explains_faults)) / size($symptoms) AS precision,
  toFloat(
    size([x in potential_max_impact WHERE x in $symptoms])
  ) / size(potential_max_impact) AS recall
RETURN candidate_root.id,
  precision,
  recall,
  (2 * precision * recall) / (precision + recall ) AS fscore
ORDER BY fscore DESC
```

リスト 11-21 のクエリは、リスト 11-19 のコードを拡張して 3 つの指標を計算しています。実行結果はリスト 11-22 の通りです。

リスト 11-22　Cypher を用いた根本原因分析の結果

```
| "candidate_root.id" | "precision"         | "recall"            | "fscore"            |
| ------------------- | ------------------- | ------------------- | ------------------- |
| "I"                 | 0.7142857142857143  | 0.8333333333333334  | 0.7692307692307692  |
| "K"                 | 0.7142857142857143  | 0.5555555555555556  | 0.6250000000000001  |
| "J"                 | 0.7142857142857143  | 0.5                 | 0.588235294117647   |
| "E"                 | 0.2857142857142857  | 1.0                 | 0.4444444444444445  |
```

　リスト 11-22 から、既知の影響を考慮すると最も可能性の高い根本原因は I であると推測できます。また I、J、K は、適合率が非常に似ています。つまり、検出された影響のうちかなりの割合の原因がこれらの候補である可能性があります。

　仮に J が根本原因であった場合、J に間接的に依存していることで影響を受けるノードが、既知の影響の集合にかなり多く含まれるはずです。入力する集合に存在しないという事実は、J が実際の根本原因である可能性を低くします。同様のことが K にも当てはまります。I のみがより均衡のとれた適合率と再現率を出しており、その結果が F 値に反映されています。

　根本原因分析は観測された影響の質に依存します。入力として使用する既知の影響の集合が完全であればあるほど、より正確な結果を得られます。しかし、実際の現場でドメインの現状を完全に把握できることはほとんどありません。したがって、この種の分析結果は、単一の答えを得るものではなく、最も可能性の高い根本原因の候補リストを作成するにとどまるのが一般的です。しかし、これらの結果を、時間やその他のドメイン固有のヒューリスティクスなどの要素と組み合わせれば、正しい診断を下せる可能性が高くなります。

> **Vanguard グループのモノリスからマイクロサービスへの移行**
>
> 　Vanguard グループは世界最大級の投資運用会社です。ミューチュアルファンドでは最大手、上場投資信託では第 2 位の事業規模を誇っています。
>
> 　Vanguard は、既存のモノリシックな Java ベースのシステムをマイクロサービスアーキテクチャにリファクタリングする課題に直面していました。リファクタリングにあたっては、モノリス内のすべてのコンポーネント、およびそれらのコンポーネント間の相互依存関係を可視化する必要がありました。特に後者は最も重要でした。Java で記述された Vanguard のレガシーなモジュールの中には、最大で 400 万行のコードを含んでいるモジュールも存在し、ソフトウェアのサポート無くしては到底管理できないタスクでした。さらに、Vanguard はこのプロセスの一環としてデッドコードを削除し、技術的負債を減らすことも視野に入れていました。
>
> 　この課題に取り組んだチームは、分析要件の規模と複雑さが知識グラフに適していることから、グラフの問題として課題に取り組めることを理解していました。チームは、ビルドプロセスの一環として知識グラフの構築を自動化し、モジュール間の依存関係と共に既存のコード成果物をすべて知識グラフに追加しました。ビルドプロセスから得られる「発見されたグラフ」に加え、設計図から得られる情報を追加し、モジュール間の不整合を検出していきました。
>
> 　現在チームは、グラフ分析とグラフの視覚的な探索を駆使してコードの評価を行っており、サービス間の呼び出し回数を制限してリスクやレイテンシを削減するといったベストプラクティスを推進する主要な指標を算出しています。また、知識グラフから算出された指標からコード品質のスコアカードを作成し、事業全体での共同作業を行いやすくしました。

11.6　まとめ

　依存関係の捕捉と利用は日常的に発生する重要なタスクです。知識グラフは表現力、直感性、効率性に優れているため、依存関係の表現や処理を自然に行えます。

　本章では、依存関係を中心とした知識グラフを構築する基本原則を示した上で、影響分析や根本原因分析といった複雑な問題を解決しました。また本章で扱った例は、依存関係のグラフの広範な適用可能性を示しており、例で使用した基本原則を独自のユースケースに準用する際にも役立ちます。本章で学んだ内容を活かせば、自身のニーズに合わせてこれらのテクニックを簡単に適用、拡張できるでしょう。

12

セマンティック検索と類似度

　世界中で利用可能なデータのほとんどは、人間が使用するために人間が作成した文書の形をしています。つまり自然言語で表現されているということです。しかし、自然言語はテーブルデータ（データベースや CSV ファイル）や階層データ（JSON や XML 文書）のように十分に定義された構造を持たないため、プログラムによる利用は容易ではありません。自然言語で記述された文書を自動的に処理するには、文書から構造化された情報を抽出するための前処理が必要です。単語数の数え上げといった基本的なテキスト処理の範囲を超えてより発展的な処理を行う場合には、**自然言語処理**（Natural Language Processing：NLP）という技術が必要になります。本章では、NLP を活用して得られる構造をグラフ構造に適合させる方法、および非構造データから知識グラフを構築し、自然言語のデータをより高度に活用する方法について解説します。

12.1　非構造データに対する検索

　自然言語のコンテンツをプログラムで利用する第一歩は、検索を行える状態にすることです。検索は最近になって目覚ましい発展を遂げた分野です。わずか 20 年前の初期の頃（驚くべきことに現在でも多くのサービスが残っていますが）、検索エンジンは自然言語の文書の集合に対する単純なインデックスそのものであり、時には人間がキュレーションした結果である場合もありました。そして検索エンジンを使う際には、インデックス化された用語と一

致するようにキーワードを入力するしかありませんでした。しかし、人間が使用する語彙のバリエーションを考えると、この手法が役には立たないことが分かるでしょう。たとえば、「country」という用語を検索しても、その複数形である「countries」を含んだ文書は関連する可能性があったとしても無視されてしまいます。自然言語に内在するこのような複雑さには、他にもタイプミス、綴り違い、略語、頭字語の使用などの要素が存在し、これらの要素を考慮すると文書検索は簡単ではありません。結果として、あまり良くない検索結果を目にすることも多くありました。

検索に関する2つ目の問題は検索結果のランキングです。前記のような基本的な機能のみを備えた検索エンジンでは、検索単語の出現回数のような単純な指標によってソートすることしかできません。

> **グラフによる検索強化**
>
> 検索は誰もが日常的に行っています。ハードドライブ上の文書、オンラインショップの商品、音楽ストリーミングサービス上の曲など、検索エンジンを使えばウェブ上に存在するあらゆるものを見つけられます。
>
> Googleは長年にわたって、グラフと検索の両側面でウェブ検索に革命を起こしてきました。最初はPageRankアルゴリズムです。Google検索エンジンは、ページ間に存在する繋がりを使って検索結果(ウェブページ)のランク付けを行う際にPageRankを活用しています。PageRankは、クエリに対するウェブページの関連性を、ページに検索語が含まれているか、および関連するページがどれだけリンクされているかに基づいて算出します。
>
> 数年後、Googleは検索強化を目的として知識グラフを導入しました。今日のGoogle検索は、一連の洗練されたアルゴリズムとデータによって支えられていますが、PageRankとGoogle Knowledge Graphは今日でもウェブを理解するための基本となっています。

検索エンジンは年々進化しています。キーワードベースの検索はワイルドカード検索、曖昧検索、キーワードを論理式で組み合わせた検索などに加え、TF-IDF (Term Frequency-Inverse Document Frequency)などの様々な検索結果のランキング手法で強化されてきました。

インデックスベースの検索を補完する形で知識グラフを活用すれば、現代の検索エンジンを遥かに優れたものにできます。知識グラフを活用すれば、同義語、隣接キーワード、そしてドメインに特有の概念などを解決する際に必要な「知恵」を捉えられます。実際、知識グラフは検索タスクを質問応答タスクの領域としても扱えます。つまり、与えられた検索に対してセマンティクスが関連する文書を返すだけでなく、自然言語の質問に対して洗練された回答を提供する目的でも使用できます。本章では前者を取り上げ、後者については13章で検討します。

12.2 文字列から事象へ：文書にエンティティを関連付ける

自然言語で記述された文書中のテキストは、**エンティティ**間の関係を記述することによる人類の情報伝達手段です。しかし、同一の**エンティティ**と関係でも多種多様な表現で記述されることがあります。これは、人間の言語表現が非常に豊かであると同時に、表現に曖昧性が存在したり、文脈に依存する表現が使用されるためです。したがって前節でも示したように、テキスト表現に基づいて文書検索をはじめとする自動処理を行うことは、不正確、かつ非効率的です。この課題を解決するには、処理の内容をより抽象度の高いレベルに移して考える必要があります。Amit Singhal による Google のブログ「Introducing the Knowledge Graph」[†1] で言及されているように、目標は「文字列ではなく事象」を検索することです。

「文字列ではなく事象」を検索するには、テキストに「隠れている」エンティティの抽出が必要です。これは自然言語処理の中でも基本的なタスクの 1 つであり、固有表現認識 (named-entity recognition：**NER**) または**固有表現抽出**と呼ばれています。

NER の概要を説明するために例を挙げます。「The New York Times is a daily newspaper and its headquarters is on the west side of Midtown Manhattan in New York City.」[†2] という文章があるとします。文章中では「The New York Times」という企業と「New York」という場所の両方が同じ単語で記述されていますが、NER は両者が文章中で言及されていることを適切に識別します。知識グラフを利用した検索エンジンでは、これらの結果を明示的に保持することで、場所ベースの検索と企業ベースの検索の両方を可能にします。一方、テキストベースの検索では、「New York」というテキストに一致する文書を見つけられるだけで、テキストが場所、企業のどちらを指しているかを識別することはできません。

NER を行ってエンティティベースの検索を可能にする知識グラフを構築する例を、表 12-1 に示します。これは、タイトルと要約を含んだ文書 (記事) のリストです。

表 12-1：セマンティック検索の知識グラフに格納する記事のリスト

Article list
Title: Twitter chair Patrick Pichette joins graph data platform Neo4j board of directors. **Fragment**: Pichette is currently a partner at Inovia Capital and is also currently chair of commerce platform Lightspeed. His 30 years of financial and operating expertise includes roles at Google, Sprint Canada and Bell Canada, with a focus on digital transformation and hyper-growth. According to Pichette, "Neo4j's graph technology offers a truly unique solution to solve some of the world's most complex challenges, with a clear focus on promoting transparency and positive social change." **author**: Digital Nation Staff **url**: https:/www.itnews.com.au/digitalnation/news/twitter-chair-patrick-pichette-joins-graph-data-platform-neo4j-board-of-directors-572498 **Title**: JupiterOne Unveils Starbase for Graph-Based Security

---

[†1] https://blog.google/products/search/introducing-knowledge-graph-things-not/

[†2] ［訳注］日本語に翻訳すると「The New York Times は新聞社であり、本社はニューヨーク市のマンハッタン西部に存在します。」に相当します。

Fragment: JupiterOne has announced Starbase, an open source tool for security analysts to collect information about the organization's assets and their relationships and pull them into an intuitive graph view for cyber asset management. The graph data model, based on open source graph data platform Neo4j, makes it easier to see relationships between different assets and to perform complex relationship analysis, the company said in a statement.

"As a CSO, I'm a big advocate of bringing graph-based technology to security, given its power to reshape how we think about security threat defense" said Sean Catlett, CSO at Slack.

author: Dark Reading Staff

url: https:www.darkreading.com/dr-tech/jupiterone-unveils-starbase-for-graph-based-security

---

　NERの結果を使って知識グラフを構築するには、図12-1に示すように、記事内のテキストからエンティティ抽出を実行するソフトウェアパッケージと、処理結果を接続したエンティティとして格納するグラフプラットフォームの2つの基礎的なコンポーネントが必要です。

　今回はHugging Face[†3]を使ってエンティティ抽出を行い、Neo4j[†4]を使って知識グラフの形式での結果の保存と分析を行います。

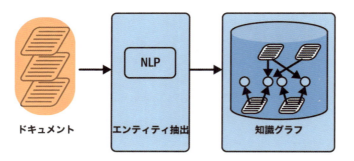

図12-1：テキストからのエンティティ抽出とグラフデータベースへの格納

　Hugging Faceは、トークン分類タスクの一類型としてNERを行うコンポーネントを含んでいます。デフォルト通りに使用すれば、使い方は非常に簡単です。リスト12-1は、リストの最初の記事のタイトルからエンティティを抽出するPythonコードです。コレクション内のすべての記事に対してエンティティを抽出するには、`title =`以降の処理を記事に対して繰り返し適用します。

[†3] https://huggingface.co/

[†4] https://neo4j.com/

リスト 12-1　Python でテキストからエンティティを抽出する

```
from transformers import pipeline

ner_pipe = pipeline("ner", aggregation_strategy="simple")
title = """Twitter chair Patrick Pichette joins graph data\
 platform Neo4j board of directors."""

for entity in ner_pipe(title):
    print(entity)
```

明示的にモデルを指定しない場合、パイプラインは dbmdz/bert-large-cased-finetuned-conll03-english の NER モデルを使用します。このモデルは一般的な英語で記述された文書に対しては高い性能を発揮します。しかし、非常に特殊なドメインを扱っていたり、文書内で高度な専門用語が使用されている場合には、それらのドメインに特化して訓練された NER モデルの使用を推奨します[5]。カスタムモデルの作成と使用は本書で扱う範囲を超えますが、Hugging Face のドキュメント[6]が非常に参考になります。

リスト 12-1 の実行結果はリスト 12-2 の通りです。基本的には、テキスト内で識別されたエンティティのリストとそれらのタイプ、およびエンティティに関連付けられたスコアが出力されます。

リスト 12-2　抽出されたエンティティ

```
{'entity_group': 'ORG', 'score': 0.9961534, 'word': 'Twitter', 'start': 0, 'end': 7}
{'entity_group': 'PER', 'score': 0.9972605, 'word': 'Patrick Pichette', 'start': 14, 'end': 30}
{'entity_group': 'ORG', 'score': 0.8314789, 'word': 'Neo4j', 'start': 62, 'end': 67}
```

エンティティには様々なタイプが存在しますが、分析対象であるテキストのコンテキスト上、すべてのエンティティが等しく重要であるとは限りません。そこで、NER の結果としてエンティティのリスト以外に以下の情報を返すことが一般的です。

タイプ

抽出したエンティティが人か場所か組織かなど。エンティティの種類は、使用するモデルに依存します。dbmdz/bert-large-cased-finetuned-conll03-english では、場所 (LOC)、組織 (ORG)、人 (PER)、その他 (MISC) の 4 種類のエンティティを識別します。

---

[5] [訳注] 日本語で記述された文章に対して NER を行う場合、Hugging Face の [Models] (https://huggingface.co/models) の [Natural Language Processing] から [Token Classification] を選択し、[Languages] として [Japanese] を選択すれば、他にも沢山のモデルを確認できます。抽出に対応している固有表現の種類や精度などを確認して用途にあったモデルを選択すると良いでしょう。

[6] https://huggingface.co/docs

サリエンス（顕著性）[†7]

分析されたテキストにおける相対的な重要性、言い換えれば分析されたテキストとエンティティの関連性。対象のエンティティがテキストの中心的な存在か、それとも単に言及されているだけか。

　テキストからエンティティを抽出する方法が分かったところで、抽出したエンティティを抽出元の記事と共に保存してみましょう。記事とエンティティの結び付きを明示的にした上で score によって重み付けを行い、知識グラフを形成します。リスト 12-3 の通りです。

　前の例と同様、コードを簡単にするために 1 つの記事（タイトル、著者、URL、テキストの一部）に対する処理だけを示しています。すべての記事に対して実行するには、それぞれの記事に対して次のロジックを呼び出します。

リスト 12-3　知識グラフにエンティティを書き込む

```
from neo4j import GraphDatabase

driver = GraphDatabase.driver("bolt:your.db.ip:7687", auth=("neo4j", "pwd"))

title = "the title of the article"
fragment = "article fragment"
author = "the author of the article"
url = "https://the.url.of.the.article"

entity_list = []
for entity in ner_pipe(title + fragment):
    entity_list.append(entity)

cypher_query = """\
MERGE (a:Article { url:$url}) ON CREATE SET a.title= $title, a.text= $frg
MERGE (p:Person { name: $author})
MERGE (a)-[:has_author]->(p)
WITH a UNWIND $entityList AS entity
MERGE (e:Entity { name: entity.word , type: entity.type })
MERGE (a)-[:references { salience: entity.score }]->(e) """

with driver.session(database="neo4j") as session:
    session.write_transaction(
        lambda tx: tx.run(
            cypher_query,
            url=url,
            author=author,
            title=title,
            frg=fragment,
            entityList=[
                {
                    "word": x["word"],
```

[†7]　[訳注] Hugging Face の NER パイプラインが出力する score は、モデルが行った固有表現抽出の確信度を表しており、抽出されたエンティティが文書において中心的な存在かどうかを表す値ではない点に注意してください。そのような指標を算出する必要がある場合には、別のアルゴリズムを用意して重要性を計算する必要があります。

```
                    "type": x["entity_group"]
                } for x in entity_list
            ],
        )
    )

driver.close()
```

　このコードは図 12-2 のような知識グラフを生成します。このようなグラフが存在すると、文書内のデータをよりリッチに利用できます。

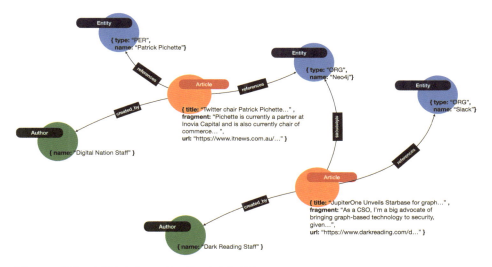

図 12-2：記事から得られたエンティティを含むグラフ

　記事の内容を明示するエンティティのコレクションが保持されていると、検索の選択肢が大幅に広がります。たとえば、記事内で言及されているエンティティのリストを確認できるため、リスト 12-4 のような単純な Cypher クエリを使って「この文書は何について記載されているか？」といった質問に回答できます。

リスト 12-4　記事で参照されたエンティティを取得する Cypher クエリ

```
MATCH (a1:Article)-[:references]->(e:Entity)
WHERE a1.url = $url
RETURN e.name AS entityName, e.type AS entityType
```

　同一のパターンとして、「どの記事がこのエンティティについて言及しているか？」という逆の質問にも回答できます。リスト 12-5 の通りです。

> **リスト 12-5** 特定のエンティティを参照している記事を取得する Cypher クエリ

```
MATCH (a:Article)-[:references]->(e:Entity)
WHERE e.name = $entityName AND e.type = $entityType
RETURN a.url AS articleLink, a.title AS articleTitle
```

　このようなテクニックは、あまり意味のない単語のレベルではなく、エンティティのレベルで人気やトレンドを評価する際にも役立ちます。単なる単語のカウントではなく、エンティティの出現頻度のような指標を考えてみてください。エンティティへの言及を集計することで、全期間、または特定の期間で最も人気のあるエンティティや最も人気のないエンティティを計算できます。また、特定の期間に文書に出現するエンティティの頻度を集計するだけで、エンティティの経時的なトレンドを分析し、各エンティティの人気がどのように推移するかも確認できます。
　リスト 12-6 は、月次の時系列データとして集計するために、各月に発行された記事に出現したエンティティの出現頻度を集計する方法を示しています。

> **リスト 12-6** 12 ヶ月間で人気のエンティティを検索する Cypher クエリ

```
MATCH (c:Entity {name: $entityName, type: $entityType})
WITH c, date() - duration('P1Y') AS startdate
UNWIND range(0, 11) AS increment
MATCH (c)<-[:references]-(a:Article)
WHERE startdate + duration('P' + (increment - 1) + 'M') < a.published
    < startdate + duration('P' + increment + 'M')
RETURN startdate + duration('P' + increment + 'M') AS date, count(a)
```

12.3　接続のナビゲーション：推薦のための文書類似度

　文書からの情報抽出を行うことで、より具体性のある抽象度（単語ではなくエンティティ）での検索を可能にするグラフを構築できることを説明しました。次は、このグラフの構造を分析して文書間の類似度を非常に高い精度で算出します。図 12-3 に示す通りです。

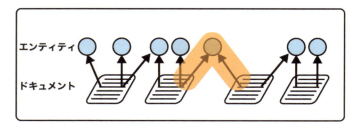

図 12-3：ある文書から別の文書へと至るエンティティを介したナビゲーションを実現する

　コンテンツベースの推薦システムは「あなたは X も好きかも」のように、推薦するアイテム

の特徴に焦点を当てます。一方の協調フィルタリングシステムは、「あなたに似た顧客は X も買った、読んだ、見た」のように、消費者の行動分析に焦点を当てます。たとえば、あなたがお気に入りのオンライン家具屋でデスクを探していて、白い無垢材のデスクをクリックしたとします。この際、画面の横に「類似アイテム」のリストが表示され、他の白い木製デスクや、見ているデスクと共通する特徴を多く持つアイテムが表示されているのをよく目にするでしょう。このようなアプローチの実現は簡単です。前章の例であれば、アイテムは記事であり、特徴は記事から抽出したエンティティだと考えられます。

必要となるのは、特徴の一致を組み合わせて類似度を導出する体系的な方法です。導出した類似度によって結果を並べ替えれば、推薦すべき上位 n 個の要素を取得できます。オンライン家具屋の場合には、色の一致が材質の一致よりも重要かどうかを判断するのは難しいため、ドメインの専門家が特徴の重みを判断する場合もあるでしょう。今回のケースでは、文書内のエンティティのサリエンスもヒントになり得ます。

このようなアプローチを着実に実現していく際には、複数の記事がエンティティを共有して相互に関連している状態を捕捉する作業から始めます。リスト 12-7 で使用している単純なグラフパターンは、与えられた 2 つの記事が共に参照しているエンティティのコレクションを見つけます。

リスト 12-7 両方の記事が参照しているエンティティを取得する Cypher クエリ

```
MATCH (a1:Article)-[:references]->(e:Entity)<-[:references]-(a2:Article)
WHERE a1.url = $url1 AND a2.url = $url2
RETURN e.name AS entityName, e.type AS entityType
```

Cypher クエリは、パラメータとして記事の一意識別子である URL のみを取ります。表 12-1 の 2 つの記事を対象にこのコードを実行すると、両方の記事に関連するエンティティとして「Neo4j」のみが取得できます。

この単純なパターンを拡張すれば、任意の文書ペアに対する類似度の計算も行えます。リスト 12-8 のクエリでは、2 つの記事が共有するエンティティの加重和を類似度として定義しています。共有するエンティティが多いほど記事間の類似度は高くなります。しかし、記事とエンティティの関係は文書におけるエンティティのサリエンスで重み付けされるため、すべてのエンティティが同じようにカウントされるわけではありません。

リスト 12-8 記事のペア間の類似度を計算する Cypher クエリ

```
MATCH (a1:Article)-[r1:references]->(e:Entity)<-[r2:references]-(a2:Article)
WHERE a1.url = $url1 AND a2.url = $url2
RETURN sum(r1.salience * r2.salience) AS similarity_metric
```

上の例は非常にシンプルなグラフパターンです。しかし、類似のトピックに関する記事を読み続けたいと仮定して、次に読むべき記事を推薦するようなユースケースにおいては、十分に役に立つ強力な指標が得られます。

2 つのアイテムの類似度の測定手段と並んで、両者がどのように関連しているかを正確に

記述することも重要です。両者の関係を正確に把握できれば、関連する推薦を行えるだけでなく、推薦自体の説明可能性も確保できます。関係の記述は知識グラフで容易に行えます。リスト 12-9 のクエリは、類似する上位 5 本の推薦記事と類似の根拠である複数の共有エンティティを返します。

リスト 12-9 クエリ実行時に類似度を計算し、類似する記事を見つける Cypher クエリ

```
MATCH (a1:Article)-[r1:references]->(e:Entity)<-[r2:references]-
      (recommendation)
WHERE a1.url = $url1
RETURN recommendation,
       sum(r1.salience * r2.salience) AS similarity_metric,
       collect(e) AS explanation
ORDER BY similarity_metric DESC
LIMIT 5
```

リスト 12-9 のように、推奨する集合をその場で計算することは理にかなっています。しかし、類似記事を新しいリレーションで直接繋ぎ、前の式で計算された類似度を重みとしてそのリレーションに保持することで、記事間の類似性を実体化してグラフを拡充する手段もあります。図 12-4 はこのアプローチの視覚的な説明です。

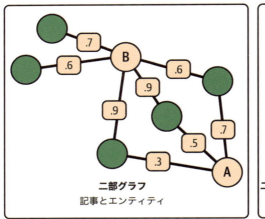
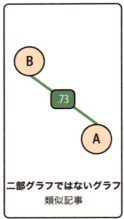

図 12-4：記事間に重み付きの新しい類似リレーションを作成する

このようなリレーションを作成するには、前のクエリを少し変更するだけです。リスト 12-10 の通りです。

リスト 12-10 記事間に重み付きの新しい類似リレーションを作成する Cypher クエリ

```
MATCH (a1:Article)-[r1:references]->(e:Entity)<-[r2:references]-(a2:Article)
WITH a1, a2, sum(r1.salience * r2.salience) AS similarity_metric
MERGE (a1)-[:similar {metric: similarity_metric}]-(a2)
```

大規模なグラフに対してこの種のクエリを実行する場合、単一のトランザクションではなくバッチ処理で実行したいと考えるでしょう。バッチ実行をするには、Cypher の CALL { ... } IN TRANSACTIONS 句、または APOC ライブラリの定期実行メソッド[8]が利用できます。

一度類似度をグラフに永続化すれば、選択された記事に基づいた推薦の生成はより簡単に行えます。リスト 12-11 の通りです。

リスト 12-11　類似度によって類似記事を見つける Cypher クエリ

```
MATCH (a1:Article)-[r:similar]-(recommendation)
WHERE a1.url = $url1
RETURN recommendation, r.metric AS similarity_metric
ORDER BY similarity_metric DESC
LIMIT 5
```

12.3.1　コールドスタート問題

文書の類似性は、次に見せるもの、読むもの、買うものを推薦する際には便利です。しかし、推薦するには何らかのコンテキスト、つまりクエリのアンカーとなるエンティティが必要です。たとえば前に挙げた推薦では、記事、または最近読んだ記事の集合をアンカーとして選択しました。

しかし、知識グラフ上にアンカーが存在しない状態、いわゆる「コールドスタート」[9]にある場合はどうでしょうか。たとえば、ホームページを充実させる上で、コールドスタート問題を克服しつつ初期の推薦を生成するケースを考えます。このようなケースでは、現在トレンドになっているトピックを表示するのが合理的かもしれません。これは、リスト 12-6 のトレンド分析のクエリと同様、リスト 12-12 に示すクエリで集計できます。

リスト 12-12　過去 6 ヶ月間で最も人気のあるトピックをランク付けする Cypher クエリ

```
MATCH (c:Concept)<-[:refers_to]-(a:Article)
WHERE date() - duration('P6M') < a.datetime < date()
RETURN c.label, count(a) AS freq
ORDER BY freq DESC
LIMIT 10
```

コールドスタートの状態ではアンカーとなるエンティティが存在しません。したがって、リスト 12-12 のクエリは質問に対して豊かなセマンティクスを伴う回答を直接提供できません。このような課題の存在が、相互にリンクしたエンティティによるセマンティック検索に取り組む動機付けになります。

---

[8]　https://neo4j.com/labs/apoc/4.4/graph-updates/periodic-execution/
[9]　https://en.wikipedia.org/wiki/Cold_start_(recommender_systems)

> **補足** リスト 12-12 のアプローチほど計算量は多くありませんが、コールドスタート問題の影響を減らす方法は他にもあります。たとえば、5 章で扱った類似性アルゴリズムを既存のグラフに対して実行できます。アルゴリズムの実行結果を活用すれば、ユーザーが特定のトピック、記事などにアンカーした後、すぐに類似したものをユーザーに提案できるようになります。さらに丁寧に設計すれば、類似性アルゴリズムをセカンダリサーバー上で定期的に実行し、その実行結果を本番運用のグラフに直接書き込むこともできます。

12.4 構成原則によるエンティティへのセマンティクス付与

NER による文書へのメタデータ付与は成功に一歩近づきました。しかし、2 つの点で限界があります。

- 抽出したエンティティに曖昧性が存在します。たとえば、ある文書が「United Kingdom」について言及し、別の文書では「UK」という頭字語について言及した場合、おそらくそれらのエンティティを場所として NER で抽出することには成功しますが、両者が同一のエンティティを表しているとは判断できないでしょう。

- 複数のエンティティを結び付け、ドメイン知識を捕捉するためのリレーションが存在しません。地理データの例を続けます。3 つ目の文書では、「Wales」が場所のエンティティとして抽出されます。しかし、検索システムや推薦システムは、「Wales」と「United Kingdom」の間に :PART_OF リレーションが存在するという事実を把握できません。

このような限界を克服するには、抽出したエンティティを構成原則に沿った既存のエントリにマッチさせ、セマンティクスを考慮した知識グラフを形成する必要があります。構成原則は、オントロジー、概念スキーム、語彙などであり、特定のドメインに含まれる様々なエンティティ、およびそれらの相互の関連性を記述します。

> **補足** 標準的な構成原則は業界によって異なります。この分野が最も盛んな業界は、製薬業界、ヘルスケア業界、ライフサイエンス業界です。よく知られている発達した構成原則の例としては、ライフサイエンス分野のジャーナル記事や書籍にインデックスを付与するための包括的な統制語彙である Medical Subject Headings (MeSH)[10] や、ヒト疾患を対象に標準化したオントロジーである Disease Ontology[11] が存在します。

---

[10] https://meshb.nlm.nih.gov/treeView
[11] https://disease-ontology.org/

図 12-3 の概念図に構成原則を加えることで、この考え方を視覚的に直感できます。新たな層を追加することで明示的なドメイン知識を組み込み、データを探索する際の新たなパスを効果的に構築します。図 12-5 に示す通りです。

　抽出したエンティティを共通的な概念スキーム内に定義された一意のエントリにマッチさせる処理は、一般に**エンティティリンキング**[12] または**エンティティの曖昧性解消**と呼ばれます。

　多くの場合、このタスクは特別に訓練されたモデルを使用し、エンティティ抽出と共に処理を行います。モデルは対象の構成原則を認識し、その構成原則に含まれる既存の要素に対して一致するエンティティを識別します。前節で説明したような汎用的な NER モデルを使用する場合には、抽出したエンティティを構成原則に含まれる要素と結び付ける独自のアルゴリズムを適用する必要があります。この際構築するアルゴリズムは、ヒューリスティクスに基づいたアルゴリズムを採用するケースも多くあります。このようなユースケースは本章の後半で扱いますが、まずはより一般的なアプローチを理解する必要があります。

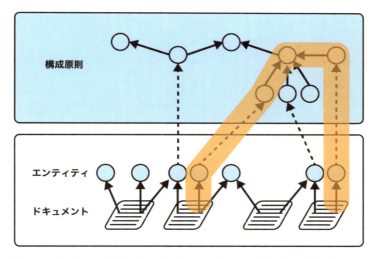

図 12-5：構成原則を追加することで検索と探索への新たな道筋を築く

　今回は Google Cloud の Natural Language API[13] を使用して、NER とエンティティリンキングを行います。Google Cloud の Natural Language API には Hugging Face が提供する機能と非常によく似たエンティティ抽出機能が含まれていますが、1 つ興味深い機能も備えています。それは、抽出したエンティティに対して Wikipedia の URL をはじめとするメタデータを付与する機能です。これらの URL は曖昧性を解消して構成原則内のエンティティに一致させる際に役立ちます。

　リスト 12-1 の Hugging Face を用いたコードと同様、リスト 12-13 では、前節で使用した記事のタイトルに対して Google Cloud の Natural Language API を呼び出し、エンティ

---

[12] https://ja.wikipedia.org/wiki/エンティティ・リンキング
[13] https://cloud.google.com/natural-language?hl=ja

ティ抽出を実行します。

リスト 12-13 Google Cloud の Natural Language API を呼び出す Python コード

```python
from google.cloud import language_v1

client = language_v1.LanguageServiceClient.from_service_account_json(
    "services.json")

text = (
    "Twitter chair Patrick Pichette joins graph "
    "data platform Neo4j board of directors"
)
document = language_v1.Document(
    content=text, type_=language_v1.Document.Type.PLAIN_TEXT
)

response = client.analyze_entities(request={"document": document})

for entity in response.entities:
    print(entity)
```

リスト 12-14 に示すように、上記のコードを実行すればタイプとサリエンスと共にエンティティのリストを取得できます。メタデータと共にエンティティを抽出できるため、Wikipedia のエントリに対してリンクすることで効果的に曖昧性を解消できます。なお例では、分かりやすさのために Google Knowledge Graph ID のような他の要素を省いて表示しています。

リスト 12-14 Wikipedia のリンクが付与されたエンティティのリスト

```
name: "Patrick Pichette" type_: PERSON
metadata {
  key: "wikipedia_url"
  value: "https://en.wikipedia.org/wiki/Patrick_Pichette"
}
salience: 0.6320402026176453

name: "Twitter" type_: ORGANIZATION
metadata {
  key: "wikipedia_url"
  value: "https://de.wikipedia.org/wiki/Twitter"
}
salience: 0.22149702906608582

name: "Neo4j" type_: ORGANIZATION
metadata {
  key: "wikipedia_url"
  value: "https://en.wikipedia.org/wiki/Neo4j"
}
salience: 0.020158693194389343
```

Wikipediaのページへの参照のように、同一のメタデータを持つ要素を含んだ構成原則を見つけられれば、エンティティリンキングの問題は解決です。なお興味深いことに、Wikidata[†14]やDBPedia[†15]のような公開オントロジーや知識ベースには相互参照が存在し、各要素はWikipediaのページへの参照を含んでいます。

リスト12-15は、wd:Q1628290で特定されるエンティティNeo4jを記述したWikidataグラフ[†16]の一部です。この記述には、Wikipediaのページ https://en.wikipedia.org/wiki/Neo4j がそのエンティティのページ（schema:about）であることを示す記述が含まれています。

Wikipediaでは数値を使用してすべての要素を識別している点に留意してください。たとえば、「Neo4j」はwd:Q1628290で特定され、「グラフデータベース」として分類されています。また、「グラフデータベース」はwd:Q595971で特定できます。

リスト12-15　Neo4jを表すWikidataグラフの一部

```
@prefix rdfs: <http://www.w3.org/2000/01/rdf-schema#> .
@prefix schema: <http://schema.org/> .
@prefix wdp: <http://www.wikidata.org/prop/direct/> .
@prefix wd: <http://www.wikidata.org/entity/> .

wd:Q1628290
  rdfs:label "Neo4j"@de ;
  schema:description "graph database implemented in Java"@en ;
  wdp:P31 wd:Q595971 .

<https://en.wikipedia.org/wiki/Neo4j> schema:about wd:Q1628290 .
```

図12-6に表している通り、Google CloudのNatural Language APIとWikidataの2つがあれば知識グラフの構築は簡単です。

[†14] https://www.wikidata.org/wiki/Wikidata:Main_Page
[†15] https://www.dbpedia.org/
[†16] https://query.wikidata.org/sparql?format=Turtle&query=describe%20wd%3AQ1628290

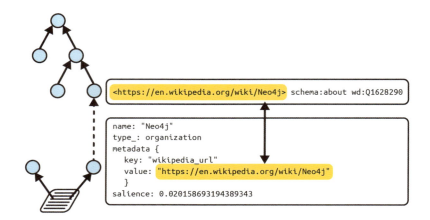

図12-6：Google CloudのNatural Language APIとWikidataを使用したエンティティの曖昧性解消

次の例では、これらの処理をCypherのみで行います。Neo4jのAPOCライブラリはGoogle CloudのNatural Language APIを呼び出すラッパーを提供しているため、前の例のように外部コードを書かずにCypherのみで処理を完結できます。

1. 記事をグラフのノードとしてインポートします。リスト12-16のCypherは、記事のリストをuri、title、body、datetimeの4つの列を持つCSVファイルarticles.csvとしてパースし、各レコードに対応するノードを作成します。

リスト12-16　知識グラフへの記事の読み込み

```
LOAD CSV WITH HEADERS FROM 'file:///articles.csv' AS row
CREATE (a:Article {uri: row.uri})
SET a.title = row.title, a.body = row.body, a.datetime = datetime(row.date)
```

2. 構成原則をグラフにインポートします。ここでの構成原則は、OWL、SKOS、RDFSなどの一般的なW3C標準に準拠して記述されていると仮定します。リスト12-17の通り、neosemanticsライブラリ[17]を使って構成原則をインポートします。

---

[17] https://neo4j.com/labs/neosemantics/

リスト 12-17　neosemantics を用いた構成原則のインポート

```
CALL n10s.graphconfig.init({
  handleVocabUris: 'IGNORE',
  classLabel: 'Concept',
  subClassOfRel: 'broader'})
CALL n10s.skos.import.fetch(
  'path-to-file-containing-organizing-principle',
  'RDF/XML')
```

3. 記事の内容に対してエンティティ抽出を行い、得られたエンティティを構成原則とリンクします。リスト 12-18 では、apoc.nlp.gcp.entities.stream メソッドを使用して Google Cloud の Natural Language API を呼び出している点に注目してください。

リスト 12-18　Cypher から Google Cloud の Natural Language API を呼び出してエンティティ抽出を行う

```
CALL apoc.periodic.iterate(
  'MATCH (a:Article) WHERE a.processed IS NULL RETURN a',  // (1)
  "CALL apoc.nlp.gcp.entities.stream([item in $_batch | item.a], {  // (2)
    nodeProperty: 'body',
    key: $key
  }) YIELD node, value
  SET node.processed = true  // (3)
  WITH node, value
  UNWIND value.entities AS entity  // (4)
  WITH entity, node
  WHERE NOT (entity.metadata.wikipedia_url IS NULL)
  MATCH (c:Concept {altLabel: entity.metadata.wikipedia_url})  // (5)
  MERGE (node)-[rt:refers_to]->(c)  // (6)
  SET rt.salience = entity.salience", {
    batchMode: 'BATCH_SINGLE',
    batchSize: 10,
    params: {key: $key}
  }
) YIELD batches, total, timeTaken, committedOperations
RETURN batches, total, timeTaken, committedOperations
```

上記のコードについていくつか補足します。

- apoc.periodic.iterate の引数には、繰り返し処理の対象を取得するクエリと繰り返し実行したいクエリの 2 つを指定します。最初の引数 "MATCH ..." は、batchSize: 10 のバッチを、2 番目の引数 "CALL ..." にストリームし処理を行います。
- (1) では、まだ処理されていないすべての記事に対して繰り返し処理します。記事ごとに一度だけ処理するように (3) で処理済みのフラグを立てます。
- (2) では、バッチ内の各記事に対して Google Cloud の Natural Language API を呼び出します。メソッドを呼び出す際には、2 つのパラメータを指定します。NER を行う自然言語テキストを含んだプロパティの名前（この例では body）と、サービスの使用に必要な API キーです。

- (4) で API から返された複数のエンティティに対して繰り返し処理を行い、(5) で各エンティティごとに :Concept ノードを作成します。
- 最後に (6) で、Google Cloud の Natural Language API から得られたサリエンスで重み付けをした :refers_to リレーションを使い、:Article ノードと :Concept ノードをリンクします。

一連の処理を通して作成されるグラフは前節で作成したグラフと非常に類似しますが、今回作成できるグラフは構成原則によって明示的なセマンティクスを反映したグラフになります。

- 概念スキームを使用すれば、エンティティの曖昧性を解消し、一意にエンティティを識別できます。このようなスキームは、公開のスキームを使用することもあれば、非公開のスキームを使用することもあります。また、スキームを適用する範囲を特定のユースケース、業界に限定したり、部署ごと、または企業全体を対象に設定する場合もあります。
- より意味の通った説明可能な状態で各エンティティを相互接続できます。これにより、探索と分析を行う際の新たなパスが生まれます。

作成するグラフ上でどのようなセマンティクスを活用できるか考えてみましょう。たとえば、「NoSQL データベース管理システム」に関する記事を検索すると、NoSQL やデータベース管理システムについて明示的に言及している記事が 1 つも存在しないにもかかわらず、検索結果が表示されます。

なぜでしょうか。グラフに構成原則を組み込んだことで、Neo4j がグラフデータベースであり、グラフデータベースが (カラムストア、ドキュメントデータベース、キーバリューストアと共に) NoSQL データベースの一種である事実が明示されているためです。図 12-7 の通りです。これは一般的に**セマンティック検索**と呼ばれる検索方式です。曖昧な自然言語の表現から脱却し、明確に定義されたドメインエンティティに基づいた検索に成功しました。つまり、「文字列ではなく事象」の原則を効果的に実装できたと言えます。

セマンティクス (ドメイン知識) を明示化することで、それらをプログラムで扱えるようになります。リスト 12-19 はセマンティック検索の基本的なロジックを示しています。興味のある概念を選択すると、(c:Concept)<-[:broader*0...]-(sc) というパターンが構成原則を再帰的にナビゲートし、任意の深さを辿って下位概念である他の概念を見つけます。結果として、選択した概念に直接的または間接的に接続しているすべての :Article ノードを返します。

リスト 12-19 概念に基づいて記事を見つける Cypher クエリ

```
MATCH (c:Concept)<-[:broader*0..]-(sc)<-[:refers_to]-(article:Article)
WHERE c.prefLabel = 'NoSQL database management system'
RETURN article.title AS searchResult
```

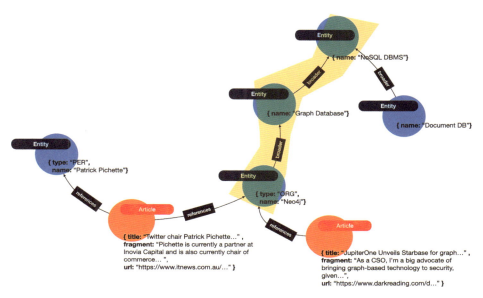

図12-7：知識グラフは最強のセマンティック検索基盤

　このアプローチは複数の構成原則で拡張できます。例で扱っている記事は、カタログ内の商品と同じように、複数の観点で分類できます。この分類により、セマンティック検索や類似度を測る際に活用できる補完的なパスを効果的に作成できます。作成できたパターンは非常に強力であり、知識グラフがウェブ検索を強化した例と同様、検索によって情報システムを強化します。

> **補足** これらのアイデアが実際に使われているユースケースをいくつか紹介します。
> ヘルスケアの分野では、主に退院時サマリ、診療ノート、科学文献、臨床試験プロトコルなどでエンティティ抽出を行います。一般的に、これらの文書はすべて構造化されていないテキストです。抽出したエンティティは、患者データの高度な検索や分析に利用でき、患者の360度ビューを構築する際の一歩にもなります。ニュースやメディアでは、文書から人物、物体、場所、イベントなどの重要なエンティティを抽出し、検索可能なメタデータとして記事に関連付けることができます。これらのメタデータは、次に見る（読む）ものをユーザーに提案するなど、推薦やパーソナライゼーションに活用するケースが最も分かりやすいですが、他のケースでも利用できます。たとえば、オーディオや映像メディアのトランスクリプトからエンティティを抽出すれば、タイムラインの特定の瞬間や特定の言語にズームインするなど、より洗練された方法でメディアを利用できます。

NERからエンティティのリンキングを行うケースを取り上げました。自動でリンキングを行わない場合には、手作業によるエンティティのマッチングが必要です。曖昧性を解消するには、テキスト分析やグラフ分析が活用できます。たとえば、NERで抽出したエンティティの識別子に対して適用するキーワードの集合や正規表現の条件を、構成原則内の概念にあらかじめ設定しておく方法もあります。リスト12-20の通りです。

リスト12-20　概念にキーワードや正規表現を設定する

```
// キーワードベース
CREATE (c:Category {name: 'Person', alts: ['Human', 'Pax', 'Pers']})

// 正規表現ベース（含む、除くのリスト）
CREATE (c:Category {
  name: 'COVID-19',
  inc: ['covid.*', 'corona.*'],
  excl: ['sars.*']
})
```

上記のアプローチは、設定するキーワードや正規表現の精度に強く依存します。そこで、リスト12-21のようなロジックを使えば、リンキングを改善できます。

リスト12-21　Cypherでのカテゴリのリンキング

```
MATCH (e:Entity {name: $entityname})
MATCH (c:Category)
WHERE e.name IN c.alts
WITH e, collect(c) AS candidate_cats
WITH e, selection_logic(candidate_cats) AS selected_cat
MERGE (e)-[:references]->(selected_cat)
```

selection_logic関数は、複数の候補がマッチした際に最も適当な候補を選択する処理を抽象化したものです。適当な候補を選択するアルゴリズムには、候補から1つをランダムに選択するという単純なものから、ドメイン特有のヒューリスティクスや距離、中心性などの構造的特徴から計算されるコンテキストの関連性に基づいて重みを割り当てるものなどもあります。

ケーススタディ：NASA の Lessons Learned

　セマンティック検索の知識グラフは SF ではなく、科学的事実です。時は 1960 年代のアポロ計画にまで遡ります。NASA の「Lessons Learned」は半世紀以上にわたって蓄積されてきた知識の集合体です。Lessons Learned には、ミッションや試験の成功といったポジティブな経験や、障害や事故などのネガティブな経験から得られた知識が集まっています。

　NASA の Lessons Learned 情報システム (LLIS) には、NASA 全体の複数のデータベースから集められた数億件の文書、報告書、科学研究結果が含まれています。しかし以前は、NASA が保有する 2,000 万件の文書の 1% にも満たない文書しか LLIS には保管されていませんでした。80,000 人の従業員を持つ NASA では、データの量、多様性、速さがシステムの負担となっていました。そこで NASA は、エンドユーザーがこれらの情報にアクセスしやすくなるより良い方法を求めていました。

　2000 年代初頭、ナビゲートや検索が容易でなかったため、LLIS は全く活用されていませんでした。最大の課題は、グループ、部門、プログラム、製品にまたがってサイロ化されたデータへのアクセスを実現することでした。当時はデータを繋げたり、相互参照する仕組みさえありませんでした。また、2,000 万件すべての文書に対するキーワード検索クエリの実行には長い時間がかかりました。そして、検索結果の文書が 1,100 件返ってきた場合、ユーザーは求める情報に辿り着くために、それらの記事を読む（または少なくとも目を通す）必要がありました。

　しかし、改善の余地がありました。Lessons Learned には大量のメタデータが付与されているため、NASA は抽出したエンティティと割り当てられたカテゴリに基づいて複数のトピックを関連付けました。結果、文書とそのトピック、および複数トピックの相互関係を確認できるようになりました。これにより、ユーザーは文書の傾向を確認できるようになったため、NASA のエンジニアの悲惨な失敗を防ぐ上で役に立っているかもしれません。

　今日の NASA の LLIS はリッチな知識グラフになっています。より速い検索で、より関連性が高いものに絞り込んだ検索結果を得られます。知識グラフは主に 2 つの基本的な役割を果たしています。

　まず、5 章のようにサイロ化された様々なソースからデータを収集します。次に、本章のテクニックを使い、エンティティを経由してデータを相互にリンクさせます。Lessons Learned データベースは既に大きな価値を生み出しています。ある NASA のエンジニアは、「これにより、火星へのミッションの計画に向けて少なくとも 1 年と 200 万ドル以上の研究開発費を節約できた」と述べています。もし構築したセマンティック検索の知識グラフが NASA の知識グラフと同じように優れているならば、得られる効果は未知数です。

12.5 まとめ

　インデックスのキーを指定せずに概念を検索する機能は画期的です。セマンティック検索の知識グラフを使えば、これを実現できます。組織がより多くの知識を保持できるようになるだけでなく、知識グラフを介することでその知識へのアクセスが簡単に行えるようになります。

　セマンティック検索からさらに一歩進むことで、自然言語への理解を深められます。次章では、検索とNLPがどのように密接に関係しているかについて、実際の例を用いて説明します。

13

知識グラフとの会話

前章では NLP を活用して知識グラフを構築し、事象のコレクション（記事、製品、文書など）を対象としたセマンティック検索を実現する方法を扱いました。この方法では、**エンティティ抽出**、あるいは**固有表現抽出**（NER）と呼ばれる NLP 技術を活用しました。しかし NER は、NLP によって知識グラフを扱う 3 つの広範なカテゴリのうちの 1 つに過ぎません。

1. NLP によってテキストから事実と知識を抽出し、知識グラフをエンティティで構成します。これには、12 章で扱った内容に加え、NLP によって事実を抽出して質問応答の知識グラフを構築する場合も含まれます。このカテゴリは、知識グラフへの入力として自然言語を使用します。
2. 知識グラフから自然言語を生成します。本章ではこのアプローチを扱います。たとえば、クエリに対する回答を生成したり、自動レポートの生成に使用できます。このカテゴリは、自然言語を出力として使用します。
3. 語彙レベル、または概念レベル、またはその両方のレベルで、自然言語処理タスクに対して構造化されたコンテキストを提供するツールとして知識グラフを使用します。

図 13-1 に 3 つのカテゴリを示します。

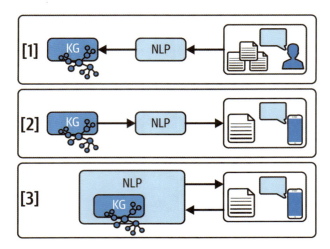

図 13-1：自然言語と知識グラフの相互作用の類型

　本章は 3 つのパートに分かれています。最初のパートでは、文書検索や推薦と対比しつつ、質問応答を実現する知識グラフを構築するための事実の抽出において、NER の結果を補完する方法について取り扱います。2 つ目のパートでは、知識グラフと対話するためのインターフェースを実装するテクニックを紹介します。このパートでは、自然言語の質問を処理した後、構造化されたクエリへの変換やグラフからテキストの回答生成を行う処理も扱います。最後のパートでは、専門的なドメイン知識に対応した独自のエンティティ抽出器を構築する必要がある場合における、語彙データベースの知識グラフを扱います。WordNet のような公開語彙データベースを活用して専門的な知識グラフを詳細に分析する方法や、そのような知識グラフにおけるセマンティクスの類似指標を実装する方法について解説します[†1]。

13.1　質問応答：自然言語を情報ソースとする知識グラフ

　前章では、主に文書を対象としたテクニックを扱いました。コレクション内のアイテム（製品、記事、文書など）に NER とエンティティの曖昧性解消を行い、知識グラフを構築しました。そして構築した知識グラフを活用することで、大規模な文書集合に対して効果的なセマンティック検索を行ったり、文書間のセマンティック類似度を計算して推薦やパーソナライゼーションを実現しました。

　本章では、文書に対して高度なタスクを実行するのではなく、特定ドメインの質問への回答を目的として、知識グラフ上の事実を相互に関連させるケースを取り扱います。つまり、文書は単に事実を収集するための情報源として利用します。この種のユースケースでは、答えが含まれる文書を見つけるためではなく、直接答えを得るために知識グラフにクエリします。

[†1]　[訳注] 翻案の都合上、本章で扱う自然言語のデータは英語のまま掲載しています。日本語の場合であっても利用できるテクニックや根底に存在する考え方に大きな差異は存在しません。

この方針は、信頼性を目的として情報源である文書への参照を保持する方針と矛盾するわけではありません。ただし、最終的な目的が異なります。本章では、「どの文書がTeslaについて語っているか？」ではなく、「TeslaのCEOは誰か？」や「Teslaの本社はどこか？」という質問に回答する知識グラフを構築します。

　活用するNLPの要素技術によって、その性質と複雑さは様々であり、それに伴って非構造データから作成されるグラフの充実度も変わります。本章でのNLPの役割は、エンティティの抽出ではなく事実の抽出です。つまり、テキストから事実に関する記述を抽出し、それらをノードのプロパティやノード間のリレーションとしてグラフにモデリングします。

　実例を示すために、Diffbot[2]というNLPのパッケージを使用します。Diffbotの自然言語処理APIは、エンティティ抽出に加えて事実の抽出も行います。リスト13-1は、Diffbotの自然言語処理APIを呼び出し、記事の最初の文章から事実を抽出するサンプルコードです。

リスト13-1 Diffbotの自然言語処理APIを用いてテキストから事実を抽出する

```
import json
import requests

payload = {
    "content":
        "Pichette is a partner at Inovia Capital "
        "and chair of commerce platform Lightspeed",
    "lang": "en",
}
res = requests.post(
    "https://{}/v1/?fields={}&token={}".format(HOST, "entities,facts", TOKEN),
    json=payload,
)

for ent in res.json()["entities"]:
    print(ent)
# グラフへの書き込み

for fact in res.json()["facts"]:
    print(fact)
# グラフへの書き込み
```

　抽出された事実は、「エンティティ - プロパティ - 値」のトリプレットとして構造化されます。実際の出力は、リスト13-2に示すようなリッチなJSON構造になっています。JSONには、一意識別子、Wikidataのような公開知識ベースへの相互参照、その他の属性としてサリエンス、確信度、極性などを含みます。

リスト13-2 Diffbotの自然言語処理APIで抽出した事実の生データ

```
{
  "sentiment": -0.32881057,
  "entities": [
    {
```

---

[2] https://www.diffbot.com/

```
              "name": "Patrick Pichette",
              "confidence": 0.81,
              "salience": 0.64345313,
              "sentiment": 0.0,
              "isCustom": ...,
            }
          ],
          "facts": [
            {
              "humanReadable": (
                "[Patrick Pichette] employee or member of [Innovia Capital]"
              ),
              "entity": {
                "name": "Patrick Pichette",
                "diffbotUri": (
                  "https://diffbot.com/entity/EYwbLaMNVGtPMryqqCCEA"
                ),
                "confidence": 0.9999268,
                "allUris": ["http://www.wikidata.org/entity/Q3369779"],
                "allTypes": [
                  {
                    "name": "person",
                    "diffbotUri": (
                      "https://diffbot.com/entity/E4aFoJie0MN6dcs_yDRFwXQ"
                    ),
                    "dbpediaUri": "http://dbpedia.org/ontology/Person",
                  }
                ],
                "isCustom": False,
                "entityIndex": 5,
              },
              "property": {
                "name": "employee or member of",
                "diffbotUri": (
                  "https://docs.diffbot.com/ontology#Person.memberOf"
                ),
              },
              "value": {
                "name": "Innovia Capital",
                "confidence": 0.9989188,
                "allUris": [],
                "allTypes": [
                  {
                    "name": "date",
                    "diffbotUri": (
                      "https://diffbot.com/entity/EGTSOJhZ0NnqIjbjgQ8pyLg"
                    ),
                  }
                ],
                "isCustom": False,
                "entityIndex": 0,
              },
              "confidence": 0.9498123,
              "evidence": [
                {
```

```
        "passage": "Pichette is a partner at Inovia Capital",
        "entityMentions": [
          {
            "text": "Pichette",
            "beginOffset": 111,
            "endOffset": 113,
            "isPronoun": False,
            "confidence": 0.9985091,
          }
        ],
        "valueMentions": [
          {
            "text": "Innovia Capital",
            "beginOffset": 119,
            "endOffset": 132,
            "confidence": 0.9989188,
          }
        ],
      }
    ],
  },
  {
    "humanReadable": ...
  },
 ],
 ...
}
```

同じ出力を視覚的に、より直感的に分かりやすく示したものを図 13-2 に示します。

Entity	Property	Value	Qualifiers
Patrick Pichette	employee or member of (0.91)	Inovia Capital	is current
Patrick Pichette	skilled at (0.54)	commerce	
Patrick Pichette	employee or member of (0.95)	Lightspeed	is current
Lightspeed	industry (0.65)	commerce	

図 13-2：Diffbot の自然言語処理 API によるテキストからの事実抽出

得られた出力は、知識グラフに直接投入できます。リスト 13-3 の通りです。

リスト 13-3 Diffbot から取得した事実を知識グラフにインポートする

```
# 不完全なコード
entity_list = res.json()["entities"]
fact_list = res.json()["facts"]
# entity と fact をパラメータとして書き込みトランザクションを Cypher で行う
cypher = """\
```

```
UNWIND $facts AS fact
MERGE (source:Entity {id: fact.entity.diffbotUri})
MERGE (target:Entity {id: fact.value.diffbotUri})
WITH source, target, fact
CALL apoc.create.relationship(source, fact.property.name, {}, target)
# サリエンスなどを追加 """
```

このように構成した知識グラフは、「Inovia Capital と直接関係のある人物とその関係は？」のようなドメインの質問への回答を得る際に利用できます。リスト 13-4 はクエリの例です。

リスト 13-4 Inovia Capital の関係者を取得する Cypher クエリ

```
MATCH (:Organization {name: 'Inovia Capital'})-[rel]-(p:Person)
RETURN p.name AS person, type(rel) AS rel_type
```

リスト 13-4 の Cypher クエリを実行すると、想定通りの結果が得られます。リスト 13-5 の通りです。

リスト 13-5 Inovia Capital の関係者を取得する Cypher クエリの実行結果

```
| "person"           | "rel_type"              |
| ------------------ | ----------------------- |
| "Patrick Pichette" | "EMPLOYEE_OR_MEMBER_OF" |
```

このアプローチで課題となるのはリレーションの調和です。エンティティ間のリレーションが望ましくない形で乱立するのを防ぐため、事実を抽出するツールに対して必要なリレーション型と、それらのリレーションを識別して曖昧性を解消するための情報を与える必要があります。

13.2 知識グラフを対象とした自然言語クエリ

知識グラフがリッチな情報源となり得る点、および Bloom のようなツールによる視覚的な探索と Cypher によるプログラム的なアクセスによって知識グラフから価値を引き出せる点については既に見てきた通りです。Bloom はドメインの基本的な理解のみを必要とし、万人向けである一方、Cypher は技術のスペシャリストのみが活用できます。知識グラフから価値を引き出す潜在的なユーザーの裾野を広げる方法の 1 つは、自然言語ベースのインターフェースを実現することです。Siri や Alexa のようなパーソナルアシスタントと音声で対話したり、サービスプロバイダーのカスタマーサポートに問い合わせる際のチャットボットとの会話に慣れている方も多いでしょう。自然言語で質問を明確にできれば、知識ベースの探索を意識しつつも、コンテンツにアクセスする際の障壁を低くできます。知識グラフの世界で対話を行うには、自然言語を構造化されたクエリに変換する必要があります。

本節では、動機付けとなる例を扱って、自然言語を構造化されたクエリに変換する手順を示します。この例では、Neo4j の映画データベースを対象とした基本的な自然言語インター

フェースの実装方法を示します。今回は自然言語処理ライブラリのspaCy[3]を使用し、ルールベースのマッチング機能を活用します。

spaCyのルールベースのマッチングエンジンを使えば、正規表現によるアプローチをより発展的なアプローチに磨き上げることができます。spaCyのルールベースのマッチングエンジンでは、単語やフレーズを見つけるだけでなく、文書内のトークンやその関係にもアクセスできます。つまり、簡単に周囲のトークンを分析し、それらを組み合わせた処理を行い、自然言語の質問の意味を理解した上で、構造化されたCypherクエリへと変換できます。

詳細に入る前に、映画データセットで知識グラフを初期化します。Neo4j Browser上のインストラクションから:play moviesをクリックし、ノードとリレーションを作成します。出来上がったグラフには、:Personと:Movieの2種類のエンティティが存在し、それらのノードは:ACTED_IN、:DIRECTED、:PRODUCED、:WROTE、:REVIEWEDの型を持ったリレーションで接続されています。図13-3に、初期化した結果のグラフの一部を示します。

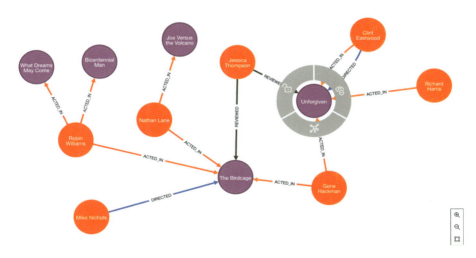

図13-3：映画データセットの一部

spaCyのルールベースのマッチング機能の中心的な要素はMatcherと呼ばれます。Matcherを設定するには、入力するテキストから検出したい構造のタイプを記述したリッチなパターンを指定します。リスト13-6は、Matcherの初期化と設定の方法を示しています。

リスト13-6 映画に関する簡単な質問を捕捉するMatcher（パート1）

```
import spacy
from spacy.matcher import Matcher

nlp = spacy.load("en_core_web_sm")
matcher = Matcher(vocab=nlp.vocab)
```

---

[3] https://spacy.io/

```python
q1_pattern = [
    {"LOWER": "who"},
    {"LEMMA": {"IN": ["direct", "produce", "write", "review"]}, "POS": "VERB"},
    {"IS_ASCII": True, "OP": "+"},
    {"IS_PUNCT": True, "OP": "?"},
]
matcher.add("q_1", patterns=[q1_pattern])  # (1)
doc = nlp("do you know who wrote a few good men?")  # (2)
result = matcher(doc, as_spans=True)  # (3)
print(result)
# 出力結果
# who wrote a
# who wrote a few
# who wrote a few good
# who wrote a few good men
# who wrote a few good men?
```

このパターンで検知できるのは、「Who directed The Da Vinci Code?」や「Do you know who wrote A Few Good Men?」のような形式の文章です。詳細は spaCy のドキュメント[4]で確認できますが、上記の例を簡単に解説します。上記の例は、トークンを対象とした 4 つのパターンで成り立っています。

- 小文字の表記が who である単語。つまり、入力の大文字小文字を問わず、Who や WHO などもこのパターンで検知できます。
- 動詞。"POS": "VERB" で品詞を指定しており、direct、produce、write、review のいずれかをレンマとして持つ単語。**レンマ**とは単語の標準形です。たとえば、directs や directed のレンマは direct です。
- 英数字の単語（IS_ASCII）。ただし、1 回以上出現するという重要な修飾子が付与されています。このようなパターンを表現するオプションの修飾子は、'OP': '+' で指定します。
- 句読点記号で終わる、または終わらないパターン。このパターンでは疑問符を使用しています。この疑問符は疑問文としての意味ではなく、要求するパターンの有無をオプション「'OP': '?'」で確認する用途で使用しています。たとえば、「Tell me who wrote X.」のような文章を検知できます。

(1) では Matcher にパターンを追加しています。(2) では nlp メソッドに「do you know who wrote a few good men?」という文章を渡します。この文章は指定したパターンにマッチするため、(3) の処理結果に現れます。この結果に含まれる情報さえ使用すれば、有効な Cypher クエリを構築できます。後は、指定した 2 番目のパターンのトークンとしてマッチする様々な動詞を、グラフモデル内の関連するスキーマにマッピングする作業が必要です。

マッピングを簡単に行うには、対応関係の辞書を作ります。このパターンでは、動詞はグラフのリレーションに対応しているため、リスト 13-7 のようなコードで対応関係を定義で

---

[4] https://spacy.io/usage/rule-based-matching

きます。

リスト 13-7 映画に関する簡単な質問を検知する Matcher（パート 2）

```
# トークンをグラフのスキーマにマッピングする
q1_verb_to_rel = {
    "direct": "DIRECTED",
    "produce": "PRODUCED",
    "write": "WROTE",
    "review": "REVIEWED",
}

max_match = result[-1]
verb = max_match[1].lemma_   # (1)
title = " ".join([tk.text for tk in max_match[2:] if tk.pos_ != "PUNCT"]) # (2)
query_as_cypher = (
    "MATCH (p:Person)-[:{rel_type}]->(m:Movie) "
    "WHERE toLower(m.title) CONTAINS '{movie_title}' "
    "WITH collect(p.name) AS answer_as_list "
    "RETURN CASE WHEN size(answer_as_list) > 0 THEN "
    " substring(reduce"
    "(result='', x in answer_as_list | result + ', ' + x),2) "
    ' ELSE "I cannot answer your question about '
    "'{movie_title}' \" end AS answer ".format(
        rel_type=q1_verb_to_rel[verb], movie_title=title.lower()
    )
)  # (3)

print(query_as_cypher)
```

　検出した Span（トークンの並びを構成する spaCy 内のクラス）からは関連するトークンを抽出できます。(1) では動詞を抽出し、(2) では映画タイトルを表す単語を文中から抽出します。(1) と (2) の結果があれば、入力として受け取った自然言語のセマンティクスを符号化したクエリの構築を簡単に行えます。

　出力のフォーマットを行っている RETURN 句を度外視すれば、この処理によって作成されるクエリは、手作業でグラフを探索する際と同様の探索を期待できます。作成されるクエリはリスト 13-8 の通りです。

リスト 13-8 自然言語から生成された Cypher クエリ

```
MATCH (p:Person)-[:WROTE]->(m:Movie)
WHERE toLower(m.title) CONTAINS 'a few good men'
WITH collect(p.name) AS answer_as_list
RETURN CASE
  WHEN size(answer_as_list) > 0
  THEN substring(reduce(result='', x in answer_as_list | result + ', ' + x),2)
  ELSE "I cannot answer your question about 'a few good men'"
  end as answer
```

　認識させたいパターンのすべてを Matcher に明示的に記述する必要があるため、これは過度にスクリプトに依存したアプローチだと思われるかもしれません。これはある程度妥当な

見方です。次節では、知識グラフ上の構成原則にメタデータを付与することで、この処理を完全に自動化する方法を解説します。この実現方法を理解するには、グラフが自己記述的なデータ構造である点を思い出してください。db.schema.* プロシージャを呼び出せば、グラフが認識しているエンティティ、プロパティ、リレーションの種類を確認できます。このようにして取得したスキーマ内の各要素に対して、一般的な自然言語の用語によるメタデータを付与するだけで、リッチな自然言語インターフェースを動的に作成し、知識グラフの進化に合わせてこのインターフェースを進化させることができます。

　Neo4j グラフデータベースとやりとりを行う、多種多様なパターンが定義されたルールベースの会話インターフェースのコードを示して本節を締めます。リスト 13-9 の通りです。

リスト 13-9 会話のインターフェース

```
import spacy
from spacy.matcher import Matcher
from neo4j import GraphDatabase, basic_auth

driver = GraphDatabase.driver(
  "bolt://localhost:7687",
  auth=basic_auth("neo4j", "neo"))
session = driver.session(database="data")   # (1)


def query_db(session, cypher):   # (2)
    results = session.read_transaction(lambda tx: tx.run(cypher).data())
    return results[0]["answer"]


nlp = spacy.load("en_core_web_sm")
matcher = Matcher(vocab=nlp.vocab)
q1_pattern = [
    {"LOWER": "who"},
    {"LEMMA": {"IN": ["direct", "produce", "write", "review"]}, "POS": "VERB"},
    {"IS_ASCII": True, "OP": "+"},
    {"IS_PUNCT": True, "OP": "?"},
]

q1_verb_to_rel = {
    "direct": "DIRECTED",
    "produce": "PRODUCED",
    "write": "WROTE",
    "review": "REVIEWED",
}
matcher.add("q_1", patterns=[q1_pattern])   # (3)

q2_pattern = [
    {"LOWER": "when"},
    {"LEMMA": "be"},
    {"IS_ASCII": True, "OP": "+"},
    {"LEMMA": {"IN": ["release", "premiere"]}, "POS": "VERB", "OP": "?"},
    {"LEMMA": "out", "OP": "?"},
    {"IS_PUNCT": True, "OP": "?"},
]
```

```python
q2_word_to_prop = {
  "release": "released",
  "premiere": "released",
  "out": "released"
}
matcher.add("q_2", patterns=[q2_pattern])  # (4)

q3_pattern = [
    {"LOWER": "who"},
    {
        "LEMMA": {"IN": ["act", "perform", "appear", "be"]},
        "POS": {"IN": ["VERB", "AUX"]},
    },
    {"LEMMA": "in"},
    {"IS_ASCII": True, "OP": "+"},
    {"IS_PUNCT": True, "OP": "?"},
]

matcher.add("q_3", patterns=[q3_pattern])  # (5)


def process_question(question):  # (6)
    doc = nlp(question)
    result = matcher(doc, as_spans=True)

    if len(result) > 0:
        max_match = result[-1]
        pattern_detected = nlp.vocab[max_match.label].text  # (7)

        if pattern_detected == "q_1":
            verb = max_match[1].lemma_
            title = " ".join(
                [tk.text for tk in max_match[2:] if tk.pos_ != "PUNCT"]
            )
            query_as_cypher = (
                "MATCH (p:Person)-[:{rel_type}]->(m:Movie) "
                "WHERE toLower(m.title) CONTAINS '{movie_title}' "
                "WITH COLLECT(p.name) AS answer_as_list "
                "RETURN CASE WHEN size(answer_as_list) > 0 THEN "
                " substring(reduce(result='', x in answer_as_list"
                " | result + ', ' + x),2) "
                ' ELSE "I cannot answer your question about '
                "'{movie_title}' \" end AS answer ".format(
                    rel_type=q1_verb_to_rel[verb], movie_title=title.lower()
                )
            )
        elif pattern_detected == "q_2":
            word_pos = -2 if max_match[-1].is_punct else -1
            word = max_match[word_pos].lemma_
            title = " ".join([tk.text for tk in max_match[2:word_pos]])
            query_as_cypher = (
                "MATCH (m:Movie) "
                "WHERE toLower(m.title) CONTAINS '{movie_title}' "
                "WITH collect(m.{movie_prop}) AS answer_as_list "
```

```
                        "RETURN CASE WHEN size(answer_as_list) > 0 THEN "
                        " substring(reduce(result='', x in answer_as_list"
                        " | result + ', ' + x),2) "
                        ' ELSE "I cannot answer your question about '
                        "'{movie_title}' \" end AS answer ".format(
                            movie_prop=q2_word_to_prop[word], movie_title=title.lower()
                        )
                    )
            elif pattern_detected == "q_3":
                title = " ".join([tk.text for tk in max_match[3:-1]])
                query_as_cypher = (
                    "MATCH (p:Person)-[:ACTED_IN]->(m:Movie) "
                    "WHERE toLower(m.title) CONTAINS '{movie_title}' "
                    "WITH collect(p.name) AS answer_as_list "
                    "RETURN CASE WHEN size(answer_as_list) > 0 THEN"
                    " substring(reduce(result='', x in answer_as_list |"
                    " result + ', ' + x),2) "
                    ' ELSE "I cannot answer your question about '
                    "'{movie_title}' \" end AS answer ".format(
                        movie_title=title.lower()
                    )
                )

            print("Q:", question)
            print("A:", query_db(session, query_as_cypher))
            print("Explain:", query_as_cypher[:90], "...\n")


questions = [
    "could you tell me who reviewed the Da Vinci code?",
    "who directed unforgiven ?",
    "do you happen to know who appears in Jerry Maguire?",
    "Who acts in Apollo 13?",
    "tell me when was the birdcage released",
    "do you know who produced the matrix reloaded?",
    "do you remember who was in cloud atlas?",
    "name the person who wrote When Harry Met Sally",
    "when was top gun out?",
]  # (8)

for question in questions:
    process_question(question)  # (9)

driver.close()
```

　リスト 13-9 のコードを解説します。(1) では、知識グラフと会話するためにドライバとセッションを初期化しています。(2) では、query_db 関数を定義し、(1) で作成したセッションを使用して読み取りクエリを実行できるようにしています。この関数のパラメータは Cypher クエリのみであり、グラフに対して実行したクエリの結果を文字列で返します。(3)、(4)、(5) では、記述したパターンに対して一意となるような識別子を用いてパターンを登録しています。登録したパターンは、(7) でどのパターンによってテキストから Span を検出したかを識別し、該当する if 文の分岐先で適切な Cypher クエリを生成します。実行

するテキスト処理のすべては、(6) で定義されている process_question という関数にまとめられています。この関数は、自然言語による質問を受け取り、3 つの値を出力します。元の自然言語の質問、映画の知識グラフ用に生成した Cypher クエリを実行して返ってきた回答、そして解釈性を目的とした Cypher クエリ自体の 3 つです。

自然言語の文章を (8) で定義しており、(9) でテスト目的としてそれらの文章を使用しています。コードを実行すると、リスト 13-10 に示す結果が生成されます。なお、簡潔さのためにクエリを一部切り捨てていますが、生成されるクエリの内容はリスト 13-8 で生成されたものと類似します。この事実はリスト 13-9 のソースコードからも読み取れます。

リスト 13-10 映画データベースに対する自然言語の質問を処理した結果

```
Q: could you tell me who reviewed the Da Vinci code? A: Jessica Thompson, James
Thompson
Explain: MATCH (p:Person)-[:REVIEWED]->(m:Movie)
WHERE toLower(m.title) CONTAINS 'the da vinci code ...

Q: who directed unforgiven ? A: Clint Eastwood
Explain: MATCH (p:Person)-[:DIRECTED]->(m:Movie)
WHERE toLower(m.title) CONTAINS 'unforgiven' WITH ...

Q: do you happen to know who appears in Jerry Maguire?
A: Bonnie Hunt, Jay Mohr, Cuba Gooding Jr., Jonathan Lipnicki, ... Explain:
MATCH (p:Person)-[:ACTED_IN]->(m:Movie)
WHERE toLower(m.title) CONTAINS 'jerry maguire' wi ...

Q: Who acts in Apollo 13?
A: Tom Hanks, Ed Harris, Gary Sinise, Kevin Bacon, Bill Paxton

Explain: MATCH (p:Person)-[:ACTED_IN]->(m:Movie)
WHERE toLower(m.title) CONTAINS 'apollo 13' WITH c ...

Q: tell me when was the birdcage released A: 1996
Explain: MATCH (m:Movie)
WHERE toLower(m.title) CONTAINS 'the birdcage' WITH collect(m.released) AS ...

Q: do you know who produced the matrix reloaded? A: Joel Silver
Explain: MATCH (p:Person)-[:PRODUCED]->(m:Movie)
WHERE toLower(m.title) CONTAINS 'the matrix reload ...

Q: do you remember who was in cloud atlas?
A: Tom Hanks, Jim Broadbent, Halle Berry, Hugo Weaving Explain: MATCH
(p:Person)-[:ACTED_IN]->(m:Movie)
WHERE toLower(m.title) CONTAINS 'cloud a ...

Q: name the person who wrote When Harry Met Sally A: Nora Ephron
Explain: MATCH (p:Person)-[:WROTE]->(m:Movie)
WHERE toLower(m.title) CONTAINS 'when harry met sally ...

Q: when was top gun out? A: 1986
Explain: MATCH (m:Movie)
WHERE toLower(m.title) CONTAINS 'top gun' WITH collect(m.release...
```

13.3 知識グラフからの自然言語生成

知識グラフから自然言語を生成する必要がある場面は多くあります。たとえば、グラフ上に記録した調査から自然言語のレポートを生成したり、対話インターフェースの出力としてクエリの結果を生成する場合などが挙げられます。特に前者はパナマ文書の調査[5]が良い例です。

このようなユースケースでは、グラフデータの自己記述的な性質が大きな利点となります。名詞をノードに、動詞をリレーションに変換するという、基本的ながら有効性の高いモデリングから始めてみましょう。「Dan loves Ann」という文章を例に取ります。この文章をグラフとしてモデリングすると、「Dan」と「Ann」という2つの名詞を表す2つのノードと、「Dan」と「Ann」を結ぶ1つのリレーションが「love」という動詞を表します。

このロジックを反転させて一般化すると、リレーションを表現する単語によって任意のノードペアを表現する2つの単語を連結するだけで、「主語 - 述語 - 目的語」という形の単純な文章を生成できます。たとえば、パナマ文書のデータベースから抽出した小規模な部分グラフの例は、リスト 13-11 のスクリプトで作成できます。

リスト 13-11　パナマ文書のデータセットの一部

```
MERGE (x:Entity {name: 'Euroyacht Limited', jurisdiction: 'BM'})
MERGE (y:Entity {
  name: 'TUC LIMITED',
  jurisdiction: 'MLT',
  incorporation_date: date('2013-10-07')
})
MERGE (z:Entity {
  name: 'GLOBAL TUITION & EDUCATION INSURANCE CORPORATION',
  jurisdiction: 'BRB',
  incorporation_date: date('1998-04-03')
})
MERGE (x)-[:OFFICER_OF]->(y)
MERGE (x)-[:OFFICER_OF]->(z)
```

これで、リレーションによって接続されたノードの任意のペア、つまり (x)-[r]->(y) のようなパターンを捕捉する準備が整いました。リスト 13-12 は、前記のパターンを捕捉し、パターンを構成している3つの要素から文字列を構築して基本的な文章を形成します。

リスト 13-12　グラフ構造とデータから基本的な文章を生成する汎用的なクエリ

```
MATCH (x)-[r]->(y)
RETURN x.name + ' ' +
  toLower(replace(type(r), '_', ' ')) + ' ' +
  y.name AS sentence
```

---

[5]　https://www.icij.org/investigations/panama-papers/

なお、生成する文章をより自然なものにするため、このクエリには単語を区切るための空白の追加やリレーションに含まれるアンダースコアを空白に置換するといった、基本的なフォーマット処理が含まれています。最初に取り組む例としてはそれほど高度なことは行っていません。しかし、このクエリを実行するとリスト 13-13 に示すような結果を生成でき、かなり正しい英語表現に近いことが確認できるでしょう。

リスト 13-13 グラフ構造とデータから基本的な文章を生成する汎用的なクエリの実行結果

```
| "sentence"                                                              |
| ----------------------------------------------------------------------- |
| "Euroyacht Limited officer of GLOBAL TUITION & EDUCATION INSURANCE      |
| CORPORATION"                                                            |
| "Euroyacht Limited officer of TUC LIMITED"                              |
```

このクエリがスキーマに特有の要素を含まないという点で完全に汎用的であるという事実を踏まえると、任意のグラフに対して有効であると考えられます。たとえば、Neo4j に同梱されている映画データベースに対して同一のクエリを実行すると、「Keanu Reeves acted in Johnny Mnemonic.」のような文章を生成できます。なお、映画データベースを利用するには、:play movies コマンドをコンソール上で実行するだけです。

たった2行のコードから得られるメリットがかなり大きいことが分かるでしょう。しかし、これで終わりではありません。同じ概念をノードのプロパティに対しても適用できます。リスト 13-14 の通りです。

リスト 13-14 グラフ構造とデータから基本的な文章を生成する汎用的なクエリ

```
MATCH (n:Entity)
UNWIND keys(n) AS property
RETURN n.name + "'s " +
  replace(property, '_', ' ') + ' is ' +
  n[property] AS sentence
```

このプロパティ指向のクエリは、リスト 13-15 に示すような結果を生成します。こちらもまともな英語の文章を生成できていることを確認できます。

リスト 13-15 グラフ構造とデータから基本的な文章を生成する汎用的なクエリの実行結果

```
| "sentence"                                                               |
| ------------------------------------------------------------------------ |
| "Euroyacht Limited's jurisdiction is BM"                                 |
| "TUC LIMITED's jurisdiction is MLT"                                      |
| "TUC LIMITED's incorporation date is 20113-10-07"                        |
| "GLOBAL TUITION & EDUCATION INSURANCE CORPORATION's jurisdiction is BRB" |
| "GLOBAL TUITION & EDUCATION INSURANCE CORPORATION's incorporation date   |
| is 1998-04-03"                                                           |
```

このアプローチは、知識グラフで捉えた構造を直接読み取って自然言語を生成する方法を実践的に示す上で最適な出発点です。また、人間が行うドメインの整理と近い処理がグラフでも行えていることを経験的に確認できる例でもあります。知識グラフから情報を読み取って、自然言語で表現するのは非常に簡単であることが分かります。

しかし、これまでの例では一時的に無視してきましたが、この工程にはいくつか重要な点が存在します。注意深い読者であれば、前掲のクエリが完全に汎用的なものではない点に気付いたかもしれません。すなわち、実際にはクエリはスキーマ要素の1つであるname プロパティを含んでいます。「主語 - 述語 - 目的語」の文章を生成するには、事象（ノード）に名前を付ける手段が必要になります。前掲のクエリでは、name プロパティが常に存在すると仮定していましたが、このプロパティが常に存在する訳ではありません。汎用的なソリューションを実現するには、ノードを参照する手段が必要です。

もう1つ念頭に置いておくべき点が存在します。リレーションやプロパティの名前の付け方、つまりグラフのスキーマが生成する文章の読みやすさに影響を与えます。たとえば、sub_109 という名前のリレーションから生成される文章を思い浮かべてください。汎用的なソリューションであれば、実際のスキーマ内の要素名と生成される文章自体とを切り離したいと考えるでしょう。コンパクトな Cypher クエリを記述するためにリレーションに sub_109 という名前を付けるのは実用的です。しかし、文章の生成も両立して行うためには、自然言語志向のプロパティ設計が必要になります。

最後に、前述のクエリはソースからターゲットへの外向きのリレーションをナビゲートしましたが、時には内向きのリレーションの探索が必要になることもあるでしょう。しかし、(:Person)-[:ACTED_IN]-(:Movie) や (:Entity)-(:HAS_JURISDICTION)-(:Jurisdiction) は言語的に一方向にしか正しく読み取れないため、逆方向のナビゲーションを考慮した文章の生成は困難です。この問題を簡易な方法で解決するには、逆方向の新たなリレーションを追加して双方向のナビゲーションを行えるようにし、どちらの向きの自然言語も生成できるようにします。たとえば、(:Movie)-(:FEATURED)-(:Actor) のような具合です。また、より汎用的にこの問題に取り組むアプローチとして、知識グラフのオントロジーにメタデータを付与する手段もあります。次項ではこのアプローチに焦点を当てます。

13.3.1　構成原則へのメタデータ付与と自然言語生成

本項では、プロパティグラフから自然言語を生成するための自動化されたアプローチを紹介します。このアプローチでは、汎用的な自然言語生成器がデータから高品質な自然言語生成を行えるようにオントロジーを作成します。なお、このようなオントロジーは、自然言語エンジンが両方にアクセスしやすいように、インスタンスデータと共に格納されることを想定していますが、別のアーキテクチャに準拠して一般化することも可能です。たとえば、外部リポジトリから直接オントロジーを読み込んだり、ファブリック構成内の別のグラフとしてオントロジーを格納することも可能です。

まずは、知識グラフのオントロジーの作成と保存を行います。オントロジーは、RDF スキーマや OWL のような W3C 標準で形成が可能であり、neosemantics プラグインを使用して

Neo4jにインポートできます。インポートすると、ノードやリレーションの集合がNeo4j内に直接作成されます。

オントロジーには、自然言語によって表現されるエンティティのタイプに関する記述が含まれています。このスキーマの宣言的な記述は、汎用的な自然言語生成エンジンを動作させるための設定と見なすこともできます。

例として、:Movieノードと:Personノードを含む映画データベースを使用します。最初に、各ノード、ラベルについて、ノードを参照するためのプロパティを特定する必要があります。:Movieタイプのノードの場合はtitleプロパティ、:Personタイプのノードの場合はnameプロパティを指定します。リスト13-16に示すように、これらの情報はOWLによって記述できます。

リスト13-16 エンティティの名前の情報を付与したオントロジー

```
@prefix owl: <http://www.w3.org/2002/07/owl#> .
@prefix rdf: <http://www.w3.org/1999/02/22-rdf-syntax-ns#> .
@prefix rdfs: <http://www.w3.org/2000/01/rdf-schema#> .
@prefix talk: <http://www.neo4j.org/2022/07/talkable#> .
@prefix mv: <http://www.neo4j.org/sch/movies#> .

mv:Movie rdf:type owl:Class ; talk:name "title" ; rdfs:label "Movie" .
mv:Person rdf:type owl:Class ; talk:name "name" ; rdfs:label "Person" .
```

このようなファイルを手動、または任意のオントロジーモデリングツールで作成し、neosemanticsプラグインを使用すれば、1行記述するだけでNeo4jにインポートできます。リスト13-17の通りです。

リスト13-17 オントロジーをNeo4jにインポートするコード

```
CALL n10s.onto.import.fetch('オントロジーを含んだファイル', 'Turtle')
```

W3C標準への準拠や既存のオントロジーの再利用が重要であるプロジェクトの場合は、これらの手順が非常に役に立ちます。これらに当てはまらない場合には、Cypherを使っても同様の結果を実現できます。リスト13-18の通りです。

リスト13-18 単純なCypherによって構成原則を作成する

```
CREATE (:Class {'name': 'title', 'label': 'Movie'})
```

これらのクラスの定義は、自然言語生成エンジンがノードを参照する方法を決定する際に使用します。:Movieについて話す時はtitleプロパティを使用し、:Personについて話す時はnameプロパティを使用します。次は、リレーションについて記述します。リスト13-19にその方法を示します。

リスト 13-19 リレーションの情報を付与したオントロジー

```
@prefix owl: <http://www.w3.org/2002/07/owl#> .
@prefix rdf: <http://www.w3.org/1999/02/22-rdf-syntax-ns#> .
@prefix rdfs: <http://www.w3.org/2000/01/rdf-schema#> .
@prefix talk: <http://www.neo4j.org/2022/07/talkable#> .
@prefix mv: <http://www.neo4j.org/sch/movies#> .

mv:ACTED_IN rdf:type owl:ObjectProperty ;
  rdfs:domain mv:Person ;
  rdfs:range mv:Movie ;
  talk:direct
    "acted in"@default ,
    "is in the cast of"@long ,
    "worked in"@short ;
  talk:inverse
    "has $o in it"@default ,
    "includes"@short ,
    "includes $o in its cast"@long ;
  rdfs:label "ACTED_IN" .

mv:WROTE rdf:type owl:ObjectProperty ;
  rdfs:domain mv:Person ;
  rdfs:range mv:Movie ;
  talk:direct
    "is the author of"@default ,
    "wrote"@short ,
    "wrote the script of"@long ;
  talk:inverse
    "is authored by"@default ,
    "is written by"@long ,
    "is by"@short ;
  rdfs:label "WROTE" .
```

　自然言語で表現したい知識グラフ上の各リレーションについて、ソースとターゲットを domain と range で表現し、それを双方向でナビゲートできるように direct と inverse のメタデータを付与します。たとえば、:ACTED_IN のように :Person から :Movie へと自然な方向でリレーションを走査する場合、direct で指定した表現のいずれかを使用して「person X is in the cast of movie Y.」のような文章を生成できます。一方で :Movie から :Person へと逆方向にナビゲートする場合、inverse で指定した表現のいずれかを使用し、「movie Y includes person X.」のような文章を生成できます。リレーションを使って生成する文章のバージョンは複数用意します。この例では、長い形式と短い形式を用意していますが、ユースケースによってはフォーマルな形式やカジュアルな形式を用意することもできます。最後に、生成する文章に柔軟性を持たせるためのパラメータとして $ の記法を使用しています。基本的なパターンである「主語 - 述語 - 目的語」で構成された文章では限定的過ぎて、よりリッチな表現を生成できないことがあります。たとえば、パラメータを使用すれば、「Keanu Reeves」と映画「The Matrix」の :ACTED_IN リレーションを自然言語で表現したい場合に「The Matrix has Keanu Reeves in it.」のような文章で表現できます。つまり、目的語である「Keanu Reeves」を文末に置くのではなく、文中に埋め込んで表現できます。

最後に、ノードプロパティに対して同様の定義を行います。リスト 13-20 の通りです。

リスト 13-20 ノードプロパティの情報を付与したオントロジー

```
@prefix owl: <http://www.w3.org/2002/07/owl#> .
@prefix rdf: <http://www.w3.org/1999/02/22-rdf-syntax-ns#> .
@prefix rdfs: <http://www.w3.org/2000/01/rdf-schema#> .
@prefix talk: <http://www.neo4j.org/2022/07/talkable#> .
@prefix mv: <http://www.neo4j.org/sch/movies#> .

mv:born rdf:type owl:DatatypeProperty ;
  rdfs:domain mv:Person ;
  talk:direct
    "The birth year of $s was"@long ,
    "spawned in"@short ,
    "was born in"@default ;
  rdfs:label "born" .

mv:released rdf:type owl:DatatypeProperty ;
  rdfs:domain mv:Movie ;
  talk:direct
    "premiered in"@short ,
    "The release year of $s was"@long ,
    "was released in"@default ;
  rdfs:label "released" .

mv:tagline rdf:type owl:DatatypeProperty ;
  rdfs:domain mv:Movie ;
  talk:direct
    "'s tagline goes: '$o'"@default ,
    "'s tagline is"@short ,
    "the tagline for $s was"@long ;
  rdfs:label "tagline" .
```

この種の記述がデータと共にグラフに保存されていれば、リスト 13-21 の Cypher によって任意のノードに関する記述を動的に生成できます。

リスト 13-21 オントロジーによって駆動する Cypher の自然言語生成エンジン

```
MATCH (n)-[r]-(o)
WHERE id(n) = $entity_id
MATCH (cn:Class)<-[:domain|range]-
      (op:ObjectProperty)-[:domain|range]->(co:Class)
WHERE type(r) IN op.label
  AND (op.direct IS NOT NULL OR op.inverse IS NOT NULL)
  AND [x in labels(n) where x <> 'Resource'][0] IN cn.label
  AND [x in labels(o) where x <> 'Resource'][0] IN co.label
WITH n[cn.name[0]] AS subj,
  n10s.rdf.getLangValue(
    'default',
    op[CASE WHEN startNode(r) = n THEN 'direct' ELSE 'inverse' END]
  ) AS pred,
  substring(
    reduce(res='', x IN collect(o[co.name[0]]) | res + ',' + x),
```

```
    1
  ) AS obj
WITH CASE WHEN pred CONTAINS '$s' THEN '' ELSE subj end AS subj,
  replace(replace(pred, '$o', obj), '$s', subj) AS pred,
  CASE WHEN pred CONTAINS '$o' THEN '' ELSE obj end AS obj
RETURN subj + ' ' + pred + ' ' + obj AS sentence
```

リスト 13-21 はリスト 13-22 のように適切な文章を生成できます。

リスト 13-22 オントロジーによって駆動する Cypher 自然言語生成エンジンで生成した文章

```
| "sentence"                                                         |
---------------------------------------------------------------------
| "Lilly Wachowski wrote V for Vendetta,Speed Racer"                 |
| "Laurence Fishburne worked in The Matrix Revolutions,The Matrix Reloaded, |
| The Matrix"                                                        |
| "Hugo Weaving worked in Cloud Atlas,V for Vendetta,The Matrix Revolutions, |
| The Matrix Reloaded,The Matrix"                                    |
| "Lana Wachowski wrote V for Vendetta,Speed Racer"                  |
| "Emil Eifrem worked in The Matrix"                                 |
```

このアプローチは、文章を構成するためのアーティファクトとしてオントロジーを使用し、純粋な Cypher によって知識グラフから自然言語を生成するソリューションです。任意の X に対して、「知識グラフが X について知っているすべて」の自然言語の記述を返します。これはドキュメンテーションやそれに類似するユースケースを目的に自然言語を生成する際には便利ですが、用途はかなり限定的です。

より洗練されたアプローチとしては、WordNet[6]のような語彙データベースや、一般的な表現から学習し、最終的に手作業による文章パターンの定義を必要とせずに文章を再構成するような機械学習技術を使用することもできます。

リスト 13-23 は、オープンソースのボットフレームワーク Rasa[7]を使った例です。Rasa は、外部データベースからの情報を活用する「知識ベースアクション」の機能を備えており、Neo4j 上に構築された知識グラフと対話する際に活用できます。

リスト 13-23 オープンソースのボットフレームワーク Rasa と Neo4j の知識グラフとの接続

```
from rasa_sdk.knowledge_base.storage import KnowledgeBase
from rasa_sdk.knowledge_base.actions import ActionQueryKnowledgeBase

class MyKnowledgeBaseAction(ActionQueryKnowledgeBase):
    def init (self):
        knowledge_base = KnowledgeBase("Neo4j への参照 ")
        super().init(knowledge_base)
```

---

[6] https://wordnet.princeton.edu/
[7] https://rasa.com/

13.4 語彙データベースの活用

WordNet[8] は英語の語彙データベース[9] です。WordNet では、名詞、動詞、形容詞、副詞のうち認知的に同義語となるものを、**synset** と呼ばれる集合でグループ化しています。各 synset は異なる概念を表現しており、synset 同士は概念上のセマンティクスや語彙の関係によって相互に接続しています。つまり、自然な形でグラフに格納できる語彙のネットワークが形成されています。

WordNet データベースをグラフとして分析する可能性を探る前に、WordNet のグラフを構築する方法を学んでおきましょう。Global WordNet Association[10] が公開している WordNet の公開バージョンを使用します。最新のリリースは WordNet の GitHub リポジトリ[11] で確認できます。

WordNet で利用可能なフォーマットの 1 つは RDF です。RDF の Neo4j へのインポートは自動化できるため、グラフの構築作業を大幅に効率化できます。リスト 13-24 の通りです。

リスト 13-24 Cypher で知識グラフに RDF をインポートする

```
CREATE CONSTRAINT n10s_unique_uri ON (r:Resource)
ASSERT r.uri IS UNIQUE

CALL n10s.graphconfig.init({handleVocabUris: 'IGNORE'});
CALL n10s.rdf.import.fetch('.../english-wordnet-2021.ttl.gz', 'Turtle');
```

図 13-4 はグラフの構造（スキーマ）の一部であり、(:LexicalEntry)-(:LexicalSense)-(:LexicalConcept) の並びで構成されています。

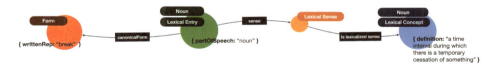

図 13-4：WordNet の知識グラフに含まれる主要なグラフパターン

WordNet のような語彙データベースで行われている明示的、かつ詳細なグラフ表現には様々な用途が存在します。しかし、最も重要である性質は、データの内容を制御し、特定の用途に適合させたり拡張できる点です。まずは単語の意味や、正確性や曖昧性といった単語の性質を明らかにするような基本的なクエリをグラフに対して試してみると面白いでしょう。

WordNet を使用すれば、単語、または単語の集合が持つすべての意味を取得できます。このような分析を行うクエリのほとんどは、図 13-4 に示す、主要なグラフのパターンである

---

[8] https://rasa.com/

[9] ［訳注］日本語版として、国立研究開発法人情報通信研究機構 (NICT) が構築した日本語 WordNet (https://bond-lab.github.io/wnja/) も存在します。

[10] http://globalwordnet.org/

[11] https://github.com/globalwordnet/english-wordnet

(:Form)-(:LexicalEntry)-(:LexicalSense)-(:LexicalConcept) の走査を基本とします。

たとえば、リスト 13-25 に示す Cypher クエリは、「clear」という単語のすべての意味を返します。

リスト 13-25　単語「clear」のすべての意味を返す Cypher クエリ

```
MATCH (lemma:Form)<-[:canonicalForm]-(le:LexicalEntry)-[:sense]->
      ()-[:isLexicalizedSenseOf]->(concept)
WHERE lemma.writtenRep = 'clear'
RETURN le.partOfSpeech AS PoS, concept.definition AS definition
```

「clear」は名詞、動詞、形容詞、副詞として機能する単語であるため、結果は多岐に渡ります。クエリの結果は表形式であり、公開されているオンライン検索インターフェース[12]で WordNet に対してクエリした結果と一致します。図 13-5 の通りです。

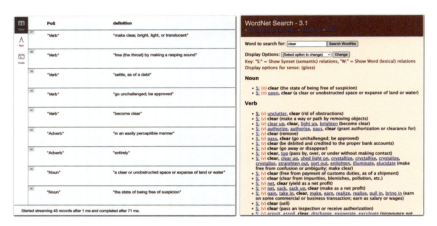

図 13-5：「clear」の意味に対する WordNet の結果は、Neo4j Browser（左）と WordNet のウェブインターフェース（右）で同一

リスト 13-26 ではリスト 13-25 に少し手を加え、「clear」という単語の意味（:LexicalConcepts）をグラフで可視化できるようにしています。

リスト 13-26　単語「clear」の意味のグラフによる可視化結果を取得する Cypher クエリ

```
MATCH path = (lemma:Form)<-[:canonicalForm]-(:LexicalEntry)-[:sense]->
             ()-[:isLexicalizedSenseOf]->()
WHERE lemma.writtenRep = 'clear'
RETURN path
```

図 13-6 では、動詞、形容詞、副詞、名詞の役割を果たす語彙の概念を、グラフの様々な構成要素として確認できます。

---

[12]　http://wordnetweb.princeton.edu/perl/webwn

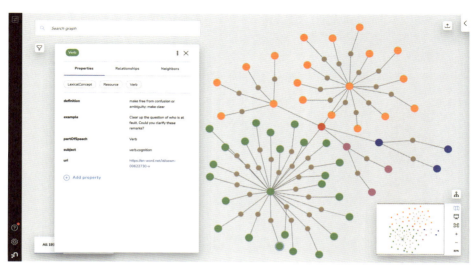

図 13-6：動詞、形容詞、副詞、名詞としての「clear」の意味を Neo4j Bloom によってグラフで可視化したもの

　集計を行えば、英語で最も多くの意味を持つ単語を見つけられます。このような多義的な単語を見つけるには、指定した単語、または複数の単語（WordNet ではレンマ、または標準的な表記や辞書の表記を使用しています）から生じる (:LexicalEntry)-(:LexicalSense)-(:LexicalConcept) のパターンの数を数えます。リスト 13-27 のクエリは、最も多義的である 5 つの単語のリストを返します。

リスト 13-27　最も多くの意味を持つ上位 5 つの単語を検索する Cypher クエリ

```
MATCH (lemma:Form)
RETURN lemma.writtenRep AS lemma,
  size(
    (lemma)<-[:canonicalForm]-(:LexicalEntry)-[:sense]->()
  ) AS senseCount
ORDER BY senseCount DESC
LIMIT 5
```

　WordNet の現行バージョン（2021 年）における多義語の上位 5 単語を表 13-1 に示します。

表 13-1：最も多くの意味を持つ上位 5 単語

lemma	senseCount
break	75
cut	70
run	57
play	52
make	51

逆引きはより興味深い結果を得られます。知識グラフ上の WordNet を使えば、ある概念を始点として同一のグラフパターンを逆方向に走査し、その概念を表現できるすべての英単語にナビゲートすることで、先ほどの例とは逆のパターンを見つけられます。図 13-7 は、「be unsuccessful」（失敗する）という概念を表現する 3 つの方法を示しています。

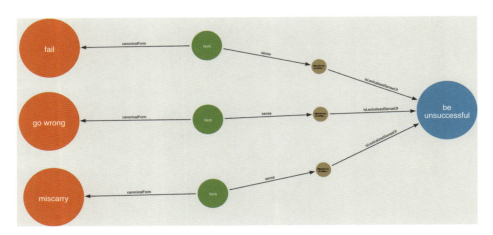

図 13-7：「be unsuccessful」を表現する 3 つの手段

どの概念が最も多くの表現方法を持つのでしょうか。リスト 13-28 のクエリでは、グラフの走査と結果の集約を行い、語彙概念ごとにレンマの数で並べ替えています。

リスト 13-28 多くの単語で表現される概念を見つける Cypher クエリ

```
MATCH (lemma:Form)<-[:canonicalForm]-
      (:LexicalEntry)-[:sense]->(s)-[:isLexicalizedSenseOf]->
      (con:LexicalConcept)
RETURN con.definition AS concept,
       count(lemma.writtenRep) AS wordCount,
       collect(lemma.writtenRep) AS words
ORDER BY wordCount DESC
LIMIT 10
```

このコードを実行してみると、非常に興味深い結果が得られます。次は、WordNet のより発展的な機能にも目を向けてみましょう。

今まで扱ってきた WordNet のグラフは、語彙概念の間がセマンティクスを持ったリレーションで拡充されています。リレーションのリストは非常に拡張的であり、hypernymy（より一般的である）、hyponymy（より具体的である）、meronymy（の一部である）、その他多数の型が存在します。リレーション型の全量は CALL db.relationshipTypes() メソッドで調べられますが、特に最初の 2 つ（hyper、hypo）は、グラフの中でタクソノミーを形成します。これらのリレーションを活用してグラフをナビゲートすれば、概念の分析を拡張し、より具体的な（またはより一般的な）意味を見つけられます。レンマのレベルで同様の分析を行えば、

より一般的な単語や、より具体的な単語を見つけることができます。

図13-8 のパスは、「sphere」は「globe」よりも一般的な用語であり、特に「globe」は「a sphere on which a map (especially of the earth) is represented.」（地図（特に地球）を表現する球）という意味を持つことが示されています。

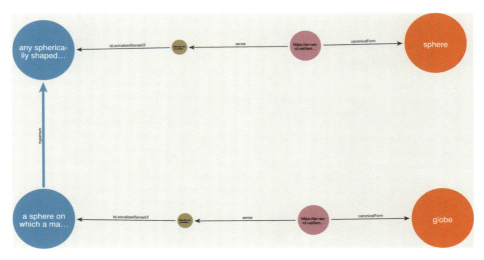

図 13-8：「globe」は「sphere」の一種である

より実用的には、語彙概念間のセマンティック類似度を定義するためにこれらのタクソノミーを探索します。

13.5　グラフベースのセマンティック類似度

人気のある NLP ライブラリの中には、多数の標準的なセマンティック類似度を算出する実装が存在するケースがあります。これらの指標を算出するには、語彙の知識グラフ上のパスを探索します。本節では、最も広く使用されている 3 つの指標を取り上げ、Cypher で指標の算出を再現します。また、扱うドメインに特有の用語や概念を追加してグラフをカスタマイズすることで、これらの指標が様々なユースケースで使用できるようになることを解説します。

13.5.1　パス類似度

パス類似度は、タクソノミー内の 2 つの語彙概念を結ぶ最短パスに基づいています。図 13-9 に計算方法を示します。

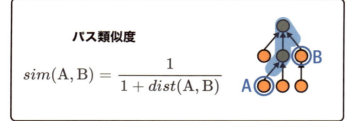

図 13-9：パス類似度の計算方法

「dog」と「lion」という単語が示す概念の類似度を比較して、パス類似度を検証してみます。図 13-10 のグラフは、「dog」と「lion」が示す概念の間に存在する上位概念（hypernym）のタクソノミーを示しており、パスの長さが 5 であることが確認できます。

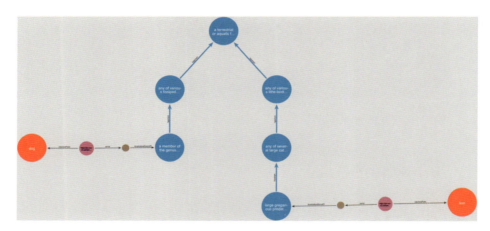

図 13-10：「dog」と「lion」の概念間の最短経路

パス類似度の Cypher による実装はリスト 13-29 の通りです。

リスト 13-29　パス類似度を算出する Cypher

```
MATCH (a:LexicalConcept {uri: $a_id})
MATCH (b:LexicalConcept {uri: $b_id })
MATCH p = shortestPath((a)-[:hypernym*0..]-(b))
WITH a, b, length(p) AS pathLen
RETURN a.definition AS a_def,
       b.definition AS b_def, pathLen, 1.0/(1+pathLen) AS pathSim
```

「dog」と「lion」が示す語彙概念の一意識別子として {a_id: 'https://en-word.net/id/oewn-02086723-n', b_id: 'https://en-word.net/id/oewn-02131817-n'} をパラメータに指定してリスト 13-29 の Cypher クエリを実行すると、表 13-2 の結果が得られます。

13.5 グラフベースのセマンティック類似度

表 13-2：「dog」と「lion」の概念、パスの長さ、類似度

a_def	b_def	pathLen	pathSim
"a member of the genus Canis (probably descended from the common wolf) that has been domesticated by man since prehistoric times; occurs in many breeds"	"large gregarious predatory feline of Africa and India having a tawny coat with a shaggy mane in the male"	5	0.16666666666666666

一般的な NLP ライブラリでも同一の結果を取得できます。本節では、NLTK [13] として知られている Natural Language Toolkit for Python を使用します。リスト 13-30 の Python コードでは、synset の path_similarity メソッドを呼び出してパス類似度を算出しています。

リスト 13-30　Python で NLTK からパス類似度のメソッドを呼び出す

```
from nltk.corpus import wordnet as wn

dog = wn.synset("dog.n.01")
lion = wn.synset("lion.n.01")
print(dog.definition())
print(lion.definition())
print(dog.path_similarity(lion))
```

このコードは、リスト 13-31 に示す Cypher クエリと同一の結果を生成します。

リスト 13-31　NLTK によるパス類似度の計算結果と Cypher による計算結果は同一になる

```
a member of the genus Canis (probably descended from the common wolf) that has
been domesticated by man since prehistoric times; occurs in many breeds

large gregarious predatory feline of Africa and India having a tawny coat with
a shaggy mane in the male

0.16666666666666666
```

NLTK ではなく Cypher を使用して類似度を算出する必要はどこにあるでしょうか。類似度を算出するアルゴリズムの実装を制御できると、いくつかの利点があります。

- NLTK が現在サポートしている WordNet のバージョンに依存せずに済みます。現在のところ NLTK は WordNet 3.0 のみをサポートしていますが、このバージョンは何年も前のバージョンです。上記の例では、Cypher による結果と NLTK による結果は同一ですが、異なるケースは容易に見つかります。

---

[13] https://www.nltk.org/

- 新しい語彙と関連する語彙概念をグラフに追加すれば、WordNet が網羅していないドメイン固有の詳細な情報を提供できます。グラフを拡張するには、関連するノードとこれらのエンティティを表すリレーションを追加します。
- 前記の点を極端に言えば、必ずしも WordNet に基づかない他のタクソノミーの体系でもこれらの指標を算出できます。
- 必要に応じてアルゴリズム自体を修正、調整できます。

これらの利点の一部は、次項で指標を分析する過程で明らかになるでしょう。

13.5.2　Leacock-Chodorow 類似度

Leacock-Chodorow 類似度は、タクソノミーの深さを計算要素に加えて類似度を算出します。タクソノミーの深さは、任意の要素とルートである要素の間のパスの最大長として簡単に計算できます。Cypher でタクソノミーの深さを求めるには、可変長のパス表現を使用します。リスト 13-32 の通りです。

リスト 13-32　タクソノミーの深さを算出する Cypher クエリ

```
MATCH path = (leaf:LexicalConcept)-[:hypernym*0..]->(root)
WHERE NOT EXISTS (()-[:hypernym]->(leaf))
      AND NOT EXISTS ((root)-[:hypernym]->())
RETURN max(length(path)) AS maxTaxonomyDepth
```

このクエリは 19 を返します。この値はグラフ全体を対象としたグローバルな最大値です。

すべてのカテゴリが直接的、または間接的に接続するルート・カテゴリが常に 1 つであるとは限りません。WordNet が一例ですが、複数のルート要素が存在する、すなわち非連結である複数のタクソノミーを持つグラフが存在します。このような場合、比較対象の要素を含むタクソノミーの深さを計算する必要があります。

Leacock-Chodorow 類似度は図 13-11 の式で定義されます。

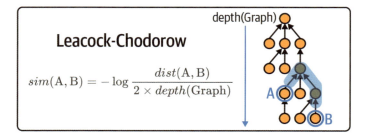

図 13-11：タクソノミーの深さを算出する Leacock-Chodorow 類似度の公式

この指標は、より深い階層で比較を行う際の類似度を高めます。前のケースと同様、この指標は WordNet の知識グラフを対象とした Cypher クエリで算出できます。リスト 13-33 の通りです。

リスト 13-33 Leacock-Chodorow 類似度の公式の Cypher 実装

```
MATCH (a:LexicalConcept {uri: $a_id})
MATCH (b:LexicalConcept {uri: $b_id})
MATCH p = shortestPath((a)-[:hypernym*0..]-(b))
WITH a, b, length(p) AS pathLen
RETURN a.definition AS a_def,
       b.definition AS b_def,
       pathLen, -log10(pathLen / (2.0 * $depth)) AS LCSim
```

前の例と同様、Cypher を使用しても NLTK を使用した場合と同様の結果が得られます。リスト 13-34 の通りです。

リスト 13-34 Cypher と NLTK の結果は類似する

```
from nltk.corpus import wordnet as wn

dog = wn.synset("dog.n.01")
lion = wn.synset("lion.n.01")
print(dog.definition())
print(lion.definition())
print(wn.lch_similarity(dog, lion))
```

13.5.3 Wu-Palmer 類似度

Wu-Palmer 類似度は、LCS（Least Common Subsumer）の考え方に基づいています。LCS は、比較対象である 2 つの要素に共通する祖先ノードです。

図 13-12 の式で示しているように、この指標は比較対象である 2 つの要素の深さとそれらの LCS の深さから算出されます。

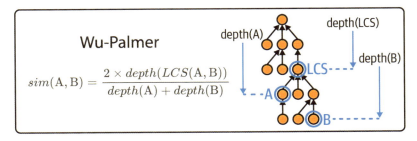

図 13-12：Wu-Palmer 距離の公式

13.5.1 項で扱った「dog」と「lion」の例で指標を計算するには、WordNet のタクソノミー全体の中で両単語が示す語彙概念の位置を取得する必要があります。図 13-13 は Wu-Palmer 類似度を算出する際の基礎となる要素を示しています。

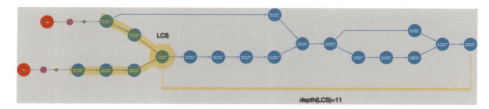

図 13-13：Wu-Palmer 距離

　Cypher で LCS を求めるには、LCS に収束するような 2 つの可変長のパターンを宣言する必要があります。リスト 13-35 の通りです。

リスト 13-35 Wu-Palmer 距離の Cypher 実装

```
MATCH (a:LexicalConcept {uri: $a_id})
MATCH (b:LexicalConcept {uri: $b_id })
MATCH p = (a)-[:hypernym*0..]->(lcs)<-[:hypernym*0..]-(b)
WITH a, b, lcs, length(p) AS pathLen
MATCH p = (lcs)-[:hypernym*0..]->(root)
WHERE NOT (root)-[:hypernym]->()
RETURN lcs.definition AS lcs_def, lcs.uri AS lcs_id, length(p) AS lcs_depth
ORDER BY pathLen
LIMIT 1
```

　実行結果は表 13-3 の通りです。

表 13-3：Wu-Palmer 距離の公式の Cypher 実装の実行結果

lcs_def	lcs_id	lcs_depth
a terrestrial or aquatic flesh-eating mammal	https://en-word.net/id/oewn-02077948-n	11

　LCS を求められれば、Wu-Palmer 類似度を計算するのは簡単です。リスト 13-36 の通りです。

リスト 13-36 Cypher による Wu-Palmer 類似度の計算

```
MATCH (a:LexicalConcept {uri: $a_id})
MATCH (b:LexicalConcept {uri: $b_id })
MATCH (lcs:LexicalConcept {uri: $lcs_id })
MATCH a_to_lcs = (a)-[:hypernym*0..]->(lcs)
MATCH b_to_lcs = (b)-[:hypernym*0..]->(lcs)
WITH a, b, lcs, length(a_to_lcs) AS depth_a, length(b_to_lcs) AS depth_b
RETURN (2.0 * $lcs_depth) / (2.0 * $lcs_depth + depth_a + depth_b) AS wp_sim
```

　前の指標と同様、NLTK を使って同一の指標を計算する方法も紹介します。関数名が異なる以外、Leacock-Chodorow 類似度を計算した際と大きな違いはありません。リスト 13-37 の通りです。

13.5 グラフベースのセマンティック類似度

リスト 13-37 Python による Wu-Palmer 類似度の計算

```
from nltk.corpus import wordnet as wn

dog = wn.synset("dog.n.01")
lion = wn.synset("lion.n.01")
print(dog.definition())
print(lion.definition())
print(wn.wup_similarity(dog, lion))
```

　知識グラフに語彙データベースを格納する利点の1つは、ブラックボックス化されたソリューションに透明性をもたらせる点です。これは、知識グラフが新しい要素を追加できる動的なエンティティであることによって実現しています。

　Neo4j 内に構築した WordNet の知識グラフに新しいエンティティを追加する際に必要な操作を紹介します。初めに (:Form)-(:LexicalEntry)-(:LexicalSense)-(:LexicalConcept) のパターンを構築します。たとえば、ソフトウェアの下位概念としては、私有ソフトウェアとオープンソース・ソフトウェアの概念が存在します。

　リスト 13-38 では、複数の CREATE 句を実行することで、ノードとリレーションを追加しています。ここで追加するノード、リレーションは、私有ソフトウェアやクローズドソース・ソフトウェアのような単語を識別するレンマ (:Form や :LexicalEntry) を表現するためのものです。そして両者は、「computer software released under a license restricting use, study, or redistribution.」[14] という定義の下、同じ意味 (:LexicalConcept) を示しています。なお、WordNet で定義されているパターンを完全に踏襲するには、中間に存在する :LexicalSense ノードも追加する必要があります。

リスト 13-38 Cypher によって語彙概念を知識グラフに追加する

```
CREATE (lc:LexicalConcept:Noun {
  subject: 'noun.communication',
  partOfSpeech: 'Noun',
  definition: 'computer software released under a license restricting use,
study or redistribution',
  uri: 'https://custom.extension/id/15349-n',
  example: [
    'the use of proprietary software is not allowed in our organization'
  ]
})
CREATE (ls1:LexicalSense {
  uri: 'https://custom.extension/lemma/propsoft#15349'
})
CREATE (lc)<-[:isLexicalizedSenseOf]-(ls1)
CREATE (le1:LexicalEntry:Noun {
  canonicalForm: 'proprietary software',
  partOfSpeech: 'Noun',
  uri: 'https://custom.extension/lemma/prop-soft#propsoft-n'
})
```

---

[14] [訳注] 日本語に翻訳すると「利用、研究、または再配布を制限するライセンスの下でリリースされたコンピュータソフトウェア。」に相当します。

```
CREATE (ls1)<-[:sense]-(le1)
CREATE (f1:Form {
  writtenRep: 'proprietary software',
  uri: 'https://custom.extension/lemma/prop-soft'
})
CREATE (le1)-[:canonicalForm]->(f1)
CREATE (ls2:LexicalSense {
  uri: 'https://custom.extension/lemma/closedsoft#15348'
})
CREATE (lc)<-[:isLexicalizedSenseOf]-(ls2)
CREATE (le2:LexicalEntry:Noun {
  canonicalForm: 'closed-source software',
  partOfSpeech: 'Noun',
  uri: 'https://custom.extension/lemma/closed-soft#closedsoft-n'
})
CREATE (ls2)<-[:sense]-(le2)
CREATE (f2:Form {
  writtenRep: 'closed-source software',
  uri: 'https://custom.extension/lemma/closed-soft'
})
CREATE (le2)-[:canonicalForm]->(f2)
```

冗長であるため省略しますが、同様のスクリプトを使用すれば、「software whose source code is available under an open source license.」[†15] という定義の下に、同じ意味（:LexicalConcept）を持つ単語として「OSS」や「オープンソース・ソフトウェア」も追加できます。

2つの新しい語彙概念を導入したら、上位概念（hypernym）、および上位概念に対応する下位概念（hyponym）のリレーションを使ってWordNetの既存の階層に対応させる必要があります。リスト13-39の通りです。

リスト13-39　追加された概念を既存の階層の概念に対応させるCypher

```
MATCH (prop:LexicalConcept {uri: 'https://custom.extension/id/15349-n'})
MATCH (oss:LexicalConcept {uri: 'https://custom.extension/id/15350-n'})
MATCH (sw:LexicalConcept {uri: 'https://en-word.net/id/oewn-06578068-n'})
MERGE (prop)-[:hypernym]->(sw)-[:hyponym]->(prop)
MERGE (oss)-[:hypernym]->(sw)-[:hyponym]->(oss)
```

前のスクリプトで作成された部分グラフは、リスト13-40のクエリで可視化できます。可視化の結果は図13-14の通りです。

[†15] ［訳注］日本語に翻訳すると「オープンソースライセンスの下でソースコードが利用可能であるソフトウェア。」に相当します。

> **リスト 13-40** 新しい語彙の部分グラフを探索するクエリ

```
MATCH p = (lc:LexicalConcept {
    uri: 'https://en-word.net/id/oewn-06578068-n'
})<-[:hypernym]-()<-[:isLexicalizedSenseOf]-
(ls)<-[:sense]-(le)-[:canonicalForm]->(f)
RETURN p
```

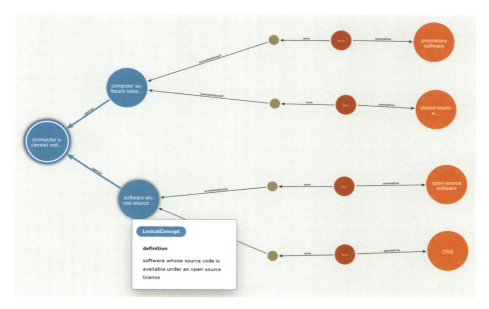

図 13-14：WordNet の知識グラフに追加された部分グラフの可視化

　拡張したグラフのセマンティック類似度を計算する準備が整いました。新しく作成したエンティティを対象としたセマンティック類似度の計算は、前に使用したものと同一のクエリを使用することでシームレスに計算できます。計算結果は表 13-4 の通りです。

表 13-4：WordNet の知識グラフに追加された概念の類似度

concept A	concept B	Path sim	Leacock-Chodorov	Wu and Palmer
software whose source code is available under an open source license	computer software released under a license restricting use, study, or redistribution	0.4	0.846	0.973

既存のグラフに手を加えて拡充していくという考え方は一般化できます。また、グラフが何らかの階層構造を含む限り、全く異なる知識グラフにおいても類似度を算出できます。たとえば、WikidataやDBPediaのような大規模な知識グラフであれば、`rdf:SubClassOf`（DBPedia）や`wd:P279`（Wikidata）というリレーションを使って各エンティティがタクソノミーとして分類されています。

WordNetに定義されている、セマンティクスを表現した多くのリレーションに関する情報をはじめ、既存のリレーションを含むあらゆる種類のテキスト情報を知識グラフにインポートできることが分かったでしょう。知識グラフ上のテキスト情報があれば、他のツールで行えるすべての操作をCypherで実行できます。さらに、必要に応じてドメイン固有の用語を追加して、知識グラフを拡充できます。これは実務でよく行われるパターンです。たとえば、ドイツ糖尿病研究センター（German Center for Diabetes Research：DZD）は、臨床試験データ、独自の研究データ、医学研究発表のデータベースであるPubMed全体を知識グラフに組み込んでいます。

13.6 まとめ

本章では、会話システムを知識グラフによって強化するための強力なテクニックとパターンを紹介しました。また、専門的なサードパーティツールや相互運用可能な形式を用いることで、価値のあるシステムを作成できることを確認しました。一般的なグラフデータベース技術を使えば、簡単にシステムを構築できることも示しました。知識グラフへの理解がさらに深まったでしょう。

しかし、「知識グラフの次はどうなるか？」という疑問も生じるかと思います。14章では、本書で学んだ内容を基礎として、知識グラフの将来について、いくつかの予想を行います。

14 知識グラフから知識レイクへ

　現代の企業にとって、データは最も価値のある資産の1つです。構成原則を管理できれば、多くのユースケースで大きな事業価値を引き出す知識グラフを構築できます。最終章である本章では、知識グラフの将来的な発展の仕方について扱います。具体的には、企業内の技術スタックの下層として知識グラフがより基礎的な役割を担う可能性や、その役割が拡大していく可能性について紹介します。このような興味深いパターンは、**知識レイク**として知られています。知識レイクは、知識グラフ技術の将来の可能性の1つかもしれません。

14.1　従来的な知識グラフの活用方法

　近年、グラフ技術の発展に伴って知識グラフの導入が急増しています。個別のユースケース、部署を対象とした知識グラフは一般的になりつつあります。実際、機能横断的である重大な事業活動（たとえば、コンプライアンス）、エンティティ（たとえば、顧客）の知識グラフは、特に普及しています。知識グラフの扱う範囲が広くなると、知識グラフが支えるインフラは技術スタックの中でもより基礎に近いコンポーネントに近づいていきます。図14-1に示す通りです。

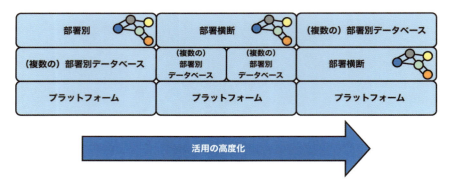

図 14-1：従来的な知識グラフの活用過程

　図 14-1 に示すアーキテクチャの概念図に議論の余地はないでしょう。狭い範囲で使用される知識グラフもあれば、広い範囲で使用される知識グラフも存在します。そして範囲の差異こそあれど、どの使い方であっても事業価値を生み出します。

　この図では、知識グラフは単一部署のデータのみをデータソースとする当該部署の資産としての役割から始まっています。しかし、ニーズの高度化に合わせて、これらのグラフをオントロジーやミドルウェアを介して連動させることで、複数部署のデータを横断するような知識グラフを作成することも考えられます。

　知識グラフの運用が最も洗練されたレベルまで到達すると、複数の部門のデータを横断するにとどまらず、企業全体で汎用的に利用できる基礎技術の基盤として利用されるようになります。大規模な知識グラフシステムを基盤化できれば、そこで管理されるデータの上に他の知識集約型システムを構築できます。このような運用が定着すれば、知識グラフは広く受け入れられており、知識グラフ自体が他の有用なシステムの基盤となっている点で成功していると言えるでしょう。

　しかし、知識グラフの普及がかえって知識グラフ自体の成功を妨げることはないのか、という疑問もあるでしょう。ガバナンスの効かない状況に陥る事態を避け、企業が多数の知識グラフを管理するにはどうすべきでしょうか。複数の知識グラフを再帰するような難解なシステムアーキテクチャになってしまうのでしょうか。そうはならないことを願います。

14.2　知識グラフから知識レイクへ

　データが増え、より質の高いものになるだろうという見込みは興味深いものです。なぜなら、知識グラフの役割がより大きく、より広くなることに繋がり、結果として、知識グラフの基礎的な役割がますます増えるためです。知識グラフが事業にとってより基本的なものになるほど、利用する際のアーキテクチャが変化します。具体的には、個々のユースケースや特定のスキル集団を横断するような活動を想定した（潜在的に多くの）知識グラフから、汎用的なアプローチに変わっていきます。図 14-2 に示すアーキテクチャのように、この汎用的なアプローチは**知識レイク**と呼ばれます。

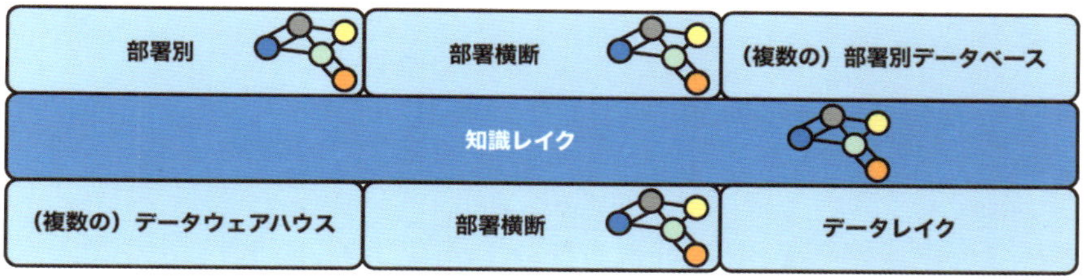

図14-2：知識レイクとは大規模、かつ汎用的なコンテキスト化された情報システムを指す

　知識レイクはそれ自体が知識グラフであり、他の知識グラフやグラフ以外のデータを包含できるアーキテクチャや使用パターンを指します。知識レイクは企業が持つデータウェアハウスやデータレイクのすぐ隣に存在します。知識レイクには、グラフで表現された組織のデータをまとめ上げたサブセットが保存されており、企業内の複数のプロジェクトにこれらのデータを提供できます。つまり、データの再利用を目的として設計された知識グラフのコレクションです。

　知識レイクはデータレイクやデータウェアハウスの代替ではない点を理解することが重要です。データレイクにはデータを大量に投入でき、事後的に意味を確立できるという特徴があります。量とスループットが重要な観点になります。

　知識レイクはこうしたデータに事後的に意味を持たせる役割を担います。知識レイクはデータレイクやデータウェアハウス内の膨大な量のデータに意味を与え、事業価値を生み出します。つまり、知識レイクは事業にとって価値のあるデータを探索し、使用するための主要な基盤です。知識レイクを活用できれば、実質的にデータレイクやデータウェアハウスの利点も享受できます。

　本書を通して、事業データを活用して事業価値を引き出す上で知識グラフが役に立つことを解説しました。また、知識グラフを活用すれば、高コスト、高リスクな大規模リプレースを伴うプロジェクトが不要になることも述べました。知識グラフは既存システムに破壊的な影響を与えずに導入できるだけでなく、既存システムの有用性や価値を高められます。

　扱うデータの範囲に差はあれど、知識レイクも同様です。最終的な目標は企業全体を幅広く網羅するコンテキストに沿ったデータの理解と連携を実現することかもしれませんが、初めは単一のシステムのような小さなものでも問題ありません。どんな知識グラフにも当てはまりますが、知識レイクは時間をかけて成長し、新たなデータやユースケースに対応していきます。陳腐化、乱雑化を防ぐために知識グラフにはガバナンスと自動化が求められますが、最終的には企業内のデータすべてをマッピングし、データの発見、利用（や再利用）、集約を実現する知識レイクが必要になります。

14.3 今後の展望

> 私たちは情報に溺れていますが、知識に飢えています。
> —John Naisbitt, 『Megatrends』[1]

　Naisbittの主張は的を射ています。事業で直面する課題はデータ不足ではなく、データを理解して有効活用することです。

　知識グラフ、あるいは将来の知識レイクの構築は、コンテキストに沿ったデータ理解を図る重要な機会にもなります。本書で紹介したパターンとユースケースは、この途方もない課題に取り組む上で必要となる基盤を提供します。最終章まで読み終えたということは、膨大な事業価値を引き出すシステムを構築するための知識は身についています。将来的には最も難解なデータ集約型システムの複雑さを制御し、単一のデータベースに対してクエリを実行するかのように簡単に事業価値を引き出せるようになっているかもしれません。知識グラフのエキサイティングな旅はすぐそこです！

---

[1]　『メガトレンド』(三笠書房、1983年)

索引

◆ 数字・記号

() 27
* 197
@Context アノテーション 77
@Description アノテーション 77
@Procedure アノテーション 77
@relationship 宣言 79

◆ A

ACID (Atomicity, Consistency, Isolation, Durability) トランザクション 46
Amazon-Google 製品カタログデータセット
.... 145
Amundsen 124
Apache Hop 86-88
Apache Kafka 81-83
Apache Spark 83-85
APOC (Awesome Procedures On Cypher)
.... 42
　　→ Neo4j APOC ライブラリ
apoc.atomic.concat() 42
apoc.date.convert() 42
apoc.dv.catalog.add() 75
apoc.dv.query() 75
apoc.load.driver() 71
apoc.load.json() 72
apoc.mongodb.find() 72
apoc.nlp.gcp.entities.stream() 223
apoc.periodic.iterate() 223
AS 句 (Cypher) 55

◆ B

Banking Circle 160
Bloom → Neo4j Bloom

◆ C

CALL 句 (Cypher)
.... 41-42, 71, 117, 158, 165, 178, 217
CREATE 句 (Cypher) 27-32, 53, 85
CSV (Comma-Separated Values) ファイル
.... 50-61, 98-99, 145, 194, 222
Cypher 26-30,
　　34-36, 40-42, 47, 52-57, 65, 68, 70-76,
　　81-82, 84-85, 87-88, 90, 93-95, 99-100,
　　103, 115, 118, 120, 128, 135-136,
　　139-140, 142-143, 145, 157-159,
　　168, 170, 173, 176, 185-186, 193-204,
　　213-217, 222-224, 226, 233-237,
　　240-241, 244-245, 247-260, 262

◆ D

Datahub 124
db.relationshipTypes() 252
db.schema.visualization() 41
DBPedia 221, 261
DELETE 句 (Cypher) 29-30

DETACH DELETE 句 (Cypher) 29-30
Diffbot 231, 233
Disease Ontology 218
DISTINCT 句 (Cypher) 168
Dublin Core Metadata Initiative (DCMI) ... 22
DXC Career Navigator 181-182
DXC Technology 181-182

◆ E
ETL (Extract/Transform/Load)
.... 63, 78, 85-87
Euler, Leonhard 3-4
EXPLAIN 句 (Cypher) 42-43, 57

◆ F
FastRP アルゴリズム 115, 178
Financial Industry Business Ontology (FIBO)
.... 22
FROM 句 (Cypher) 55
F 値 203-204

◆ G
gds.alpha.linkprediction.
    preferentialAttachment() 112
gds.alpha.pipeline.linkPrediction.
    configureAutoTuning() 117
gds.alpha.pipeline.nodeRegression.
    addNodeProperty() 178
gds.alpha.pipeline.nodeRegression.
    addRandomForest() 179
gds.alpha.pipeline.nodeRegression.
    configureAutoTuning() 179
gds.alpha.pipeline.nodeRegression.
    configureSplit() 178
gds.alpha.pipeline.nodeRegression.create()
.... 178
gds.alpha.pipeline.nodeRegression.predict.
    stream() 180

gds.alpha.pipeline.nodeRegression.
    selectFeatures() 178
gds.alpha.pipeline.nodeRegression.train()
.... 179
gds.beta.graph.relationships.stream() 119
gds.beta.pipeline.linkPrediction.
    addFeature() 116
gds.beta.pipeline.linkPrediction.
    addLogisticRegression() 117
gds.beta.pipeline.linkPrediction.
    addNodeProperty() 115
gds.beta.pipeline.linkPrediction.
    configureSplit() 116
gds.beta.pipeline.linkPrediction.create()
.... 115
gds.beta.pipeline.linkPrediction.predict.
    mutate() 119
gds.beta.pipeline.linkPrediction.predict.
    stream() 119
gds.beta.pipeline.linkPrediction.train() 118
gds.beta.pipeline.linkPrediction.train.
    estimate() 117
gds.betweenness.mutate() 95, 105
gds.betweenness.stream() 95, 105
gds.betweenness.write() 94-95, 105
gds.find_node_id() 100
gds.graph.project()
.... 115, 118, 147, 154, 177
gds.graph.project.cypher() 94, 100
gds.louvain.stream() 154
gds.nodeSimilarity.stream() 147-148
gds.run_cypher() 99
gds.wcc.stream() 141-142
gds.wcc.write() 142
GetNodeDegrees クラス 77
Global WordNet Association 249
Google BigQuery 125

Google Cloud 219-224
Google Knowledge Graph 208
GPU (Graphics Processing Unit) 92
GQL (Graph Query Language) 26
Graph Data Science
　→ Neo4j Graph Data Science
graphdatascience.GraphDataScience クラス
　　(gds) 99-100
GraphQL 79-81

◆ H
Hugging Face 210-211, 219

◆ J
Jaccard 係数 146-147
Jaro-Winkler 距離 138-139, 148
JavaDriverExample クラス 67
JavaScript 65-66

◆ K
Kafka → Apache Kafka
Kafka Connect Neo4j Connector 81

◆ L
L2 ノルム 116
LCS (Least Common Subsumer) 257-258
Leacock-Chadorow 類似度 18, 256-258
Library of Congress Classification (LCC) ... 22
LIMIT 句 (Cypher) 29, 41
Linkurious 12-13
LOAD CSV 句 (Cypher) 54-55, 57, 99, 135
Louvain アルゴリズム 92, 97, 155

◆ M
MATCH 句 (Cypher) 28-29, 31-32, 35, 37,
　　40-41, 53, 100, 157, 159, 169, 171, 173
Medical Subject Headings（MeSH）.......... 218
Meredith Corporation 149

MERGE 句 (Cypher)
　........................ 30-33, 53, 56, 72, 82, 85, 119
MongoDB 71-72

◆ N
n10s.graphconfig.init() 223
NASA Lessons Learned 227
Natural Language API (Google Cloud)
　.. 219-224
Neo4j 12, 26, 28, 32,
　　34, 36, 39, 41-42, 44-46, 50-55, 57-59,
　　65-73, 76-79, 81, 83-85, 87, 89-90,
　　92-98, 101, 103-104, 110-115, 154, 161,
　　164, 179, 181, 210, 215, 221-222, 224,
　　234-235, 238, 243, 245, 248-251, 259
Neo4j APOC ライブラリ
　............................ 42, 71-73, 75-76, 217, 222
Neo4j AuraDB 26
Neo4j AuraDS 90
Neo4j Bloom ... 12-13, 96-97, 161, 234, 251
Neo4j Browser
　.................... 57, 65, 101, 111, 114, 235, 250
Neo4j Composite データベース 68-69
Neo4j Data Importer 50-54, 58-59
Neo4j Desktop 26, 32, 90, 111
Neo4j Enterprise Edition 32
Neo4j Fabric 70
Neo4j Graph Data Science
　.................................... 89-90, 92-95, 97-100,
　　102-104, 106, 111, 115, 154, 179, 181
Neo4j Sandbox 26, 90
Neo4j Spark Connector 83
neo4j-admin import コマンド 58-59, 61
neo4j.conf ファイル 69
Neo4j サーバー 65-66
Neo4j ドライバ 65-67, 71
neosemantics ライブラリ（プラグイン）
　... 222-223, 244-245

NER (Named-Entity Recognition)
　→固有表現認識 (NER)
NLP (Natural Language Processing)
　→自然言語処理 (NLP)
NLTK (Natural Language Toolkit for Python)
　..255, 257-258

◆ O

ORDER BY 句 (Cypher) 41
OWL (Web Ontology Language)
　→ Web Ontology Language (OWL)

◆ P

PageRank アルゴリズム 208
path_similarity() (synset) 255
process_question()...............................239, 241
PROFILE 句 (Cypher) 42-43, 57-58
Python 97-100, 102-103, 105-106

◆ Q

query_db() 238, 240

◆ R

Raft アルゴリズム... 46
RDF (Resource Description Framework)
　..23-24, 244, 249
REMOVE 句 (Cypher) 34
RETURN 句 (Cypher) ...36, 41, 169, 173, 237

◆ S

Schema.org.. 22
selection_logic()..226
Session.beginTransaction() 105
Session.lastBookmark() 105
SET 句 (Cypher) 53, 55
Simple Knowledge Organization System
　(SKOS) 22, 222
Simpson 係数 146-147
SKIP 句 (Cypher) 41

SKOS (Simple Knowledge Organization
　System)
　→ Simple Knowledge Organization
　System (SKOS)
Slack 166-167
SNOMED CT 22
spaCy..235-237
spacy.matcher.Matcher クラス 235-237
Spark → Apache Spark
SPOF (Single Point of Failure)
　→単一障害点 (SPOF)
synset 249, 255

◆ T

TF-IDF (Term Frequency-Inverse Document
　Frequency) 208

◆ U

UNWIND 句 (Cypher) 53, 173

◆ V

Vanguard..205

◆ W

WCC (Weakly Connected Components)
　→ Weakly Connected Components
　(WCC)
Weakly Connected Components (WCC)
　... 92, 141-142, 149
Web Ontology Language (OWL)
　..22-23, 244-245
WHERE 句 (Cypher)
　......................37-39, 157-158, 171, 175-176
Wikidata...221-222, 261
Wikipedia.......................................86-87, 219-221
WITH HEADERS 句 (Cypher).......................... 54
WITH 句 (Cypher) 169, 173
WordNet
　.................230, 248-252, 255-257, 259-262

Wu-Palmer 類似度 18, 257-259

◆ あ
アダマール積 116
アラーム相関 202

◆ い
依存関係 184-202, 205
一意識別子 132
一意制約 33
意図的・詐欺的な重複 133
イベント相関 202
因果バリア 46, 104
インフルエンサー 91

◆ え
影響分析 190, 195
影響力 91
エンティティ 5, 12, 22,
　　63-64, 125, 129, 131, 133-134, 137-139,
　　141-145, 149, 186, 189-191, 209-227
エンティティ解決 131, 134, 137, 144-145
エンティティ抽出
　　................. 210, 219, 223, 225, 229, 231
エンティティの曖昧性解消 219
エンティティマッチング
　　.............................. 134-135, 137, 146, 148
エンティティリンキング 219, 221

◆ お
オントロジー 18-24, 218, 221, 244-248

◆ か
概念スキーム 224
関数の作成 76-78
関数の呼び出し 42

◆ き
機械学習 (ML) 91, 109-115, 117, 121

規約 14
強固な識別子 132-133, 137-139, 145, 150

◆ く
グラフ 2-3, 10
グラフアルゴリズム 89-94,
　　103-104, 107, 129, 160, 181, 184
グラフアルゴリズムのスケーリング 94
グラフグローバルクエリ 39-41
グラフデータサイエンス
　　... 89-92, 97, 103-104, 151, 167, 177, 182
グラフデータベース 5, 7-8, 15, 18, 25-26,
　　34, 44, 47, 64, 68, 70, 72-73, 79, 92,
　　135, 181, 186, 210, 221, 224, 238, 262
グラフ特徴量エンジニアリング 110, 113
グラフ内機械学習 110-111, 121
グラフ理論 3
グラフローカルクエリ 35, 39

◆ け
原始的なデータ型 5

◆ こ
構成原則 8, 9-15, 18, 20-24, 65
　　218-219, 221-226, 238, 244-245, 263
ゴールデンレコード 131, 133, 142
コールドスタート問題 217-218
コサイン類似度 116
コネクタ 83
コミュニティ検出 91-92, 154, 160, 167
固有表現抽出 209, 229
固有表現認識 (NER) 209-211,
　　218-219, 223, 225-226, 229-230
コンテキスト 1
根本原因分析 200-204

◆ さ
再現率 203-204
サリエンス (顕著性) 212, 215, 220

◆ し

識別子 131-133, 137-142, 145, 148, 150
自然言語 22,
　　　207-209, 224, 228, 229-230, 234-235,
　　　237-238, 241-242, 244-246, 248
自然言語処理 (NLP) 145,
　　　207, 209, 228, 229, 231, 235, 253, 255
自然言語の生成 242-245, 247-248
質問応答 229-230
射影 ....92-95, 97, 99-100 ,102-103,
　　　105, 113-115, 118-119, 141, 147
集約型の依存関係 190-191, 194-198
冗長型の依存関係 190-192, 194-197, 199

◆ す

ストリーム 142

◆ せ

正規化 120, 136, 146
制約 6, 32
セカンダリサーバー 103-105, 218
セマンティック検索
　　　.........................209, 217, 224-225, 227-228
セマンティック類似度 230, 253, 261

◆ そ

ソーシャルグラフ 5
組織図 161-163, 166, 168
組織力 168

◆ た

耐障害性 190, 192, 200
タイプ 211, 220
タクソノミー
　　　........ 14-15, 17-23, 252-254, 256-257, 262
タスク 126
単一障害点 (SPOF) 200-201

◆ ち

知識グラフ
　　　..........1-2, 5-8, 9-11, 14-15, 17-18, 20-24,
　　　25-30, 34-36, 38-47, 49-50, 53-59,
　　　61-62, 63-68, 71-88, 89-95, 97, 99-100,
　　　103-107, 109-115, 118-121, 123-125,
　　　128-130, 131, 135, 142, 149-150,
　　　151-169, 172, 175, 177-178, 180-182,
　　　185-186, 191, 194, 197, 199-201, 205,
　　　207-210, 212-213, 216-218, 221-222,
　　　225, 227-228, 229-231, 233-235,
　　　238, 240-242, 244, 246, 248-249,
　　　252-253, 256, 259, 261-262, 263-266
　→メタデータ知識グラフ
知識力 168
知識レイク 263-266
チャート 2-3
中心性 91
中心性スコア 96-97, 102, 106

◆ て

データ準備 134-135, 137, 145
データシンク 126-127
データ統合 133
データファブリック 63-65, 78
データベースドライバ 65
データラングリング 112, 114
データリネージ 128
適合率 203-204
デジタルツイン 73-74, 76

◆ と

統計的手法 91
トークン化 145
匿名の行動 133
トポロジカル機械学習 115
トランザクション 46

◆ ね
ネットワーク 3
ネットワーク伝播 91

◆ の
ノード (頂点) 2, 4-7, 27-29

◆ は
媒介中心性アルゴリズム 94-97
媒介中心性スコア→中心性スコア
ハイパーグラフ 4-5
パス類似度 18, 253-255
パターンマッチング 151, 160, 177, 184

◆ ひ
非索引型隣接 45
非識別子 137-139, 145

◆ ふ
フェデレーション 68-69
プライマリサーバー 103-105, 192
プロシージャの作成 76-78
プロシージャの呼び出し 41-42
ブロッキング 137
ブロッキングキー 137
プロパティ 5-7, 27, 45
プロパティグラフ 12-13, 21, 23
プロパティグラフモデル
.... 5-7, 11-12, 14, 18, 23
文書類似度 214
分析的手法 91

◆ へ
並列的依存関係 184, 189-194, 196-199
閉路 197

◆ ま
マスターエンティティ 133-134, 141-143
マスターデータ管理 131

マスターデータ層 63

◆ む
無向のリレーション 4

◆ め
メタデータ 1, 124
メタデータグラフ 127-129
メタデータハブ 124
メタデータ知識グラフ 123-125, 128-130

◆ ゆ
有向のリレーション 4, 185
有向非巡回グラフ (DAG) 197
優先的選択 112

◆ よ
用語カタログ 126
弱い識別子 137-140, 145, 148, 150

◆ ら
ラベル 5, 15, 27-28
ラベル付きプロパティグラフ 24
ラベル付きプロパティグラフモデル
.... 5, 15, 18, 28
ランダムフォレスト 179

◆ り
リレーション (エッジ)
.... 2, 4-7, 27-29, 234, 252
リンク特徴量 113, 115-116
リンク予測 92, 111-112

◆ る
類似性 91, 139, 147-148, 216-218
類似性アルゴリズム 92, 146-148, 218
類似度 18, 116, 137-139, 145, 146-148,
214-217, 225, 230, 253-259, 261-262

◆ れ
レンマ 236, 251-252, 259

◆ ろ
ログ先行書き込み (WAL) 46

●著者紹介

Jesús Barrasa博士

専門はセマンティック技術とグラフデータベース。Neo4jのEMEAにおけるソリューション・アーキテクチャ・チームの責任者であり、neosemantics（RDFを扱うためのNeo4jプラグイン）の開発を牽引。共著書に『Data in Context for Responsive Businesses』（O'Reilly）。ライブウェブ配信Going Metaの共同ホストを担当。

Jim Webber博士

Neo4jのチーフ・サイエンティスト。専門は耐障害性グラフデータベース。共著書に『Graph Databases for Dummies』（Wiley）、『Graph Databases』（O'Reilly）[†1]、『Knowledge Graphs: Data in Context for Responsive Businesses』（O'Reilly）。ニューカッスル大学客員教授。

●訳者紹介

櫻井 亮佑（さくらい りょうすけ）

日本経済新聞社情報サービスユニット所属。データサイエンティストとして経済・金融データを活用したBtoB事業に従事。Neo4j Graph Data Science Certified。Kaggle Competitions Master。

●監訳者紹介

安井 雄一郎（やすい ゆういちろう）

日本経済新聞社日経イノベーション・ラボ所属。主任研究員。博士（統計科学）。大学での技術職員や研究員、日経BPでのデータサイエンティストを経て、2019年より現職。2023年より統計数理研究所外来研究員。

---

†1 『グラフデータベース』（オライリー・ジャパン、2015年）

cover illustration: pro500 / Shutterstock.com
カバーデザイン：海江田 暁（Dada House）
制作：株式会社クイープ
編集担当：山口正樹

はじめての知識グラフ構築ガイド
　　　　　　　　チシキ　　　　　コウチク

2024年9月18日　初版第1刷発行

著者‥‥‥‥‥ Jesús Barrasa、Jim Webber
訳者‥‥‥‥‥ 櫻井亮佑
監訳者‥‥‥‥ 安井雄一郎
発行者‥‥‥‥ 角竹輝紀
発行所‥‥‥‥ 株式会社 マイナビ出版
　　　　　　〒101-0003 東京都千代田区一ツ橋2-6-3 一ツ橋ビル2F
　　　　　　TEL：0480-38-6872（注文専用ダイヤル）
　　　　　　　　03-3556-2731（販売部）
　　　　　　　　03-3556-2736（編集部）
　　　　　　E-mail：pc-books@mynavi.jp
　　　　　　URL：https://book.mynavi.jp
印刷・製本‥‥ シナノ印刷株式会社

ISBN 978-4-8399-8477-9
Printed in Japan.

- 定価はカバーに記載してあります。
- 乱丁・落丁はお取り替えいたしますので、TEL：0480-38-6872（注文専用ダイヤル）、電子メール：sas@mynavi.jp
  までお願いいたします。
- 本書掲載内容の無断転載を禁じます。
- 本書は著作権法上の保護を受けています。本書の無断複写・複製（コピー、スキャン、デジタル化等）は、著作権法上の
  例外を除き、禁じられています
- 本書についてご質問等ございましたら、マイナビ出版の下記URLよりお問い合わせください。
  電話でのご質問は受け付けておりません。また、本書の内容以外のご質問についてもご対応できません。
  https://book.mynavi.jp/inquiry_list/